不确定性问题的多粒度建模与决策方法

杨　洁　鞠恒荣　王国胤　张清华　著

科学出版社

北京

内 容 简 介

粒计算采用模拟人类大脑的认知思维规律，从而提高解决复杂问题的效率，已经在智能信息处理领域发挥了重要的作用。本书重点从多粒度的视角研究不确定性问题。从多粒度建模和决策两个角度出发，研究多粒度知识空间的结构特征，并在多粒度知识空间的框架下研究不确定性问题的近似描述、粒度优化模型、动态更新模型、决策粒层选择模型及其多粒度联合决策模型等问题。

本书可供从事粒计算、粗糙集、三支决策方向的科研人员参考使用，也可以作为计算机相关专业研究生的参考书。

图书在版编目（CIP）数据

不确定性问题的多粒度建模与决策方法 / 杨洁等著. —北京：科学出版社，2023.7（2025.1 重印）

ISBN 978-7-03-069506-2

Ⅰ. ①不… Ⅱ. ①杨… Ⅲ. ①知识工程－决策模型 Ⅳ. ①TP182

中国版本图书馆 CIP 数据核字（2021）第 159376 号

责任编辑：叶苏苏 霍明亮 / 责任校对：王萌萌
责任印制：罗 科 / 封面设计：义和文创

科 学 出 版 社 出版

北京东黄城根北街 16 号
邮政编码：100717
http://www.sciencep.com

成都蜀印鸿和科技有限公司印刷
科学出版社发行 各地新华书店经销

*

2023 年 7 月第 一 版 开本：B5（720 × 1000）
2025 年 1 月第二次印刷 印张：10 3/4
字数：223 000

定价：**149.00 元**

（如有印装质量问题，我社负责调换）

前　　言

随着互联网的快速发展，各个领域的数据量急剧增加。同时，数据来源的多样性导致现实世界的数据往往具有不确定性。目前，研究如何从这种大量的、不确定性的数据中获得有用的信息和知识已经成为当前数据挖掘的重要研究课题之一。粗糙集作为一种处理不确定性概念的有效工具，利用上、下近似集两个边界对目标概念进行描述。但是，经典粗糙集理论作为单一结构化的决策方法对于不确定性问题已经不能进行最优求解。粒计算是当前人工智能领域中一种新的概念和计算范式，其采用多层次分解求解模式对大规模复杂问题进行结构化分析，从粒计算的角度来说，处理不同的不确定性问题，需要不同粒度的知识空间对不确定性知识进行描述。用不同属性集对同一论域进行划分，可以形成不同的知识空间，从而实现对不确定知识的多粒度刻画，实现不确定性问题在多粒度知识空间中的自由切换，为求解具有不确定性问题提供了新思路。

本书的内容和章节安排如下：

第1章为绪论，主要综述本书的研究背景及意义，介绍相关工作研究进展及其主要的研究内容。

第2章主要研究多粒度知识空间的结构特征。该章构建知识距离度量框架，并在此框架上提出两种知识距离，利用这两种知识距离讨论不同知识空间之间的相互关系，研究分类同构和细分同构几种关系，并实现不同层次商空间结构之间的差异性度量，这些工作从几何角度揭示分层递阶的多粒度知识空间的结构特征，为后续章节奠定理论基础。

第3章主要研究多粒度知识空间中不确定性概念的近似描述。首先，在第2章提出的知识距离度量模型基础上进一步研究一种用于度量不同知识空间对模糊目标概念近似描述能力的知识距离度量模型，实现这些知识空间对不确定性知识刻画能力的差异性度量。其次，该章分析这种差异性在多粒度知识空间中的变化规律，并讨论模糊知识距离的相关应用。最后，通过实验验证模糊知识距离的有效性。

第4章提出多粒度知识空间中的粒度优化模型。该章以实际应用场景中大量存在的代价敏感多源信息系统为背景，在信息融合模型中同时考虑测试代价和风险决策代价，提出混合代价敏感的多粒度优化模型。在信息粒度约简方面，该章将信息粒度约简转化为优化问题，通过设计新的适应性函数求得满足不同实际需求的约简，提出多粒度知识空间中的粒度选择优化模型。此外，该章以实际兵棋推演场景中的一多源信息系统为例，系统讨论混合代价敏感的多粒度优化模型在态势评估中的应用。

第 5 章主要研究多粒度知识空间的动态更新模型。该章以多粒度模糊知识空间为分析模型，通过理论分析证明了多粒度模糊粗糙集的单调性，并基于此提出了多粒度模糊知识空间中近似集动态更新的加速算法。此外，在粒结构选择方面，通过分析近似质量的单调性问题提出多粒度模糊知识空间上粒结构选择的加速算法。最后通过实验验证该章提出的多粒度知识空间的动态更新算法，结果表明该算法显著地提高了运行效率，减少了算法运行消耗的时间。

第 6 章从代价的角度揭示多粒度知识空间中不确定性问题的决策代价变化规律，在此基础上结合决策代价和知识距离提出测试代价的表达形式，提出多粒度知识空间中决策粒层的选择模型，并通过相关实验进行验证。

第 7 章系统讨论多粒度联合决策模型。该章面向复杂数据，通过利用合理粒度准则，研究多粒度联合决策模型，并提出一种新颖的多粒度分类决策方法。在模型学习阶段，首先，从粗糙集理论的本源出发，将合理粒度拆解为二元关系和合理属性子空间。其次，借助属性约简方法，构建基于合理粒度准则的属性子空间。最后，在标签预测阶段，通过联合这些属性子空间对未知样本进行三支决策。

第 8 章为总结与展望，系统地总结全书的研究工作，并对下一步研究的方向进行展望。

本书由遵义师范学院杨洁、南通大学鞠恒荣、重庆邮电大学王国胤、张清华撰写，其中第 1 章由王国胤和杨洁撰写，第 2、3、6、8 章由杨洁撰写，第 4、5、7 章由鞠恒荣撰写。全书由杨洁、鞠恒荣、张清华负责统稿。

本书的撰写得到了南京大学周献中和李华雄、江苏科技大学杨习贝、南通大学丁卫平和重庆邮电大学刘群的指导，在此表示衷心的感谢。

本书的出版得到了国家自然科学基金项目（62066049、62006128、61936001、62221005）、贵州省教育厅科技拔尖人才项目（黔教技 2022[088]号）、江苏省高等学校自然科学研究项目（20KJB520009）、南通市科技计划项目（JC2020141）、贵州省优秀青年科技人才项目（黔科合平台人才 2021[5627]号）、贵州省科技计划项目（黔科合基础-ZK[2021]一般 332）和重庆市教委重点合作项目（HZ2021008）的资助，在此表示衷心的感谢。

由于作者水平有限，书中不足之处在所难免，敬请广大读者批评指正。

作　者

2023 年 3 月

目　　录

第1章　概　　述

目前，大数据问题已经全面地在科学研究与工程应用的各个领域出现[1]。大数据具有重大的科学价值和社会经济价值[2]。为了有效地利用大数据的科学价值和社会经济价值，许多国家布局和制定了大数据战略规划[3-6]。丰富的数据来源导致数据的多样性。与小量、单一来源的数据相比，今天的数据往往具有随机性、模糊性和不一致性等多种不确定性。在"万物皆数"的信息时代，通过数据的表象发现数据内涵的知识已然成为人工智能领域亟待解决的问题。因此，人们需要一种能去粗取精、去伪存真并将具有不确定性的海量数据转换成知识的技术。

1.1　粒计算理论

张钹和张铃[7]在 20 世纪 90 年代初指出"人类智能的一个公认特点，就是人类能从极不相同的粒度上观察和分析同一问题。人类不仅能在不同粒度世界上进行问题求解，而且能够很快地从一个粒度跳到另一个粒度或者仅仅在某一个粒度上，往返自如，毫无困难"。粒度是反映信息详细程度的概念，从哲学的观点来看，人类在对任何对象进行认知、度量、形成概念和推理时，粒度都贯穿其中。1997年，Zadeh[8]提出了粒计算是模糊信息粒化、粗糙集理论和区间计算的超集，是粒数学子集的结论。粒计算是当前人工智能领域中一种新的概念和计算范式，其采用多层次分解求解模式对大规模复杂问题进行结构化分析，并模拟人类大脑的认知思维规律，在对复杂问题的求解过程中，选择合适粒度的"粒"作为处理对象并求得满意解，提高了解决问题的效率。在粒计算的"大伞"之下，包含了很多具体的模型，如商空间[6]、模糊集[8]、粗糙集[9]、云模型[10, 11]等。

Yao[12]概括地认为，粒计算是在解决问题的过程中使用粒度的全部理论、方法、技术和工具的标签。Wang 等[13]研究了粒计算框架下的模糊集方法，分析了粒计算框架下的模糊集，并提出扩展模糊集与其他理论相结合的思路，为大数据处理提供了新的研究方向。Pedrycz 和 Homenda[14]提出了"合理粒度"的概念，将信息粒的构建与优化问题联系起来。Wang 等[15, 16]从粒度空间优化、粒度层次切换和多粒度联合问题求解这三个层次对粒计算的研究工作进行了系统分析总结，提出了一种新的粒计算模型——数据驱动的粒认知计算模型，并指出大数据机器学习面临计算机"由细到粗"信息处理机制与人类"由粗到细"认知机制的矛盾。这是在新型认知启发的机器学习研究中需要解决的一个关键问题。粒计算自提出以来吸引了大量研究人员的兴趣[17-20]。粒计算的研究工作按其目的可以大致分为两类：一类是以粒计算思想为指导，对相关智能计算模型进行扩展研究[21-23]；另一类是直接研究粒计算数据处理模型算法[24-26]。粒计算领域的概念和算法在不同的形式框架（模糊集、粗糙集等）下各不相同，因此，该领域需要一种可靠的基础模型。

1. 商空间

Zhang B 和 Zhang L[27, 28]提出的商空间理论通过利用分层递阶的多粒度知识空间结构为基于模糊等价关系的推理问题提供了更实用的方法。相对于粗糙集和模糊集理论，商空间理论不仅关注同一粒度层次的对象之间的结构关系，而且模拟人类在不同粒度层次上观察和处理问题的能力，可以实现求解问题时在不同粒度层次上进行切换。因此，求解不同的问题需要不同粒度的空间描述，尤其当问题、任务非常复杂时，解决同一个问题可以从若干粒度空间进行联合求解，有时候根据用户要求往往只需要提供某个粒度层次下的解。张钹和张铃[7]将商空间理论与模糊数学相结合，提出了模糊商空间理论，从而为粒计算提供了有用的数学模型。在模糊商空间理论中，Zhang B 和 Zhang L[29]指出对于任意两个隶属度函数，只要它们的结构相同，那么它们的本质是一样的。Zhang B 和 Zhang L[29]进一步提出了一种更有意义的隶属度函数的结构定义——层次商空间结构（hierarchical quotient space structure，HQSS）。作为模糊等价关系的本质描述工具，关于 HQSS 的研究越来越多[30]，而且 HQSS 已经应用于处理许多领域的不确定性信息，包括自动化控制[31, 32]、医疗科学[33]、图像处理[34]和应用数学[35-38]等领域。当前有许多粗糙集方面的研究工作基于分层递阶的多粒度空间展开。Wang 等[39]提出了一种在分层递阶粒结构下概率粗糙集的不确定性度量方法，该方法随着粒度的细化呈现单调性，并很好地运用于属性约简。Jia 等[40]基于决策代价提出了决策粗糙集的最优粒度表示方法，在这个粒度上面可以实现决策代价最小化。Huang 等[41]提出了一种多粒度直觉模糊集，并研究了它的四种层次结构。Li 等[42]基于三支决策理论，通过在深度神经网络（deep neural networks，DNN）训练过程中考虑代价，寻找最优代价的特征集合，使得在这个特征集合上训练的总代价最小。

2. 云模型

大多数知识表示方法的研究主要聚焦在从定量数据中提取定性概念，也就是从概念外延转换到概念内涵[43]。1995 年，李德毅等[44]基于概率测度空间提出了定性概念与定量数据双向转换的认知模型——云模型，通过引入 3 个数字特征：期望 Ex（expectation）、熵 En（entropy）和超熵 He（hyper entropy），并结合特定生成算法，构造出服从泛正态分布的随机变量——云滴，将认知中的模糊性纳入概率框架中进行统一描述。其中，期望 Ex 代表定性概念的基本确定性，是云滴在论域空间分布中的数学期望，即最能够代表定性概念的点；熵 En 代表定性概念的不确定性度量，由概念的随机性和模糊性共同决定；超熵 He 代表熵的不确定性，可以将定性概念的随机性约束弱化为某种泛正态分布，反映定性概念所对应的随机变量偏离正态分布的程度。再者，云模型通过正向云变换（forward cloud transformation，FCT）和逆向云变换（backward cloud transformation，BCT）实现定性概念及其定量表示之间的相互映射，提供了从数据到知识及从知识到数据的双向认知通道。因此，云模型不仅反映了定性概念自身所具有的不确定性，而且揭示了客观事物的随机性和模糊性的关联[45]。以上特性决定了云模型可以作为表示概念的基本模型。

云模型理论发展二十余年来，在理论研究上不断得到完善，云模型发生器、云规则发生器、逆向云算法、云变换和云模型的粒计算等理论相继被提出。特别是逆向云算法和云模型的粒计算方法的提出，突破了云模型理论存在的许多瓶颈，为以后的研究奠定了坚实的基础。2012 年，王国胤等[46]出版了《云模型与粒计算》，对云模型与粒计算的结合进行了探讨。2014 年，李德毅和杜鹢[47]出版了《不确定性人工智能》，进一步深化了云模型理论研究。我们调研关于云模型理论在不确定性信息处理、双向认知计算、多粒度机制方面的理论和应用，并思考云模型在大数据处理中的一系列科学问题，创新性地提出了大数据环境下的云模型研究框架。同时，云模型在智能控制、数据挖掘、系统评测等方面也得到了较好的效果[48-54]。

3. 粗糙集

波兰数学家 Pawlak[55]于 1982 年提出的粗糙集理论[54]是一种通过定量分析不精确、不确定信息获取知识的粒计算模型，同时也是一种天然的数据挖掘方法。粗糙集是一种较为客观的知识发现方法，可以在没有先验知识的前提下，直接通过不可分辨关系从数据中获得知识的特有信息。经典的粗糙集理论缺乏容错能力，很难满足实际需求。为了解决这个问题，Ziarko[56]通过引入一个阈值，将 Pawlak 粗糙集模型扩展为变精度粗糙集模型。随后许多学者提出了更加广泛的概率粗糙集模型，即通过引入一对阈值，将整个论域划分成三个不相交的区域，使得边界区域的对象个数减少，正负区域的对象个数增多，最后提高了 Pawlak 粗糙集模型的容错能力。当前概率粗糙集模型已被广泛地应用到各个领域，如决策粗糙集理论[57]、贝叶斯粗糙集理论[58]和博弈粗糙集理论[59]等。相比于 Pawlak 粗糙集模型，这些扩展模型的容错能力更强。这些模型中的目标概念通常为一个清晰的集合，即决策系统通常由几种互补且不相交的决策状态组成。例如，在诊断一个患者是否患病时,只有"患病"和"不患病"两种状态。但是,在许多现实的决策问题中,目标概念的状态可能是不确定、模糊的,例如,在评估一条河流的污染程度时,不能单纯地用"污染"和"无污染"来评估。为了解决这类问题,Dubois 和 Prade[60-62]提出了粗糙模糊集。当前,有许多关于粗糙模糊集方面的研究,大致分为三方面:理论研究、扩展模型和应用。其中,Banerjee 和 Pal[63]提出了两种类型的粗糙度度量模型,可以有效地刻画模糊集的粗糙度。Cheng[64]提出了两种快速计算粗糙模糊近似空间的增量式算法。为了将等价关系推广到任意的二元关系,Wu 等[65]提出了一种研究粗糙模糊集的广义框架。Sun 等[66]基于条件概率提出了概率粗糙模糊集,在此基础上进一步提出了决策粗糙模糊集模型。Feng 和 Mi[67]基于提出的不确定性度量模型,研究了多粒度决策模糊粗糙集的属性约简。

1.2　不确定性问题

随着对不确定性问题研究的深入,研究者从不同角度得到了多种理论模型。经典的粗糙集模型大多是基于单一知识粒度构建的,对于复杂的问题求解不太适用。结合粒度分层思想,多粒度的知识获取方法[11-14]从不同粒度层次上进行知识获取,通过构建独立的知识空间结构挖掘复杂数据的内在联系。Zhang B 和 Zhang L[27,28]提出的商空间理论提供了不同粒度空间的描述方法及不同粒度空间之间的转换和粒度空间寻优问题的解决方案。在商空间理论中,分层递阶思想把问题分解,从抽象粒层开始,从抽象到具体,从全局到局部对问题进行渐进式求解。从多粒度粗糙集[67-69]的观点来说,随着属性信息的不断增加,每个商空间中的等价类逐渐细分,形成分层递阶的多粒度知识空间结构,从而实现对不确定性知识的多粒度近似描述。但是,当前对于分层递阶的多粒度知识空间的研究仍然存在许多不足,例如,如何反映层次商空间结构中每个商空间的分类能力及它们之间的关系,即缺乏层次商空间结构的有效描述方法。因此,有必要进一步完善层次商空间的结构特征方面的研究,为研究多粒度知识空间中不确定性知识的度量模型与方法奠定理论基础,同时也助于进一步完善粒计算理论。

不确定性问题在多粒度知识空间中的不确定性度量是知识获取的一个基础问题。由于经典粗糙集模型在实际问题中常常会有很大的局限性,近年来许多专家学者致力于粗糙集理论的研究,提出了粗糙集的扩展模型。其中,为了有效地处理目标概念为不确定性时的情形,Dubois 和 Prade[60-62]提出了粗糙模糊集。在粗糙模糊集模型中,通过定义上、下近似集来描述一个不确定目标概念(目标模糊集),然后利用它们来进行不确定性度量或提取模糊决策规则。粗糙模糊集通过一对阈值控制分类精度,并通过等价类的均值隶属度将论域划分为三个域(正域、负域和边界域)。经典粗糙集的不确定性来自于边界域,但是,对于粗糙模糊集来说，由于其正域和负域中的元素存在不确定性，即对于目标概念的隶属度不一定为 1 或 0，这导致粗糙模糊集的不确定性不仅来自于边界域，还来自于正域和负域。因此，传统的不确定性度量方法在粗糙模糊集的多粒度知识空间中不再具有单调性，从而不再适用于基于粗糙模糊集的知识发现。另外，在许多应用领域中，如医疗诊断、质量评估、风险预测，三个域的不确定性分析将有助于提高最终的决策质量。因此，在粗糙模糊集模型中，有必要研究具有单调性的不确定性度量模型及其对三个域的不确定性变化规律。当前的不确定性度量模型在一些情况下无法准确地体现两个不同知识空间刻画同一个模糊概念时的差异性，从而不能有效地实现粒度选择。因此，建立具有强区分能力的不确定性度量模型，成为研究多粒度知识空间中处理不确定性知识的一个关键问题[68-70]。

代价度量是机器学习中的一个重要内容，将代价度量引入粒计算对于不确定性问题的近似描述具有实际意义和应用价值。通过引入贝叶斯风险决策理论，Yao[71, 72]在概率粗糙集模型的基础上提出了三支决策（three-way decisions，3WD）理论粗糙集模型，该模型具有更好的语义解释和科学的阈值计算方法。基于三支决策理论提出的序贯三支决策（sequential three-way decisions，S3WD）模型本质上是一种多粒度渐进式问题求解模型，即通过由粗到细的切换粒度来实现问题的逐步求解，提供了一种模拟人类的多粒度思维处理复杂问题的新方法。从代价的角度来说，对不确定性知识的近似描述需要综合考虑多粒度知识空间的构建成本（测试代价）和在该多粒度空间中的误分类成本（决策代价），即需要在实际问题的决策代价和测试代价之间取得一种平衡。因此，从代价度量的角度来说，在对不确定性问题进行近似描述时，如何寻找代价敏感的最优知识空间仍是多粒度知识空间优化的一个研究问题。

求解不同的问题需要不同粒度的空间描述；当问题、任务复杂时，解决同一个问题时需要若干粒度空间的联合求解。当求解复杂任务时，需要将其分解成多个子任务，单一粒层的问题求解模式不再适用。深度学习采用深度神经网络模型，即包含多个隐藏层的神经网络逐层地将细粒度特征抽象成粗粒度特征，直接利用高层抽象特征进行问题求解。但是，求解多维度跨领域大数据复杂任务，同时需要综合不同领域、不同层次的多粒度信息知识。因此，研究复杂任务的多层次、多粒度联合问题求解机制，实现不确定性问题的智能预测和优化调度管理成为当前需要突破的关键研究问题。

1.3　三支决策理论

三支决策[71, 72]是近年来备受研究者关注的一种通用决策方法。该方法建立在对人类决策、学习和认知过程的广泛研究基础之上。通过引入贝叶斯风险最小理论，三支决策可以计算出相应的阈值，从而将一个论域划分为三个不相交的区域，并在三个域关联不同的行为和决策。当前，有许多关于三支决策的扩展模型，其中包括决策论粗糙集[73, 74]、概率粗糙集[75]、博弈论粗糙集[76]、区间集[77]、阴影集[78]、三支概念格[79]。除此之外，三支决策理论还应用于医学诊断[80]、论文同行评议[81]、电子邮件筛选[82]、推荐系统[83]、聚类分析[84]、人脸识别[85]、模式挖掘[86]、主动学习[87]、信用评分[88]和属性约简[89, 90]等领域。在三支决策的基础上，Yao 和 Deng[91]进一步提出了序贯三支决策理论。从多粒度的角度来说，随着信息系统中属性或信息的增加，序贯三支决策中信息粒将逐渐变小，本质上是一种渐进式问题求解模型，通过由粗到细的切换粒度，实现问题的逐步求解。通过同时考虑决策过程和决策结果，Fang 等[92]提出了一种粒度驱动的序贯三支决策模型，解决了双重约束下的决策问题。Zhang 等[93]从两类错误和两类代价的角度建立了一种新的序贯三支决策粗糙集模型，进一步完善了三支决策理论。Yang 等[94]提出了一种统一的序贯三支决策模型及在该模型框架下的多粒度增量式算法。Zhang 等[95]和 Li 等[96]通过建立一种代价敏感的三支决策模型解决了图像处理中的神经网络层次优化问题。为了实现渐进式的最优尺度的选择和属性约简，She 等[97]和 Wan 等[98]提出了基于粒描述精度的最优粒度选择方法，本质上运用了序贯三支决策的思想。

在处理数据的不确定性方面，传统的机器学习往往借助于概率论方法，直接导致传统的二支决策方式未充分地考虑数据本身与情感主动性的结合问题，而将决策对象直接划分为接受部分和抛弃部分。这种方式通常会损失大部分有价值的信息，以至于会以较大的概率做出错误的决策。人脑之所以智能，是因为其能根据当前信息将决策域划分为三个部分，同时能最大限度地降低决策的不确定性。Yao 和 Zhong[99]指出对于规模庞大的信息，通常可以采用信息分块的方式，将大量信息分为可以操作的几个单元。三支决策理论正是基于这种信息分块的方式，通过将一个集合划分为三个区域，从而达到认知上的简化。作为一种有效的粒计算模型，三支决策是一种更符合人类认知的决策模型。苗夺谦等[100]指出三支决策实际上就是对不确定域进行多粒度挖掘，进一步降低不确定性获得更精准的决策。因此，如何借鉴人脑决策中的三支思想来构建智能决策框架，对复杂任务进行处理并做出高效及时的决策，是人工智能领域值得研究的问题。

参 考 文 献

[1] Wu X D, Zhu X Q, Wu G Q, et al. Data mining with big data[J]. IEEE Transactions on Knowledge and Data Engineering, 2014, 26 (1): 97-107.

[2] 维克托·迈尔-舍恩伯格, 肯尼思·库克耶. 大数据时代: 生活工作与思维的大变革[M]. 盛杨燕, 周涛, 译. 杭州: 浙江人民出版社, 2013.

[3] Lohr S. The age of big data[N]. New York Times, 2012, 11 (2012). [2019-02-02].

[4]   Allam Z，Dhunny Z A. On big data，artificial intelligence and smart cities[J]. Cities，2019，89：80-91.

[5]   Gossett E. Big data：A revolution that will transform how we live，work，and think[J]. Mathematics and Computer Education，2014，47（17）：181-183.

[6]   Pan Y H. Heading toward Artificial Intelligence 2.0[J]. Engineering，2016，2（4）：409-413.

[7]   张钹，张铃. 问题求解理论及应用[M]. 北京：清华大学出版社，1990.

[8]   Zadeh L A. Toward a theory of fuzzy information granulation and its centrality in human reasoning and fuzzy logic[J]. Fuzzy Sets and Systems，1997，90（2）：111-127.

[9]   Zadeh L A. Fuzzy sets[J]. Information and Control，1965，8（3）：338-353.

[10] Pawlak Z. Rough sets[J]. International Journal of Computer and Information Sciences，1982，11（5）：341-356.

[11] 李德毅，刘常昱. 论正态云模型的普适性[J]. 中国工程科学，2004，6（8）：28-34.

[12] Yao Y Y. Perspectives of granular computing[C]. IEEE International Conference on Granular Computing，Beijing，2005：85-90.

[13] Wang H，Xu Z，Pedrycz W. An overview on the roles of fuzzy set techniques in big data processing：Trends，challenges and opportunities[J]. Knowledge-Based Systems，2017，118：15-30.

[14] Pedrycz W，Homenda W. Building the fundamentals of granular computing：A principle of justifiable granularity[J]. Applied Soft Computing Journal，2013，13（10）：4209-4218.

[15] Wang G Y，Yang J，Xu J. Granular computing：From granularity optimization to multi-granularity joint problem solving[J]. Granular Computing，2017，2（3）：105-120.

[16] Wang G Y. DGCC：Data-driven granular cognitive computing[J]. Granular Computing，2017，2（4）：343-355.

[17] 徐计，王国胤，于洪. 基于粒计算的大数据处理[J]. 计算机学报，2015，38（8）：1497-1517.

[18] Yao J T，Vasilakos A V，Pedrycz W. Granular computing：Perspectives and challenges[J]. IEEE Transactions on Cybernetics，2013，43（6）：1977-1989.

[19] Liu H B，Xiong S W，Wu C A. Hyperspherical granular computing classification algorithm based on fuzzy lattices[J]. Mathematical and Computer Modelling，2013，57（3/4）：661-670.

[20] Peters G. Granular box regression[J]. IEEE Transactions on Fuzzy Systems，2011，19（6）：1141-1152.

[21] Pedrycz W. Allocation of information granularity in optimization and decision-making models：Towards building the foundations of granular computing[J]. European Journal of Operational Research，2014，232（1）：137-145.

[22] Solis A R，Panoutsos G. Granular computing neural-fuzzy modelling：A neutrosophic approach[J]. Applied Soft Computing，2013，13（9）：4010-4021.

[23] Niu W J，Li G，Zhao Z J，et al. Multi-granularity context model for dynamic web service composition[J]. Journal of Network and Computer Applications，2011，34（1）：312-326.

[24] Qian Y H，Zhang H，Li F J，et al. Set-based granular computing：A lattice model[J]. International Journal of Approximate Reasoning，2014，55（3）：834-852.

[25] Gacek A. Granular modelling of signals：A framework of granular computing[J]. Information Sciences，2013，221：1-11.

[26] Cao J，Wang B，Brown D. Similarity based leaf image retrieval using multiscale r-angle description[J]. Information Sciences，2016，374：51-64.

[27] Zhang B，Zhang L. The structure analysis of fuzzy sets[J]. International Journal of Approximate Reasoning，2005，40（1/2）：92-108.

[28] Zhang B，Zhang L. Fuzzy reasoning model under quotient space structure[J]. Information Sciences，2005，173（4）：353-364.

[29] Zhang B，Zhang L. The structure analysis of fuzzy sets[J]. International Journal of Approximate Reasoning，2005，40（1/2）：92-108.

[30] Tang X Q，Zhu P. Hierarchical clustering problems and analysis of fuzzy proximity relation on granular space[J]. IEEE Transactions on Fuzzy Systems，2013，21（5）：814-824.

[31] Tsekouras G，Sarimveis H，Kavakl E，et al. A hierarchical fuzzy clustering approach to fuzzy modeling[J]. Fuzzy Sets and Systems，2005，150（2）：245-266.

[32] Chen J E，Wu D，Zhang J A. Distributed simulation system hierarchical design model based on quotient space granular computation[J]. Acta Automatica Sinica，2010，36（7）：923-930.

[33] Pei D，Yang R. Hierarchical structure and applications of fuzzy logical systems[J]. International Journal of Approximate Reasoning，2013，54（9）：1483-1495.

[34] Zhang Q H，Zhang T. Binary classification of multigranulation searching algorithm based on probabilistic decision[J]. Mathematical Problems in Engineering，2016（2）：1-14.

[35] 刘仁金，黄贤武. 图像分割的商空间粒度原理[J]. 计算机学报，2005，28（10）：1680-1685.

[36] Zhan C，Zhang Y，Wu X P. Audio signal blind deconvolution based on the quotient space hierarchical theory[C]. International Conference on Rough Sets and Knowledge Technology，Berlin，2011：585-590.

[37] 张燕平，张铃，吴涛. 不同粒度世界的描述法——商空间法[J]. 计算机学报，2004，27（3）：328-333.

[38] Zhao S，Zhang L，Xu X S，et al. Hierarchical description of uncertain information[J]. Information Sciences，2014，268（1）：133-146.

[39] Wang G Y，Ma X A，Yu H. Monotonic uncertainty measures for attribute reduction in probabilistic rough set model[J]. International Journal of Approximate Reasoning，2015，59：41-67.

[40] Jia X Y，Tang Z M，Liao W H，et al. On an optimization representation of decision-theoretic rough set model[J]. International Journal of Approximate Reasoning，2014，55（1）：156-166.

[41] Huang B，Guo C X，Li H X，et al. Hierarchical structure and uncertainty measures for intuitionistic fuzzy approximation space[J]. Information Science，2016，336：92-114.

[42] Li H X，Zhang L，Zhou X，et al. Cost-sensitive sequential three-way decision modeling using a deep neural network[J]. International Journal of Approximate Reasoning，2017，85：68-78.

[43] 杨朝晖，李德毅. 二维云模型及其在预测中的应用[J]. 计算机学报，1998，21（11）：961-969.

[44] 李德毅，孟海军，史雪梅. 隶属云和隶属云发生器[J]. 计算机研究与发展，1995，32（6）：15-20.

[45] Li D Y，Liu C Y，Gan W Y. A new cognitive model：Cloud model[J]. International Journal of Intelligent Systems，2009，24（3）：357-375.

[46] 王国胤，李德毅，姚一豫，等. 云模型与粒计算[M]. 北京：科学出版社，2012.

[47] 李德毅，杜鹢. 不确定性人工智能[M]. 2版. 北京：国防工业出版社，2014.

[48] 丁昊，王栋. 基于云模型的水体富营养化程度评价方法[J]. 环境科学学报，2013，33（1）：251-257.

[49] Gao H B，Zhang X Y，Liu Y C，et al. Cloud model approach for lateral control of intelligent vehicle systems[J]. Scientific Programming，2016，24（12）：1-12.

[50] 杜鹢，李德毅. 一种测试数据挖掘算法的数据源生成方法[J]. 计算机研究与发展，2000，37（7）：776-782.

[51] 秦昆，李德毅，许凯. 基于云模型的图像分割方法研究[J]. 测绘信息与工程，2006，31（5）：3-5.

[52] 李德毅. 三级倒立摆的云控制方法及动平衡模式[J]. 中国工程科学，1999（2）：41-46.

[53] 刘琳岚，谷小乐，刘松，等. 基于云模型的无线传感器网络链路质量的预测[J]. 软件学报，2015，28（10）：2413-2420.

[54] Gao H B，Jiang J，Zhang L，et al. Cloud model：Detect unsupervised communities in social tagging network[C].

Proceedings of the International Conference on Information Science and Cloud Computing，Guangzhou，2013：317-323.

[55]　Pawlak Z. Rough sets[J]. International Journal of Computer Information Sciences，1982，11（5）：341-356.

[56]　Ziarko W. Variable precision rough set model[J]. Journal of Computer and System Sciences，1993，46（1）：39-59.

[57]　Yao Y Y. Information Granulation and Approximation in a Decision-Theoretical Model of Rough Sets[M]. Berlin：Springer，2003：491-516.

[58]　Azam N，Yao J T. Analyzing uncertainties of probabilistic rough set regions with game-theoretic rough sets[J]. International Journal of Approximate Reasoning，2014，55（1）：142-155.

[59]　Azam N，Yao J T. Game-theoretic rough sets for recommender systems[J]. Knowledge-Based Systems，2014，72（1）：96-107.

[60]　Dubois D，Prade H. Rough fuzzy sets and fuzzy rough sets[J]. International Journal of General System，1990，17（2/3）：191-209.

[61]　Dubois D，Prade H. Putting Rough Sets and Fuzzy Sets Together. Intelligent Decision Support：Handbook of Applications and Advances of the Rough Sets Theory[M]. Dordrecht：Kluwer Academic Publishers，1992.

[62]　Dubois D，Prade H. Twofold fuzzy sets and rough sets：Some issues in knowledge representation[J]. Fuzzy Sets and Systems，1987，23（1）：3-18.

[63]　Banerjee M，Pal S K. Roughness of a fuzzy set[J]. Information Sciences，1996，93（3/4）：235-246.

[64]　Cheng Y. The incremental method for fast computing the rough fuzzy approximations[J]. Data and Knowledge Engineering，2011，70（1）：84-100.

[65]　Wu W Z，Leung Y，Zhang W X. On Generalized Rough Fuzzy Approximation Operators[M]. Berlin：Springer，2006：263-284.

[66]　Sun B Z，Ma W M，Zhao H. Decision-theoretic rough fuzzy set model and application[J]. Information Sciences，2014，283：180-196.

[67]　Feng T，Mi J S. Variable precision multigranulation decision-theoretic fuzzy rough sets[J]. Knowledge-Based Systems，2016，91：93-101.

[68]　Qian Y H，Liang J Y，Yao Y Y. MGRS：A multi-granulation rough set[J]. Information Sciences，2010，180（6）：949-970.

[69]　Qian Y H，Zhang H，Sang Y L，et al. Multigranulation decision-theoretic rough sets[J]. International Journal of Approximate Reasoning，2014，55（1）：225-237.

[70]　Qian Y H，Liang J Y，Dang C Y. Incomplete multigranulation rough set[J]. IEEE Transactions on Systems，Man，and Cybernetics-Part A：Systems and Humans，2010，40（2）：420-431.

[71]　Yao Y Y. Three-way decisions with probabilistic rough sets[J]. Information Science，2010，180（3）：341-353.

[72]　Yao Y Y. The superiority of three-way decisions in probabilistic rough set models[J]. Information Sciences，2011，181（6）：1080-1096.

[73]　Deng X F，Yao Y Y. Decision-theoretic three-way approximations of fuzzy sets[J]. Information Sciences，2014，279：702-715.

[74]　Liang D C，Liu D. Deriving three-way decisions from intuitionistic fuzzy decision-theoretic rough sets[J]. Information Sciences，2015，300：28-48.

[75]　Zhao X R，Hu B Q. Fuzzy probabilistic rough sets and their corresponding three-way decisions[J]. Knowledge-Based Systems，2016，91：126-142.

[76]　Azam N，Yao J T. Analyzing uncertainties of probabilistic rough set regions with game-theoretic rough sets[J].

International Journal of Approximate Reasoning，2014，55（1）：142-155.

[77]　Yao Y Y. Interval sets and three-way concept analysis in incomplete contexts[J]. International Journal of Machine Learning and Cybernetics，2017，8（1）：3-20.

[78]　Pedrycz W. From fuzzy sets to shadowed sets：Interpretation and computing[J]. International Journal of Intelligent Systems，2009，24（1）：48-61.

[79]　Li M Z，Wang G Y. Approximate concept construction with three-way decisions and attribute reduction in incomplete contexts[J]. Knowledge-Based Systems，2016，91：165-178.

[80]　Yao J T，Azam N. Web-based medical decision support systems for three-way medical decision making with game-theoretic rough sets[J]. IEEE Transactions on Fuzzy Systems，2014，23（1）：3-15.

[81]　Weller A C. Editorial Peer Review：Its Strengths and Weaknesses[M]. Medford：Information Today，Inc.，2001.

[82]　Zhou B，Yao Y，Luo J G. Cost-sensitive three-way email spam filtering[J]. Journal of Intelligent Information Systems，2014，42（1）：19-45.

[83]　Zhang H R，Min F，Shi B. Regression-based three-way recommendation[J]. Information Sciences，2017，378：444-461.

[84]　Yu H，Zhang C，Wang G Y. A tree-based incremental overlapping clustering method using the three-way decision theory[J]. Knowledge-Based Systems，2016，91：189-203.

[85]　Li H，Yu H，Min F，et al. Incremental sequential three-way decision based on continual learning network[J]. International Journal of Machine Learning and Cybernetics，2022：1-13.

[86]　Min F，Zhang Z H，Zhai W J，et al. Frequent pattern discovery with tri-partition alphabets[J]. Information Sciences，2020，507：715-732.

[87]　Wu Y X，Min X Y，Min F，et al. Cost-sensitive active learning with a label uniform distribution model[J]. International Journal of Approximate Reasoning，2019，105：49-65.

[88]　Maldonado S，Peters G，Weber R. Credit scoring using three-way decisions with probabilistic rough sets[J]. Information Sciences，2020，507：700-714.

[89]　Li W W，Jia X Y，Wang L，et al. Multi-objective attribute reduction in three-way decision-theoretic rough set model[J]. International Journal of Approximate Reasoning，2019，105：327-341.

[90]　Ma X A，Zhao X R. Cost-sensitive three-way class-specific attribute reduction[J]. International Journal of Approximate Reasoning，2019，105：153-174.

[91]　Yao Y Y，Deng X F. Sequential three-way decisions with probabilistic rough sets[J]. Information Sciences，2010，180（3）：341-353.

[92]　Fang Y，Gao C，Yao Y Y. Granularity-driven sequential three-way decisions：A cost-sensitive approach to classification[J]. Information Sciences，2020，507：644-664.

[93]　Zhang Q H，Xia D Y，Wang G Y. Three-way decision model with two types of classification errors[J]. Information Sciences，2017，420：431-453.

[94]　Yang X，Li T R，Fujita H，et al. A unified model of sequential three-way decisions and multilevel incremental processing[J]. Knowledge-Based Systems，2017，134：172-188.

[95]　Zhang L，Li H，Zhou X，et al. Sequential three-way decision based on multi-granular autoencoder features[J]. Information Sciences，2020，507：630-643.

[96]　Li H X，Zhang L，Huang B，et al. Sequential three-way decision and granulation for cost-sensitive face recognition[J]. Knowledge-Based Systems，2016，91：241-251.

[97]　She Y H，Li J H，Yang H L. A local approach to rule induction in multi-scale decision tables[J]. Knowledge-Based

Systems，2015，89：398-410.

[98] Wan Q，Li J H，Wei L，et al. Optimal granule level selection：A granule description accuracy viewpoint[J]. International Journal of Approximate Reasoning，2020，116：85-105.

[99] Yao Y Y，Zhong N. Potential applications of granular computing in knowledge discovery and data mining[C]. Proceedings of World Multiconference on Systemics，Cybernetics and Informatics，Orlando，1999.

[100] 苗夺谦，张清华，钱宇华，等. 从人类智能到机器实现模型——粒计算理论与方法[J]. 智能系统学报，2016，11（6）：743-757.

第 2 章　多粒度知识空间的结构特征

从粒计算的角度来说，通过不同的粒化模型可以得到不同类型的多粒度知识空间，其中，HQSS 是一种典型的多粒度知识空间，可以实现问题空间的结构化处理，具有分层递阶特性。因此，HQSS 又称为分层递阶的多粒度知识空间，揭示了模糊等价关系的本质，对它的研究是粒计算理论的重要课题。但是，当前对 HQSS 方面的研究仍然存在以下不足：①无法体现 HQSS 中任意两个商空间（知识空间）之间的关系；②分类同构不能刻画 HQSS 中商空间之间随着粒度细化的细分程度；③无法刻画两个分类同构的 HQSS 之间的差异性。首先，本章基于地球移地距离（earth mover's distance，EMD）提出一种知识距离度量模型，并证明提出的知识距离不仅和基于邻域粒的知识距离等价，并且比基于邻域粒的知识距离更加直观。其次，通过研究 HQSS 内部的层次性，得出 HQSS 中任意两个商空间的知识距离等于它们之间的粒度差异的结论。从知识距离的角度，本章定义与讨论分类同构和细分同构两种关系。最后，通过定义的知识差异序列对，不仅可以判断两个模糊等价关系是否同构，而且能够度量它们对应的 HQSS 的差异性。这些工作揭示了分层递阶的多粒度知识空间上的几何结构特征，为后面几章的研究提供理论框架和基础。

2.1　引　　言

Zadeh[1]提出的模糊集理论是一种重要的粒计算模型。模糊集理论通过使用隶属度函数揭示和分析了不确定性问题，当前已应用于许多领域。在模糊集基础上提出的模糊等价关系是等价关系在有限论域上的扩展[2, 3]。同时，许多研究者开始关注模糊集中隶属度函数的鲁棒性问题[4-6]。Lin[5]首次提出了模糊集的拓扑定义，给模糊集的隶属度提供了一个合理的结构化解释。在模糊商空间理论中，通过设置不同的阈值可以产生不同粒度的商空间，从而形成一个分层递阶的多粒度空间结构。张清华[6]通过递归地归一化等腰距离来构建模糊等价关系并实现 HQSS 和模糊等价关系之间的双向转化。基于以上的工作，Zhang 和 Wang[7]进一步提出了信息熵序列来度量 HQSS 的不确定性。此外，Zhang 等[8]定义和讨论了 HQSS 之间分类同构的概念，在一定程度上刻画了模糊等价关系的分类能力。由于原始粒度的定义不能反映不同 HQSS 的分类能力，因此，需要对分类粒度进行定义。再者，同一个粗粒度的商空间细分有可能产生两个具有相同分类能力的商空间，但是它们的细分程度不一定相同。两个分类同构的 HQSS 具有相同的分类能力，但是，并不意味着它们等价，它们之间的差异性无法刻画。

基于以上的分析可知，层次商空间结构还需要进一步研究。本章首先提出一种基于 EMD 的知识距离来刻画 HQSS 内部的层次性。其次，本章提出分类粒度序列与细分度序列两个概念分别来刻画 HQSS 的分类同构和细分同构。最后，通过知识差异序列对来度量不同模糊等价关系对应的 HQSS 之间的差异性。

2.2　相　关　定　义

这一部分主要回顾模糊等价关系和商空间的相关概念。假设 U 为一个非空有限论域，$R \subseteq U \times U$ 是一个在 U 上的等价关系，此时 U/R 构成了一个对 U 的划分，称 U/R 为一个知识空间或粒空间，为了便于讨论，在本章中表示为 K_R。在文献[9]中，U/R 又被称为一个商空间，是一种特殊的知识空间，U/R 中等价类称为信息粒。假设 $K = (U, \Re)$ 是一个知识基，$\Re$ 是一组等价关系。如果 $R_1, R_2 \in \Re$，$K_P = \{p_1, p_2, \cdots, p_l\}$ 与 $K_Q = \{q_1, q_2, \cdots, q_m\}$ 是两个分别由 U 上的等价关系 R_1 和 R_2 诱导产生的商空间。如果 $\forall_{X_i \in K_{R_1}}(\exists_{Y_j \in K_{R_2}}(X_i \subseteq Y_j))$，那么 K_{R_1} 细分于 K_{R_2}，表示为 $K_{R_1} \preceq K_{R_2}$。如果 $\forall_{X_i \in K_{R_1}}(\exists_{Y_j \in K_{R_2}}(X_i \subset Y_j))$，那么 K_{R_1} 严格细分于 K_{R_2}，表示为 $K_{R_1} \prec K_{R_2}$。在 HQSS 中，最细粒度 $\omega = \{\{x\} \mid x \in U\}$，最粗粒度 $\delta = \{U\}$。

定义 2.1（模糊等价关系[10, 11]）　如果 $\tilde{R}$ 满足以下条件：

（1）$\forall x \in U$，$\tilde{R}(x, x) = 1$；

（2）$\forall x, y \in U$，$\tilde{R}(x, y) = \tilde{R}(y, x)$；

（3）$\forall x, y, z \in U$，$\tilde{R}(x, z) \geqslant \sup_{y \in X} \min(\tilde{R}(x, y), \tilde{R}(y, z))$，

则 $\tilde{R}$ 是 U 上的一个模糊等价关系。

定义 2.2（λ 截关系[9]）　假设 $\tilde{R}$ 是 U 上的一个模糊等价关系，且 $\tilde{R}_\lambda = \{<x, y> \mid \tilde{R}(x, y) \geqslant \lambda\}(0 \leqslant \lambda \leqslant 1)$，则 $\tilde{R}_\lambda$ 是 U 上的一个清晰的等价关系，并为 $\tilde{R}$ 的截关系，$\tilde{R}_\lambda$ 对应的商空间为 $U/\tilde{R}_\lambda$。

显然，在定义 2.2 中，$U/\tilde{R}_\lambda$ 是一个由模糊等价关系 $\tilde{R}_\lambda$ 产生的商空间。

定义 2.3（层次商空间[9]）　假设 $\tilde{R}$ 是 U 上的一个模糊等价关系，且 $D = \{\tilde{R}(x, y) \mid x \in U \wedge y \in U \wedge \tilde{R}(x, y) > 0\}$ 是 $\tilde{R}$ 的一个值域，则 $\pi_{\tilde{R}}(U) = \{U/\tilde{R}_\lambda \mid \lambda \in D\}$ 称为 $\tilde{R}$ 的层次商空间。

引理 2.1　在一个 $\tilde{R}$ 对应的层次商空间 $\pi_{\tilde{R}}(U)$ 中，如果 $0 \leqslant \lambda_1 < \lambda_2 < \cdots < \lambda_t \leqslant 1$，则 $U/\tilde{R}_{\lambda_t} \preceq U/\tilde{R}_{\lambda_{t-1}} \preceq \cdots \preceq U/\tilde{R}_{\lambda_1}$。

例 2.1　假设 $U = \{x_1, x_2, x_3, x_4, x_5\}$，$\tilde{R}$ 是 U 上的一个模糊等价关系，对应的模糊等价关系矩阵 $M_{\tilde{R}}$ 为

$$M_{\tilde{R}} = \begin{bmatrix} 1 & 0.2 & 0.6 & 0.4 & 0.4 \\ 0.2 & 1 & 0.2 & 0.2 & 0.2 \\ 0.6 & 0.2 & 1 & 0.4 & 0.4 \\ 0.4 & 0.2 & 0.4 & 1 & 0.8 \\ 0.4 & 0.2 & 0.4 & 0.8 & 1 \end{bmatrix}$$

则 $M_{\tilde{R}}$ 对应的层次商空间 $\pi_{\tilde{R}}(U)$ 为

$U / \tilde{R}_{\lambda_1} = \{\{x_1, x_2, x_3, x_4, x_5\}\}$，其中 $0 < \lambda_1 \leqslant 0.2$；

$U / \tilde{R}_{\lambda_2} = \{\{x_1, x_3, x_4, x_5\}, \{x_2\}\}$，其中 $0.2 < \lambda_2 \leqslant 0.4$；

$U / \tilde{R}_{\lambda_3} = \{\{x_1, x_3\}, \{x_4, x_5\}, \{x_2\}\}$，其中 $0.4 < \lambda_3 \leqslant 0.6$；

$U / \tilde{R}_{\lambda_4} = \{\{x_1\}, \{x_3\}, \{x_4, x_5\}, \{x_2\}\}$，其中 $0.6 < \lambda_4 \leqslant 0.8$；

$U / \tilde{R}_{\lambda_5} = \{\{x_1\}, \{x_3\}, \{x_4\}, \{x_5\}, \{x_2\}\}$，其中 $0.8 < \lambda_5 \leqslant 1$。

为了度量知识基中信息的不确定性，Wierman[12]首次给出了一个知识粒度的原始定义。为了给不确定性度量的研究提供一个统一的理论框架，Yao 和 Zhao[13]提出了期望粒度的定义，并展示了当前许多的研究都是期望粒度的特例[14-17]，主要包括信息度量和基于交互式的粒度度量。为了研究 HQSS 之间的粒度同构，基于文献[15]中提出的知识粒度，本章定义一种新的知识粒度。

定义 2.4（知识粒度）　对于任意给定的知识基 $K = (U, \Re)$，假设 G 是 $\Re$ 到非负实数集的映射，$K_P = \{p_1, p_2, \cdots, p_l\}$ 和 $K_Q = \{q_1, q_2, \cdots, q_m\}$ 分别是由 U 上的等价关系 P 与 Q 产生的两个商空间。如果 G 为 U 上一个知识粒度，那么需要满足以下条件：

（1）对于任意 $P \in \Re$，$G(K_P) \geqslant 0$；

（2）对于任意 $P, Q \in \Re$，如果 $\sigma^2(K_P) = \sigma^2(K_Q)$ 和 $l = m$，有 $G(K_P) = G(K_Q)$，其中，$\sigma^2(K_P)$ 与 $\sigma^2(K_Q)$ 分别表示整数序列 $(|p_1|, |p_2|, \cdots, |p_l|)$ 和 $(|q_1|, |q_2|, \cdots, |q_m|)$ 的方差，$|p_i|$ 与 $|q_j|$ 分别代表 p_i 和 q_j 中的元素个数，$i = 1, 2, \cdots, l$ 和 $j = 1, 2, \cdots, m$；

（3）对于任意 $P, Q \in \Re$，如果 $K_P \prec K_Q$，那么 $G(K_P) < G(K_Q)$。

值得注意的是，定义 2.4 中（2）的形式不同于知识粒度的原始定义。

定义 2.5（二元关系粒度[8, 14]）　假设 U 为一个非空有限论域，R 是 U 上的一个二元关系，例如，$R \subseteq U \times U$。二元关系 R 的粒度定义如下：

$$\mathrm{GB}(R) = \frac{|R|}{|U \times U|} = \frac{|R|}{|U|^2} \tag{2.1}$$

　　显然，当 R 是 U 上的一个空关系时，$\mathrm{GB}(R)=0$。当 R 是 U 上的一个全关系时，例如，$R \subseteq U \times U$，$\mathrm{GB}(R)=1$。

　　定义 2.6（划分序列[8]）　假设 U 为一个非空有限论域，U/R_λ 是一个 $\pi_{\tilde{R}}(U)$ 中的商空间，$U/R_\lambda = \{|p_1|, |p_2|, \cdots, |p_l|\}$。对整数序列 $\{|p_1|, |p_2|, \cdots, |p_l|\}$ 从小到大排序，可以得到一个新的序列 $\{|p_i|, |p_j|, \cdots, |p_t|\}$，其中 $|p_i| \leqslant |p_j| \leqslant \cdots \leqslant |p_t|$，则 $\{|p_i|, |p_j|, \cdots, |p_t|\}$ 称为 U/R_λ 的划分序列，表示为 $L(U/R_\lambda) = \{|p_i|, |p_j|, \cdots, |p_t|\}$。

　　例 2.2　假设 $U/R_\lambda = \{\{x_1, x_2, x_3\}, \{x_4\}, \{x_5, x_6, x_7, x_8, x_9\}, \{x_{10}, x_{11}\}\}$ 是一个 $\pi_{\tilde{R}}(U)$ 中的商空间，则 U/R_λ 的划分序列为 $L(U/R_\lambda) = \{1, 2, 3, 5\}$。

　　定义 2.7（粒度同构与分类同构[8]）　假设 $\tilde{R}$ 和 $\tilde{S}$ 是 U 上的两个模糊等价关系，且 $\tilde{R}$ 与 $\tilde{S}$ 对应的 HQSS 分别为 $\pi_{\tilde{R}}(U) = \{U/\tilde{R}_{\lambda_1}, U/\tilde{R}_{\lambda_2}, \cdots, U/\tilde{R}_{\lambda_k}\}$ 和 $\pi_{\tilde{S}}(U) = \{U/\tilde{S}_{\mu_1}, U/\tilde{S}_{\mu_2}, \cdots, U/\tilde{S}_{\mu_l}\}$，则有如下定义：

　　（1）如果 $k=l$ 和 $\mathrm{GB}(U/\tilde{R}_{\lambda_i}) = \mathrm{GB}(U/\tilde{S}_{\mu_i})$（$i=1, 2, \cdots, l$）。$\pi_{\tilde{R}}(U)$ 和 $\pi_{\tilde{S}}(U)$ 称为粒度同构，表示为 $\pi_{\tilde{R}}(U) \cong_{\mathrm{GI}} \pi_{\tilde{S}}(U)$，即 $\forall i \in [1, k]$，$U/\tilde{R}_{\lambda_i} \cong_{\mathrm{GI}} U/\tilde{S}_{\mu_i}$。

　　（2）如果 $k=l$ 和 $L(U/\tilde{R}_{\lambda_i}) = L(U/\tilde{S}_{\mu_i})$（$i=1, 2, \cdots, l$）。$\pi_{\tilde{R}}(U)$ 和 $\pi_{\tilde{S}}(U)$ 称为分类同构，表示为 $\pi_{\tilde{R}}(U) \cong_{\mathrm{CI}} \pi_{\tilde{S}}(U)$，即 $\forall i \in [1, k]$，$U/\tilde{R}_{\lambda_i} \cong_{\mathrm{CI}} U/\tilde{S}_{\mu_i}$。

　　由定义 2.7 可知，如果两个 HQSS 粒度同构，那么它们具有相同的不确定性，但它们不一定分类同构；如果两个 HQSS 分类同构，那么它们具有相同的分类能力，同时它们也粒度同构。

2.3　基于 EMD 的知识距离

　　从粒计算的角度来说，无论是信息熵还是知识粒度都无法刻画粒结构中知识空间之间的差异性[18]。为了解决这个问题，Qian 等[18-20]首次提出了基于邻域粒的知识距离（neighborhood granule-based knowledge distance，NGKD）。通过 NGKD，Liang 等[21]建立了同一知识基中完备知识空间与不完备知识空间之间的关系。Yang 等[22, 23]将 NGKD 应用到多粒度空间，通过知识距离代数格导出一个偏序关系，可用于描述多粒度空间中的层次结构。NGKD 适用于所有类型的知识空间，尤其适用于基于容差关系的知识空间。但是，NGKD 缺乏清晰的物理解释和理论背景。另外，当描述 HQSS 中的商空间时，NGKD 不够直观。本章提出一种基于 EMD 的知识距离（knowledge distance based on the earth mover's distance，EMKD）[24]，并证明了在度量基于等价关系的知识空间之间的差异性时，EMKD 不仅与 NGKD 等价，而且更加简洁和更符合人类认知习惯，这些优点有助于揭示知识距离的本质。

1. EMD

基于一个著名的运输问题[25]，Rubner 等[26, 27]提出了 EMD，可以实现两个概率分布的差异度量。由于 EMD 度量巧妙地用运输货物所需的最小代价来表征特征分布之间的距离，而不是实际意义上的距离，因此避免了量化（连续值变为离散值）的过程，即避免了量化误差的引入，具有较强的鲁棒性[26]，而且 EMD 的结果更接近人的感官认知。如图 2.1 所示，P 与 Q 是两个不同的分布，p_1，p_2 与 q_1，q_2，q_3 分别是 P 与 Q 中的类簇，其中，ω 代表特征的权重，d 代表 P 和 Q 中的类簇之间的距离。EMD 的目标就是最小化 P 和 Q 之间的运输成本。换句话说，如果把两个分布看作在区域中两种不同方式堆积的山堆，那么 EMD 就是把一堆变成另一堆所需要移动

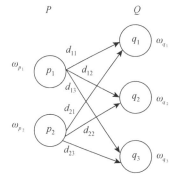

图 2.1　EMD 示意图

单位的最小距离之和。由于 EMD 考虑了不同类簇的重要性，使总的类簇间距离最小，所以 EMD 是一种多对多的匹配计算方法，能够计算部分匹配。更多关于 EMD 的内容可以参考文献[28]～[31]。目前 EMD 广泛地用于计算机视觉[30, 31]、模式识别[32, 33]、机器学习[34-36]等领域。

EMD 的计算可以形式化为以下线性规划问题：假设 $P = \{(p_1, \omega_{p_1}), (p_2, \omega_{p_2}), \cdots, (p_l, \omega_{p_l})\}$ 与 $Q = \{(q_1, \omega_{q_1}), (q_2, \omega_{q_2}), \cdots, (q_m, \omega_{q_m})\}$ 分别是两个具有 l 个类簇和 m 个类簇的分布。p_i 与 q_j 代表 P 和 Q 中的类簇，ω_{p_i} 与 ω_{q_j} 分别为 p_i 和 q_j 的权重。d_{ij} 代表 p_i 和 q_j 之间的差异性度量，例如，欧氏距离。EMD 的目标是寻找一个使总代价最小化的流量矩阵 $F = [f_{ij}]$，其中 f_{ij} 代表 p_i 到 q_j 的流量。

$$\text{work}(P,Q) = \sum_{i=1}^{l}\sum_{j=1}^{m} d_{ij} f_{ij} \qquad (2.2)$$

s.t.

$$f_{ij} \geq 0, \quad 1 \leq i \leq l, \quad 1 \leq j \leq m \qquad (2.3)$$

$$\sum_{j=1}^{m} f_{ij} \leq \omega_{p_i}, \quad 1 \leq i \leq l \qquad (2.4)$$

$$\sum_{i=1}^{l} f_{ij} \leq \omega_{q_j}, \quad 1 \leq j \leq m \qquad (2.5)$$

$$\sum_{i=1}^{l}\sum_{j=1}^{m} f_{ij} = \min\left\{\sum_{i=1}^{l} \omega_{p_i}, \sum_{j=1}^{m} \omega_{q_j}\right\} \qquad (2.6)$$

式（2.3）规定流量传递方向为 $P \rightarrow Q$；式（2.4）规定从 P_i 运出去的总流量不能超过自身的总流量；式（2.5）规定 Q_j 接收的总流量不能超过自身的总流量；式（2.6）规定总传递流量的上限是 P 和 Q 的流量的最小值。当这个运输问题解决时，可以求得这个最优的流量分配，即 EMD 被定义为由总流量归一化的结果，其定义如下：

$$\mathrm{EMD}(P,Q) = \frac{\sum_{i=1}^{l}\sum_{j=1}^{m} d_{ij} f_{ij}}{\sum_{i=1}^{l}\sum_{j=1}^{m} f_{ij}} \qquad (2.7)$$

一般来说，式（2.7）中的 d 可以是任意差异性度量，可以根据具体问题来选取。

定义 2.8　假设 U 为一个非空有限论域，A、B、C 是 U 上的三个有限集合。如果函数 $V(\cdot,\cdot)$ 是一个距离，那么需要满足以下三个条件：

（1）正定性，即 $V(A,B) \geqslant 0$；

（2）对称性，即 $V(A,B) = V(B,A)$；

（3）三角不等式，即 $V(A,B) + V(B,C) \geqslant V(A,C)$。

定理 2.1[26]　假设 $P = \{(p_1,\omega_{p_1}),(p_2,\omega_{p_2}),\cdots,(p_l,\omega_{p_l})\}$ 与 $Q = \{(q_1,\omega_{q_1}),(q_2,\omega_{q_2}),\cdots,(q_m,\omega_{q_m})\}$ 分别是两个具有 l 个类簇和 m 个类簇的分布。如果 d 是一个距离，且两个分布的总权重相同，即

$$\sum_{i=1}^{l}\omega_i = \sum_{j=1}^{m}\omega_j \qquad (2.8)$$

综上所述，通过采用不同的 d，可以将 EMD 进行扩展，用来度量其他形式的知识空间之间的差异性，也就是说 EMD 可以直观地表征各种粒度之间的差异性。另外，EMD 可以实现一个多对多的匹配计算，更符合人类的认知习惯。

2. 知识距离度量模型

为了刻画两个知识空间的差异性并揭示多粒度知识空间的结构特征，借鉴 EMD 的良好特性，本章提出一种基于 EMD 的知识距离度量模型。

定义 2.9　假设 $K = (U,\Re)$ 是一个知识基，$K_P = \{p_1,p_2,\cdots,p_l\}$ 和 $K_Q = \{q_1,q_2,\cdots,q_m\}$ 是两个分别由等价关系 P 与 Q 产生的知识空间，$d_{ij} = d(p_i,q_j)$ 代表信息粒 p_i 和 q_j 之间的距离，f_{ij} 代表信息粒 p_i 和 q_j 之间的流量，其中 $f_{ij} = |p_i \cap q_j|$。K_P 和 K_Q 之间的知识距离度量模型定义如下：

$$\text{EMKD}(K_P, K_Q) = \frac{1}{|U|} \sum_{i=1}^{l} \sum_{j=1}^{m} d_{ij} f_{ij} \qquad (2.9)$$

由于对同一论域进行划分的不同知识空间的对象数是相同的，故

$$\sum_{i=1}^{l} |p_i| = \sum_{j=1}^{m} |q_j| = |U| \qquad (2.10)$$

式（2.9）符合约束条件（2.6）。同样，式（2.9）符合约束条件（2.3）～约束条件（2.5）。EMKD 表示的是同一个知识基的任意两个知识空间之间匹配对象的最小成本。显然，通过采用不同的信息粒距离 $d(\cdot, \cdot)$，可以产生不同的知识距离。

由于继承了 EMD 的优点，EMKD 可以实现多对多的匹配计算，在一定程度上更符合人类的认知习惯。因此，EMKD 可以更准确地刻画两个知识空间的差异性。下面将讨论 EMKD 与 NGKD 之间的关系。

假设 $K = (U, \Re)$ 是一个知识基，$K_P = \{p_1, p_2, \cdots, p_l\}$ 是由等价关系 P 产生的知识空间，$p_i = \{x_{i1}, x_{i2}, \cdots, x_{i|p_i|}\}$，其中

$$\sum_{i=1}^{l} |p_i| = |U| \qquad (2.11)$$

则 $K_P = \{S_P(x_1), S_P(x_2), \cdots, S_P(x_l)\}$，其中 $p_i = \{S_P(x_{i1}), S_P(x_{i2}), \cdots, S_P(x_{i|p_i|})\}$。这种机制为知识基中知识空间的表达提供了一种统一的形式。例如，$K_P = \{\{x_1, x_2, x_3\}, \{x_4, x_5\}\}$，那么

$$\begin{aligned} K_P &= \{S_P(x_1), S_P(x_2), S_P(x_3), S_P(x_4), S_P(x_5)\} \\ &= \{\{x_1, x_2, x_3\}, \{x_1, x_2, x_3\}, \{x_1, x_2, x_3\}, \{x_4, x_5\}, \{x_4, x_5\}\} \end{aligned} \qquad (2.12)$$

定义 2.10[19] 假设 $K = (U, \Re)$ 是一个知识基，$K_P = \{p_1, p_2, \cdots, p_l\}$ 和 $K_Q = \{q_1, q_2, \cdots, q_m\}$ 是两个分别由等价关系 P 与 Q 产生的知识空间，那么 K_P 和 K_Q 之间的 NGKD 定义为

$$\text{NGKD}(K_P, K_Q) = \frac{1}{|U|} \sum_{i=1}^{|U|} d(S_P(x_i), S_Q(x_i)) \qquad (2.13)$$

定理 2.2 假设 $K = (U, \Re)$ 是一个知识基，$K_P = \{p_1, p_2, \cdots, p_l\}$ 和 $K_Q = \{q_1, q_2, \cdots, q_m\}$ 为分别由等价关系 P 与 Q 产生的知识空间，那么 $\text{EMKD}(K_P, K_Q) = \text{NGKD}(K_P, K_Q)$。

证明 假设 $K_P = \{p_1, p_2, \cdots, p_l\} = \{S_P(x_1), S_P(x_2), \cdots, S_P(x_{|U|})\}$ 和 $K_Q = \{q_1, q_2, \cdots, q_m\} = \{S_Q(x_1), S_Q(x_2), \cdots, S_Q(x_{|U|})\}$ 为分别由等价关系 P 和 Q 产生的知识空间，p_i 和 q_j 代表对应知识空间中的等价类，则 $p_i = S_P(x_{i1}) = S_P(x_{i2}) = \cdots = S_P(x_{i|p_i|})\}$ 和 $q_i = S_Q(x_{j1}) = S_Q(x_{j2}) = \cdots = S_Q(x_{j|q_j|})\}$。显然，$d_{ij} = d(p_i, q_j) = d(S_P(x_k), S_Q(x_k))$，$\forall x_k \in p_i \bigcap q_j$。

$$\mathrm{EMKD}(K_P,K_Q)=\frac{1}{|U|}\sum_{i=1}^{l}\sum_{j=1}^{m}d_{ij}\,|\,p_i\bigcap q_j\,|$$

$$=\frac{1}{|U|}(d_{11}\,|\,p_1\bigcap q_1\,|+d_{11}\,|\,p_1\bigcap q_1\,|+\cdots+d_{lm}\,|\,p_l\bigcap q_m\,|)$$

$$\mathrm{NGKD}(K_P,K_Q)=\frac{1}{|U|}\sum_{k=1}^{|U|}d(S_P(x_k),S_Q(x_k))$$

$$=\frac{1}{|U|}\left(\sum_{x_k\in p_1\bigcap q_1}d(S_P(x_k),S_Q(x_k))+\sum_{x_k\in p_1\bigcap q_2}d(S_P(x_k),S_Q(x_k))\right.$$

$$\left.+\cdots+\sum_{x_k\in p_1\bigcap q_m}d(S_P(x_k),S_Q(x_k))\right)$$

$$=\frac{1}{|U|}(d_{11}\,|\,p_1\bigcap q_1\,|+d_{12}\,|\,p_1\bigcap q_2\,|+\cdots+d_{lm}\,|\,p_l\bigcap q_m\,|)$$

因此，$\mathrm{EMKD}(K_P,K_Q)=\mathrm{NGKD}(K_P,K_Q)$。

例 2.3 假设 $K=(U,\Re)$ 是一个知识基，$K_P=\{\{x_1,x_2,x_3\},\{x_4,x_5\}\}$ 和 $K_Q=\{\{x_1,x_2\},\{x_3,x_4\},\{x_5\}\}$ 是分别由等价关系 P 和 Q 产生的知识空间，则

$$\mathrm{EMKD}(K_P,K_Q)=\frac{1}{5}\sum_{i=1}^{2}\sum_{j=1}^{3}d_{ij}f_{ij}=\frac{1}{5}(2d_{11}+d_{12}+d_{22}+d_{23})$$

$$\mathrm{NGKD}(K_P,K_Q)=\frac{1}{5}\sum_{k=1}^{5}d(S_P(x_k),S_Q(x_k))=\frac{1}{5}(2d_{11}+d_{12}+d_{22}+d_{23})$$

因此，$\mathrm{EMKD}(K_P,K_Q)=\mathrm{NGKD}(K_P,K_Q)$。

由定理 2.2 可知，$\mathrm{EMKD}(K_P,K_Q)$ 与 $\mathrm{NGKD}(K_P,K_Q)$ 等价。因此，本章建立基于划分关系的知识距离和基于邻域关系的知识距离之间的关系，这些将有助于进一步理解知识距离的本质。

2.4 层次商空间的结构特征

通过采用合适的信息粒距离，EMKD 提供了一个适用于知识空间之间差异性度量的理论框架。本章将利用 EMKD 来研究层次商空间的结构特征，并基于 EMKD 分别提出了两种类型的知识距离（EMKD_1 和 EMKD_2）来研究层次商空间结构。首先，本章给出 EMKD_1 的定义。

Marczewski 和 Steinhaus[37]提出了一种集合距离来度量两个集合的差异性。假设 U 为一个非空有限论域，A、B 是两个有限集合且 $\forall A,B\subseteq U$。那么 A 和 B 之间的集合距离可以定义为

$$d(A,B) = 1 - \frac{|A \cap B|}{|A \cup B|} \qquad (2.14)$$

基于集合距离的思想，本章首先展示第一种类型的集合距离来设计 EMKD_1。

定义 2.11　假设 U 为一个非空有限论域，A、B 是两个有限集合且 $\forall A, B \subseteq U$，A 和 B 之间的绝对集合距离为

$$d_1(A,B) = \frac{|A \oplus B|}{|U|} \qquad (2.15)$$

式中，$|A \oplus B| = |A \cup B| - |A \cap B|$。

显然，式（2.15）可以刻画两个有限集合的绝对差异性。

命题 2.1　假设 U 为一个非空有限论域，$d_1(\cdot, \cdot)$ 是 U 上的一个距离度量。

证明　假设 A、B、C 是三个有限集合，且 A、B、$C \subseteq U$。由文献[34]可知，由于 $|A \oplus B| + |B \oplus C| \geqslant |A \oplus C|$，故

$$\frac{|A \oplus B|}{|U|} + \frac{|B \oplus C|}{|U|} \geqslant \frac{|A \oplus C|}{|U|}$$

因此，$d_1(A,B) + d_1(B,C) \geqslant d_1(A,C)$。

定义 2.12　假设 $K = (U, \mathfrak{R})$ 是一个知识基，$K_P = \{p_1, p_2, \cdots, p_l\}$ 与 $K_Q = \{q_1, q_2, \cdots, q_m\}$ 是分别由等价关系 P 和 Q 产生的知识空间，$d_{ij} = d_1(p_i, q_j)$ 代表信息粒 p_i 和 q_j 之间的距离，f_{ij} 代表 p_i 和 q_j 之间的流量，其中 $f_{ij} = |p_i \cap q_j|$。知识距离 $\text{EMKD}_1(K_P, K_Q)$ 有如下定义：

$$\text{EMKD}_1(K_P, K_Q) = \frac{1}{|U|} \sum_{i=1}^{l} \sum_{j=1}^{m} d_{ij} f_{ij} = \frac{1}{|U|} \sum_{i=1}^{l} \sum_{j=1}^{m} \frac{|p_i \oplus q_j|}{|U|} |p_i \cap q_j| \qquad (2.16)$$

定理 2.3　假设 U 为一个非空有限论域，EMKD_1 是 U 上的一个距离。

证明　假设 $K_P = \{p_1, p_2, \cdots, p_l\}$ 与 $K_Q = \{q_1, q_2, \cdots, q_m\}$ 是分别由等价关系 P 和 Q 产生的知识空间。对于同一个论域而言，存在式（2.10）。由命题 2.2 可知，$d_1(\cdot, \cdot)$ 是一个距离。通过定理 2.1 可知，类似于 EMD，EMKD_1 也是一个距离。

为了方便描述，在层次商空间中，最细粒度与最粗粒度分别表示为 ω 和 δ。

定理 2.4　假设 $\pi_{\tilde{R}}(U) = \{U / \tilde{R}_\lambda \mid \lambda \in D\}$ 是 U 上的一个 HQSS，$U / \tilde{R}_{\lambda_p} = \{p_1, p_2, \cdots, p_l\}$、$U / \tilde{R}_{\lambda_q} = \{q_1, q_2, \cdots, q_m\}$ 和 $U / \tilde{R}_{\lambda_r} = \{r_1, r_2, \cdots, r_s\}$ 是 $\pi_{\tilde{R}}(U)$ 中的三个商空间。若 $U / \tilde{R}_{\lambda_r} \preceq U / \tilde{R}_{\lambda_q} \preceq U / \tilde{R}_{\lambda_p}$，则 $\text{EMKD}_1(U / \tilde{R}_{\lambda_q}, U / \tilde{R}_{\lambda_r}) \leqslant \text{EMKD}_1(U / \tilde{R}_{\lambda_p}, U / \tilde{R}_{\lambda_r})$。

证明　由于 $U / \tilde{R}_{\lambda_r} \preceq U / \tilde{R}_{\lambda_q} \preceq U / \tilde{R}_{\lambda_p}$，为了简单化，假设仅有一个信息粒 p_1（$p_1 \in U / \tilde{R}_{\lambda_p}$）细分为两个更细的信息粒 q_1，q_2（$q_1, q_2 \in U / \tilde{R}_{\lambda_q}$），仅有一个

信息粒 q_1（$q_1 \in U / \tilde{R}_{\lambda_q}$）细分为两个更细的信息粒 r_1，r_2（其他复杂情形均可转化为这种情形，这里不再重复），则 $p_1 = q_1 \bigcup q_2, p_2 = q_3, p_3 = q_4, \cdots, p_l = q_m$（$m = l + 1$），$q_1 = r_1 \bigcup r_2, q_2 = r_3, q_3 = r_4, \cdots, q_m = r_s$（$s = m + 1$），即 $U / \tilde{R}_{\lambda_q} = \{q_1, q_2, p_2, p_3, \cdots, p_l\}$ 和 $U / \tilde{R}_{\lambda_r} = \{r_1, r_2, q_2, q_3, \cdots, q_m\}$。

$$\mathrm{EMKD}_1(U / \tilde{R}_{\lambda_p}, U / \tilde{R}_{\lambda_r}) = \frac{1}{|U|} \sum_{i=1}^{l} \sum_{k=1}^{s} \frac{|p_i \oplus r_k|}{|U|} | p_i \bigcap r_k |$$

$$= \frac{| p_1 \oplus r_1 \| p_1 \bigcap r_1 | + | p_1 \oplus r_2 \| p_1 \bigcap r_2 | + | p_1 \oplus r_3 \| p_1 \bigcap r_3 |}{|U|^2}$$

$$= \frac{(| p_1 | - | r_1 |) | r_1 | + (| p_1 | - | r_2 |) | r_2 | + (| p_1 | - | r_3 |) | r_3 |}{|U|^2}$$

$$= \frac{|p_1|(|r_1| + |r_2| + |r_3|) - (|r_1|^2 + |r_2|^2 + |r_3|^2)}{|U|^2}$$

类似地，$\mathrm{EMKD}_1(U / \tilde{R}_{\lambda_q}, U / \tilde{R}_{\lambda_r}) = \frac{1}{|U|} \left[\frac{|q_1|(|r_1| + |r_2|) - (|r_1|^2 + |r_2|^2)}{|U|} \right]$。那么

$$\mathrm{EMKD}_1(U / \tilde{R}_{\lambda_p}, U / \tilde{R}_{\lambda_r}) - \mathrm{EMKD}_1(U / \tilde{R}_{\lambda_q}, U / \tilde{R}_{\lambda_r})$$

$$= \frac{(| p_1 | - | q_1 |)(| r_1 | + | r_2 |) + | p_1 \| r_3 | - | r_3 |^2}{|U|^2}$$

$$= \frac{| q_2 |(| r_1 | + | r_2 |) + | r_3 |(| r_1 | + | r_2 |)}{|U|^2}$$

$$= \frac{2 | q_2 \| q_1 |}{|U|^2} \geqslant 0$$

因此，$\mathrm{EMKD}_1(U / \tilde{R}_{\lambda_q}, U / \tilde{R}_{\lambda_r}) \leqslant \mathrm{EMKD}_1(U / \tilde{R}_{\lambda_p}, U / \tilde{R}_{\lambda_r})$。类似地，也可以得出 $\mathrm{EMKD}_1(U / \tilde{R}_{\lambda_p}, U / \tilde{R}_{\lambda_r}) \geqslant \mathrm{EMKD}_1(U / \tilde{R}_{\lambda_p}, U / \tilde{R}_{\lambda_q})$。

例 2.4　假设 $\pi_{\tilde{R}}(U) = \{U / \tilde{R}_\lambda \mid \lambda \in D\}$ 是 U 上的一个 HQSS，其中 $U = \{x_1, x_2, x_3, x_4, x_5, x_6, x_7, x_8, x_9\}$，$U / \tilde{R}_{\lambda_p} = \{\{x_1, x_2, x_3, x_4, x_5, x_6\}, \{x_7, x_8, x_9\}\}$，$U / \tilde{R}_{\lambda_q} = \{\{x_1, x_2, x_4, x_5\}, \{x_3, x_6\}, \{x_7\}, \{x_8, x_9\}\}$ 和 $U / \tilde{R}_{\lambda_r} = \{\{x_1, x_2,\} \{x_4, x_5\}, \{x_3\}, \{x_6\}, \{x_7\}, \{x_8\}, \{x_9\}\}$ 是 $\pi_{\tilde{R}}(U)$ 中的三个商空间。

从以上条件可知，$U / \tilde{R}_{\lambda_r} \preceq U / \tilde{R}_{\lambda_q} \preceq U / \tilde{R}_{\lambda_p}$。

$$\mathrm{EMKD}_1(U / \tilde{R}_{\lambda_p}, U / \tilde{R}_{\lambda_q}) = \frac{\sum_{i=1}^{2} \sum_{j=1}^{4} d_{ij} f_{ij}}{9} = \frac{\frac{2}{9} \times 4 + \frac{4}{9} \times 2 + \frac{2}{9} \times 1 + \frac{1}{9} \times 2}{9} = 20 / 81$$

类似地，$\mathrm{EMKD}_1(U / \tilde{R}_{\lambda_p}, U / \tilde{R}_{\lambda_r}) = 32 / 81$，$\mathrm{EMKD}_1(U / \tilde{R}_{\lambda_q}, U / \tilde{R}_{\lambda_r}) = 4 / 27$。

同理可以得出，$\mathrm{EMKD}_1(U/\tilde{R}_{\lambda_p}, U/\tilde{R}_{\lambda_r}) > \mathrm{EMKD}_1(U/\tilde{R}_{\lambda_q}, U/\tilde{R}_{\lambda_r})$ 及 EMKD_1 $(U/\tilde{R}_{\lambda_p}, U/\tilde{R}_{\lambda_r}) > \mathrm{EMKD}_1(U/\tilde{R}_{\lambda_p}, U/\tilde{R}_{\lambda_q})$。

在定理 2.4 中，当 $U/\tilde{R}_{\lambda_r}$ 是最细粒度 ω 时，可以得到以下推论。

推论 2.1　假设 $\pi_{\tilde{R}}(U) = \{U/\tilde{R}_\lambda \mid \lambda \in D\}$ 是 U 上的一个 HQSS，$U/\tilde{R}_{\lambda_p} = \{p_1, p_2, \cdots, p_l\}$ 和 $U/\tilde{R}_{\lambda_q} = \{q_1, q_2, \cdots, q_m\}$ 是 $\pi_{\tilde{R}}(U)$ 中的两个商空间。如果 $U/\tilde{R}_{\lambda_q} \preceq U/\tilde{R}_{\lambda_p}$，那么 $\mathrm{EMKD}_1(U/\tilde{R}_{\lambda_q}, \omega) \leqslant \mathrm{EMKD}_1(U/\tilde{R}_{\lambda_p}, \omega)$。

类似地，同样可得 $\mathrm{EMKD}_1(U/\tilde{R}_{\lambda_q}, \delta) \geqslant \mathrm{EMKD}_1(U/\tilde{R}_{\lambda_p}, \delta)$。

定理 2.5　假设 $\pi_{\tilde{R}}(U) = \{U/\tilde{R}_\lambda \mid \lambda \in D\}$ 是 U 上的一个 HQSS，$U/\tilde{R}_{\lambda_p} = \{p_1, p_2, \cdots, p_l\}$、$U/\tilde{R}_{\lambda_q} = \{q_1, q_2, \cdots, q_m\}$ 和 $U/\tilde{R}_{\lambda_r} = \{r_1, r_2, \cdots, r_s\}$ 是 $\pi_{\tilde{R}}(U)$ 中的三个商空间。如果 $U/\tilde{R}_{\lambda_r} \preceq U/\tilde{R}_{\lambda_q} \preceq U/\tilde{R}_{\lambda_p}$，则有

$$\mathrm{EMKD}_1(U/\tilde{R}_{\lambda_p}, U/\tilde{R}_{\lambda_r}) = \mathrm{EMKD}_1(U/\tilde{R}_{\lambda_p}, U/\tilde{R}_{\lambda_q}) + \mathrm{EMKD}_1(U/\tilde{R}_{\lambda_q}, U/\tilde{R}_{\lambda_r})。$$

证明　由于 $U/\tilde{R}_{\lambda_r} \preceq U/\tilde{R}_{\lambda_q} \preceq U/\tilde{R}_{\lambda_p}$，为了简单化，假设仅有一个信息粒 p_1（$p_1 \in U/\tilde{R}_{\lambda_p}$）细分为两个更细的信息粒 q_1，q_2（$q_1, q_2 \in U/\tilde{R}_{\lambda_q}$），仅有一个信息粒 q_1（$q_1 \in U/\tilde{R}_{\lambda_q}$）细分为两个更细的信息粒 r_1，r_2（其他复杂情形均可以转化为这种情形，这里不再重复），则 $p_1 = q_1 \bigcup q_2, p_2 = q_3, p_3 = q_4, \cdots, p_l = q_m$（$m = l+1$），$q_1 = r_1 \bigcup r_2, q_2 = r_3, q_3 = r_4, \cdots, q_m = r_s$（$s = m+1$），即 $U/\tilde{R}_{\lambda_q} = \{q_1, q_2, p_2, p_3, \cdots, p_l\}$ 和 $U/\tilde{R}_{\lambda_r} = \{r_1, r_2, q_2, q_3, \cdots, q_m\}$。

由定理 2.4 可得

$$\mathrm{EMKD}_1(U/\tilde{R}_{\lambda_p}, U/\tilde{R}_{\lambda_r}) = \frac{|p_1|(|r_1| + |r_2| + |r_3|) - (|r_1|^2 + |r_2|^2 + |r_3|^2)}{|U|^2}$$

$$= \frac{2(|r_1||r_2| + |r_1||r_3| + |r_2||r_3|)}{|U|^2}$$

$$\mathrm{EMKD}_1(U/\tilde{R}_{\lambda_q}, U/\tilde{R}_{\lambda_r}) = \frac{2|r_1||r_2|}{|U|^2}, \quad \mathrm{EMKD}_1(U/\tilde{R}_{\lambda_p}, U/\tilde{R}_{\lambda_q}) = \frac{2|q_1||q_2|}{|U|^2}$$

那么

$$\mathrm{EMKD}_1(U/\tilde{R}_{\lambda_p}, U/\tilde{R}_{\lambda_q}) + \mathrm{EMKD}_1(U/\tilde{R}_{\lambda_q}, U/\tilde{R}_{\lambda_r})$$

$$= \frac{2(|q_1||q_2| + |r_1||r_2|)}{|U|^2}$$

$$= \frac{2(|r_1||r_2| + |r_1||r_3| + |r_2||r_3|)}{|U|^2}$$

$$= \text{EMKD}_1(U / \tilde{R}_{\lambda_p}, U / \tilde{R}_{\lambda_r})$$

故 $\text{EMKD}_1(U / \tilde{R}_{\lambda_p}, U / \tilde{R}_{\lambda_r}) = \text{EMKD}_1(U / \tilde{R}_{\lambda_p}, U / \tilde{R}_{\lambda_q}) + \text{EMKD}_1(U / \tilde{R}_{\lambda_q}, U / \tilde{R}_{\lambda_r})$。

由定理 2.5 可知,可以看出层次商空间结构中的任意知识空间之间具有线性可加性。

例 2.5（接例 2.4）　$\text{EMKD}_1(U / \tilde{R}_{\lambda_p}, U / \tilde{R}_{\lambda_r})$

$$= \text{EMKD}_1(U / \tilde{R}_{\lambda_p}, U / \tilde{R}_{\lambda_q}) + \text{EMKD}_1(U / \tilde{R}_{\lambda_q}, U / \tilde{R}_{\lambda_r}) = \frac{20}{81} + \frac{4}{27} = \frac{32}{81}$$

在定理 2.5 中,当 $U / \tilde{R}_{\lambda_r}$ 是最细粒度 ω 时,有以下推论。

推论 2.2　假设 $\pi_{\tilde{R}}(U) = \{U / \tilde{R}_{\lambda} \mid \lambda \in D\}$ 是 U 上的一个 HQSS,$U / \tilde{R}_{\lambda_p} = \{p_1, p_2, \cdots, p_l\}$ 和 $U / \tilde{R}_{\lambda_q} = \{q_1, q_2, \cdots, q_m\}$ 是 $\pi_{\tilde{R}}(U)$ 上的两个商空间。如果 $U / \tilde{R}_{\lambda_q} \preceq U / \tilde{R}_{\lambda_p}$,那么 $\text{EMKD}_1(U / \tilde{R}_{\lambda_p}, U / \tilde{R}_{\lambda_q}) = \text{EMKD}_1(U / \tilde{R}_{\lambda_p}, \omega) - \text{EMKD}_1(U / \tilde{R}_{\lambda_q}, \omega)$。

定理 2.6　假设 $K = (U, \Re)$ 是一个知识基,$K_P = \{p_1, p_2, \cdots, p_l\}$ 是 U 上的由等价关系 P 产生的知识空间,$\text{EMKD}_1(K_P, \omega)$ 是一个在定义 2.4 下的知识粒度度量。

证明　(1) 通过定理 2.3,$\text{EMKD}_1(K_P, \omega) \geqslant 0$。

(2) 假设 $K_Q = \{q_1, q_2, \cdots, q_m\}$ 是 U 上的由另一个等价关系 Q 产生的知识空间,那么

$$\text{EMKD}_1(K_P, \omega) = \frac{1}{|U|^2} \sum_{i=1}^{l} (|p_i| - 1)|p_i|, \quad \text{EMKD}_1(K_Q, \omega) = \frac{1}{|U|^2} \sum_{j=1}^{m} (|q_j| - 1)|q_j|,$$

且存式(2.10)。所以

$$\text{EMKD}_1(K_P, \omega) - \text{EMKD}_1(K_Q, \omega) = \frac{1}{|U|^2} \left(\sum_{i=1}^{l} |p_i|^2 - \sum_{j=1}^{m} |q_j|^2 \right)$$

$$= \frac{1}{|U|^2} (l-1) \sigma^2(K_P) - \frac{1}{|U|^2} (m-1) \sigma^2(K_Q)$$

当 $\sigma^2(K_P) = \sigma^2(K_Q)$ 和 $l = m$ 时,$\text{EMKD}_1(K_P, \omega) = \text{EMKD}_1(K_Q, \omega)$。

(3) 如果 $K_P \preceq K_Q$,通过推论 2.1,$\text{EMKD}_1(K_P, \omega) \leqslant \text{EMKD}_1(K_Q, \omega)$。

因此,$\text{EMKD}_1(K_P, \omega)$ 是一个知识粒度度量。

结合推论 2.2 和定理 2.6,可以得到以下结论:一个 HQSS 中的两个知识空间之间的知识粒度差异可以通过知识距离(定义 2.12)进行刻画。换句话说,对于一个 HQSS 来说,两个知识空间之间的 EMKD_1 越大,那么它们之间的粒度差异越大;反之,两个知识空间之间的 EMKD_1 越小,那么它们之间的粒度差异越小。

2.5　分类同构和细分同构

不确定性度量是粒计算中一个重要的研究内容。为了度量 HQSS 的不确定性，Zhang 等[8]提出了信息熵序列的概念。在此基础上，Zhang 等进一步提出了划分序列的概念（定义 2.6）来判断两个 HQSS 是否具有相同分类的能力。但是，原始粒度本身的定义不能够很好地反映知识空间的分类能力，当前仍然缺乏对于分类粒度的有效定义。另外，从同一个知识空间细分得到两个较细粒度的知识空间，当它们具有相同分类能力时，它们的细分程度不一定相同。为了解决以上问题，本章从知识距离的角度分别定义分类粒度度量和分类粒度序列两个概念，可以更加直观地反映 HQSS 的分类能力。此外，本章提出细分同构的概念来进一步区分具有相同分类能力的两个 HQSS。

在 2.4 节中，基于 $EMKD_1$ 揭示了 HQSS 的一些重要性质，建立了 HQSS 中信息粒度和知识距离的关系。但是，$EMKD_1$ 并不能反映 HQSS 的分类能力。为了进一步描述分类同构，基于 Sorensen-Dice 系数[35,36]，本章提出第二种信息粒距离来设计 $EMKD_2$。

定义 2.13　假设 U 为一个非空有限论域，A、B 是两个有限集合且 $\forall A$、$B \subseteq U$，A 和 B 之间的相对信息粒距离为

$$d_2(A,B) = \frac{|A \oplus B|}{|A \otimes B|} \tag{2.17}$$

式中，$|A \oplus B| = |A \bigcup B| - |A \bigcap B|$，$|A \otimes B| = |A \bigcup B| + |A \bigcap B|$。显然，式（2.17）可以刻画两个有限集合信息粒的相对差异性。

命题 2.2　假设 U 为一个非空有限论域，$d_2(\cdot,\cdot)$ 是 U 上的一个距离。

证明　假设 A、B、C 是三个有限集合，且 A、B、$C \subseteq U$。显然满足定义 2.8 中的正定性和对称性。假设 $a = \dfrac{|A \bigcap B|}{|A \bigcup B|}$，$b = \dfrac{|B \bigcap C|}{|B \bigcup C|}$，$c = \dfrac{|A \bigcap C|}{|A \bigcup C|}$，从文献[34]

可知，$\dfrac{|X \bigcap Y|}{|X \bigcup Y|}$ 是一个距离（X、Y 为有限集合），因此，$a+b \geqslant c$ 和 $0 \leqslant a,b,c \leqslant 1$，

仅需证明 $\dfrac{|A \oplus B|}{|A \otimes B|} + \dfrac{|B \oplus C|}{|B \otimes C|} \geqslant \dfrac{|A \oplus C|}{|A \otimes C|}$，即 $\dfrac{1-a}{1+a} + \dfrac{1-b}{1+b} \geqslant \dfrac{1-c}{1+c}$。由于 $f(x) = \dfrac{1-x}{1+x}$ 为

单调递减函数，所以

$$\frac{1-c}{1+c} \leqslant \frac{1-(a+b)}{1+(a+b)} < \frac{2-(a+b)}{1+(a+b)} = \frac{1-a}{1+(a+b)} + \frac{1-b}{1+(a+b)} \leqslant \frac{1-a}{1+a} + \frac{1-b}{1+b}$$

因此，$d_2(A,B) + d_2(B,C) \geqslant d_2(A,C)$。

由以上的分析可知，$d_2(\cdot,\cdot)$ 是 U 上的一个距离。

定义 2.14　假设 $K = (U, \Re)$ 是一个知识基，$K_P = \{p_1, p_2, \cdots, p_l\}$ 与 $K_Q = \{q_1, q_2, \cdots, q_m\}$ 是分别由等价关系 P 和 Q 产生的知识空间，$d_{ij} = d_2(p_i, q_j)$ 代表信息粒 p_i 和 q_j 之间的距离，f_{ij} 代表 p_i 和 q_j 之间的流量，其中 $f_{ij} = |p_i \cap q_j|$。知识距离 $\mathrm{EMKD}_2(K_P, K_Q)$ 有如下定义：

$$\mathrm{EMKD}_2(K_P, K_Q) = \frac{1}{|U|} \sum_{i=1}^{l} \sum_{j=1}^{m} d_{ij} f_{ij} = \frac{1}{|U|} \sum_{i=1}^{l} \sum_{j=1}^{m} \frac{|p_i \oplus q_j|}{|p_i \otimes q_j|} |p_i \cap q_j| \quad (2.18)$$

定理 2.7　假设 U 为一个非空有限论域，EMKD_2 是 U 上的一个距离。

证明　假设 $K_P = \{p_1, p_2, \cdots, p_l\}$ 和 $K_Q = \{q_1, q_2, \cdots, q_m\}$ 是分别由等价关系 P 和 Q 产生的知识空间。对于同一个论域而言，存在式（2.10）。

由命题 2.2 可知，$d_2(\cdot, \cdot)$ 是一个距离。通过定理 2.1 可知，类似于 EMD，EMKD_2 也是一个距离。

1. 分类粒度与分类同构

定义 2.15（分类粒度）　对于任意给定的知识基 $K = (U, \Re)$，假设 CG 是 $\Re$ 到非负实数集的映射。如果 CG 为一个分类粒度，那么需要满足以下条件：

（1）对于任意 $P \in \Re$，$\mathrm{CG}(K_P) \geqslant 0$；

（2）对于任意 $P, Q \in \Re$，如果 $K_P \cong_{\mathrm{CI}} K_Q$ 和 $l = m$，那么 $\mathrm{CG}(K_P) = \mathrm{CG}(K_Q)$；

（3）对于任意 $P, Q \in \Re$，如果 $K_P \prec K_Q$，那么 $\mathrm{CG}(K_P) < \mathrm{CG}(K_Q)$。

式中，K_P、K_Q 分别是由 U 上的等价关系 P 和 Q 产生的知识空间。

引理 2.2　假设 $K = (U, \Re)$ 是一个知识基，$K_P = \{p_1, p_2, \cdots, p_l\}$ 与 $K_Q = \{q_1, q_2, \cdots, q_m\}$ 是分别由等价关系 P 和 Q 产生的知识空间。如果 $K_P \cong_{\mathrm{CI}} K_Q$，那么 $\mathrm{EMKD}_2(K_P, \omega) = \mathrm{EMKD}_2(K_Q, \omega)$。

证明　如果 $K_P \cong_{\mathrm{CI}} K_Q$，通过定理 2.7 可知，$l = m$ 和 $L(K_P) = L(K_Q)$。假设 $L(K_P) = \{|p_h|, |p_j|, \cdots, |p_t|\}$ 和 $L(K_Q) = \{|q_{h'}|, |q_{j'}|, \cdots, |q_{t'}|\}$，其中 $|p_h| \leqslant |p_j| \leqslant \cdots \leqslant |p_t|$，$|q_{h'}| \leqslant |q_{j'}| \leqslant \cdots \leqslant |q_{t'}|$。由于 $L(K_P) = L(K_Q)$，假设 $h = h', j = j', \cdots, t = t'$，则 $|p_h| = |q_h|$，$|p_j| = |q_j|, \cdots, |p_t| = |q_t|$。假设 $i = 1, 2, \cdots, l$ 和 $k = h, j, \cdots, t$，那么

$$\mathrm{EMKD}_2(K_P, \omega) - \mathrm{EMKD}_2(K_Q, \omega) = \frac{1}{|U|} \sum_{i=1}^{l} \frac{|p_i| - 1}{|p_i| + 1} |p_i| - \frac{1}{|U|} \sum_{i=1}^{m} \frac{|q_i| - 1}{|q_i| + 1} |q_i|$$

$$= \frac{1}{|U|} \sum_{k=h}^{t} \frac{(|p_k| - |q_k|)(|p_k||q_k| + |p_k| + |q_k| - 1)}{(|p_k| + 1)(|q_k| + 1)}$$

由于 $|p_k||q_k| + |p_k| + |q_k| - 1 > 0$，其中 $|p_k| = |q_k|$，$k = h, j, \cdots, t$，可得 $\mathrm{EMKD}_2(K_P, \omega) - \mathrm{EMKD}_2(K_Q, \omega) = 0$。因此，$\mathrm{EMKD}_2(K_P, \omega) = \mathrm{EMKD}_2(K_Q, \omega)$。

引理 2.3 假设 $K=(U,\Re)$ 是一个知识基，$K_P=\{p_1,p_2,\cdots,p_l\}$ 与 $K_Q=\{q_1,q_2,\cdots,q_m\}$ 是分别由等价关系 P 和 Q 产生的知识空间。如果 $K_Q \prec K_P$，那么 $\mathrm{EMKD}_2(K_Q,\omega) < \mathrm{EMKD}_2(K_P,\omega)$。

证明 为了简单化，假设仅有一个信息粒 p_1（$p_1 \in U/\tilde{R}_{\lambda_p}$）细分为两个更细的信息粒 q_1，q_2（$q_1,q_2 \in U/\tilde{R}_{\lambda_q}$），仅有一个信息粒 q_1（$q_1 \in U/\tilde{R}_{\lambda_q}$）细分为两个更细的信息粒 r_1，r_2（其他复杂情形均可转化为这种情形，这里不再重复），则 $p_1=q_1\bigcup q_2, p_2=q_3, p_3=q_4,\cdots,p_l=q_m$（$m=l+1$），即 $K_Q=\{q_1,q_2,p_2,p_3,\cdots,p_l\}$。

$$\mathrm{EMKD}_2(K_P,\omega)=\frac{1}{|U|}\sum_{i=1}^{l}\frac{|p_i|-1}{|p_i|+1}|p_i|$$

类似地

$$\mathrm{EMKD}_2(K_Q,\omega)=\frac{1}{|U|}\sum_{j=1}^{m}\frac{|q_j|-1}{|q_j|+1}|q_j|$$

则

$$\mathrm{EMKD}_2(K_P,\omega)-\mathrm{EMKD}_2(K_Q,\omega)$$

$$=\frac{1}{|U|}\left(\frac{|p_1|-1}{|p_1|+1}|p_1|-\frac{|q_1|-1}{|q_1|+1}|q_1|-\frac{|q_2|-1}{|q_2|+1}|q_2|\right)$$

$$=\frac{1}{|U|}\left(\frac{|q_1+q_2|-1}{|q_1+q_2|+1}|q_1+q_2|-\frac{|q_1|-1}{|q_1|+1}|q_1|-\frac{|q_2|-1}{|q_2|+1}|q_2|\right)$$

$$=\frac{1}{|U|}\left[\left(\frac{|q_1+q_2|-1}{|q_1+q_2|+1}-\frac{|q_1|-1}{|q_1|+1}\right)|q_1|-\left(\frac{|q_1+q_2|-1}{|q_1+q_2|+1}-\frac{|q_2|-1}{|q_2|+1}\right)|q_2|\right]$$

$$=\frac{1}{|U|}\left[\frac{2|q_1||q_2|}{(|q_1+q_2|+1)(|q_1|+1)}+\frac{2|q_1||q_2|}{(|q_1+q_2|+1)(|q_2|+1)}\right]>0$$

因此，$\mathrm{EMKD}_2(K_Q,\omega) < \mathrm{EMKD}_2(K_P,\omega)$。

定理 2.8 假设 $K=(U,\Re)$ 是一个知识基，$K_P=\{p_1,p_2,\cdots,p_l\}$ 是 U 上的由等价关系 P 产生的知识空间，$\mathrm{EMKD}_2(K_P,\omega)$ 是一个在定义 2.15 下的分类粒度度量。

证明 （1）通过定理 2.7，$\mathrm{EMKD}_2(K_P,\omega) \geq 0$。

（2）假设 $K_Q=\{q_1,q_2,\cdots,q_l\}$ 是 U 上的由另一个等价关系 Q 产生的知识空间。由引理 2.2 可知，如果 $K_P \cong_{\mathrm{CI}} K_Q$，那么 $\mathrm{EMKD}_2(K_P,\omega) = \mathrm{EMKD}_2(K_Q,\omega)$。

（3）如果 $K_P \prec K_Q$，由引理 2.3 可知，$\mathrm{EMKD}_2(K_P,\omega) < \mathrm{EMKD}_2(K_Q,\omega)$。

因此，$\mathrm{EMKD}_2(K_P,\omega)$ 是一个分类粒度度量。

例 2.6 假设 $K=(U,\Re)$ 是一个知识基，K_P、K_Q、K_R 是 K 上的三个分别由

等价关系 P、Q 和 R 产生的知识空间，$L(K_P) = L(K_Q) = \{3,3,3,3,5,5,5,5\}$，$L(K_R) = \{2,4,4,4,4,4,4,6\}$。

由条件可知，$\mathrm{EMKD}_1(K_R,\omega) = \mathrm{EMKD}_1(K_P,\omega) = \mathrm{EMKD}_1(K_Q,\omega) = 12/128$，由定理 2.6 可知，$K_P$、$K_Q$、$K_R$ 具有相同的知识粒度。

但是，$\mathrm{EMKD}_2(K_P,\omega) = \mathrm{EMKD}_2(K_Q,\omega) = 14/15$，$\mathrm{EMKD}_2(K_R,\omega) = 173/192$。

因此，$\mathrm{EMKD}_2(K_R,\omega) \neq \mathrm{EMKD}_2(K_P,\omega) = \mathrm{EMKD}_2(K_Q,\omega)$。

由定理 2.8 可知，$K_P \cong_{\mathrm{CI}} K_Q$，即仅有 K_P 和 K_Q 具有相同的分类能力。

如图 2.2 所示，进一步对例 2.6 进行了描述。其中，虚线圆表示定义 2.4 下的知识粒度，实线圆表示定义 2.15 下的分类粒度，由于 K_P、K_Q 和 K_R 具有相同的知识粒度，因此它们都在虚线圆上；由于仅有 K_P、K_Q 具有相同的分类粒度，因此只有它们在实线圆上。

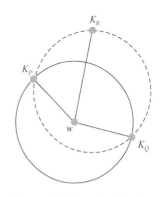

图 2.2　从知识距离的角度对分类粒度的解释

定义 2.16　假设 $\tilde{R}$ 和 $\tilde{S}$ 是 U 上的模糊等价关系。$\tilde{R}$ 和 $\tilde{S}$ 对应的 HQSS 分别为 $\pi_{\tilde{R}}(U) = \{U/\tilde{R}_{\lambda_1}, U/\tilde{R}_{\lambda_2}, \cdots, U/\tilde{R}_{\lambda_l}\}$ 和 $\pi_{\tilde{S}}(U) = \{U/\tilde{S}_{\mu_1}, U/\tilde{S}_{\mu_2}, \cdots, U/\tilde{S}_{\mu_m}\}$。如果 $l = m$ 且 $\mathrm{EMKD}_2(U/R_{\lambda_i},\omega) = \mathrm{EMKD}_2(U/S_{\mu_i},\omega)$（$i = 1, 2, \cdots, m$），则称 $\pi_{\tilde{R}}(U)$ 和 $\pi_{\tilde{S}}(U)$ 为分类同构，表示为 $\pi_{\tilde{R}}(U) \cong_{\mathrm{CI}} \pi_{\tilde{S}}(U)$。

定义 2.17　假设 $\tilde{R}$ 是 U 上的模糊等价关系。$\tilde{R}$ 对应的 HQSS 为 $\pi_{\tilde{R}}(U) = \{U/\tilde{R}_{\lambda_1}, U/\tilde{R}_{\lambda_2}, \cdots, U/\tilde{R}_{\lambda_l}\}$，则序列 $\{\mathrm{EMKD}_2(U/\tilde{R}_{\lambda_1},\omega), \mathrm{EMKD}_2(U/\tilde{R}_{\lambda_2},\omega), \cdots, \mathrm{EMKD}_2(U/\tilde{R}_{\lambda_l},\omega)\}$ 被称为分类粒度序列，表示为 $\mathrm{EMKD}_2(\pi_{\tilde{R}}(U),\omega)$。

例 2.7　假设 $U = \{x_1, x_2, x_3, x_4, x_5, x_6, x_7\}$，如图 2.3 所示，$\pi_{\tilde{R}}(U)$ 与 $\pi_{\tilde{S}}(U)$ 分别为 U 上的等价关系 $\tilde{R}$ 和 $\tilde{S}$ 对应的 HQSS。

$\mathrm{EMKD}_2(\pi_{\tilde{R}}(U),\omega) = \mathrm{EMKD}_2(\pi_{\tilde{S}}(U),\omega) = \{7/9, 29/48, 17/48, 1/6\}$，因此，$\pi_{\tilde{R}}(U)$ 和 $\pi_{\tilde{S}}(U)$ 是分类同构。

2. 细分度与细分同构

通过上面的分析可知，可以利用分类粒度序列区分两个 HQSS 是否分类同构。但是，当两个知识空间细分于同一个较粗粒度的知识空间时，即使它们具有相同的分类能力，也不意味着它们的细分程度是一样的。为了解决这个问题，本章基于 EMKD_2 进一步提出了细分度和细分同构的概念。

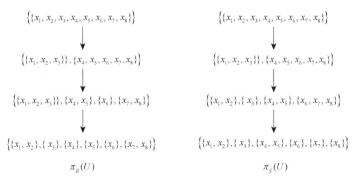

图 2.3　两个层次商空间结构

定义 2.18　假设 $\pi_{\tilde{R}}(U) = \{U / \tilde{R}_{\lambda} \mid \lambda \in D\}$ 是 U 上的一个 HQSS，$U / \tilde{R}_{\lambda_p} = \{p_1, p_2, \cdots, p_l\}$ 和 $U / \tilde{R}_{\lambda_q} = \{q_1, q_2, \cdots, q_m\}$ 是两个 $\pi_{\tilde{R}}(U)$ 中的商空间。偏序关系 $\preceq_{\Delta}$ 定义如下：如果 $U / \tilde{R}_{\lambda_q}$ 比 $U / \tilde{R}_{\lambda_p}$ 更细，$\Delta = \mathrm{EMKD}_2(U / \tilde{R}_{\lambda_q}, U / \tilde{R}_{\lambda_p})$ 代表 $U / \tilde{R}_{\lambda_q}$ 到 $U / \tilde{R}_{\lambda_p}$ 的细分程度，则这种关系可以表示为 $U / \tilde{R}_{\lambda_q} \preceq_{\Delta} U / \tilde{R}_{\lambda_p}$，即存在一种如下的双射关系：$U / \tilde{R}_{\lambda_q} \preceq_{\Delta} U / \tilde{R}_{\lambda_p} \Leftrightarrow U / \tilde{R}_{\lambda_q} \preceq U / \tilde{R}_{\lambda_p}$ 和 $\mathrm{EMKD}_2(U / \tilde{R}_{\lambda_p}, U / \tilde{R}_{\lambda_q}) = \Delta$。

因此，$\preceq_{\Delta}$ 不仅能反映两个商空间之间的偏序关系，而且可以刻画它们在层次商空间结构中的细分程度。

例 2.8　假设 $K = (U, \Re)$ 是一个知识基，K_P、K_Q、K_R 和 K_S 是 K 上的分别由等价关系 P、Q、R 和 S 产生的四个知识空间，分别表示为

$$K_S = \{\{x_1\}, \{x_2, x_3\}, \{x_4, x_5\}, \{x_6, x_7, x_8\}\}, \quad K_R = \{\{x_1, x_2, x_3\}, \{x_4, x_5, x_6, x_7, x_8\}\}$$
$$K_Q = \{\{x_1, x_2, x_3\}, \{x_4, x_5\}, \{x_6\}, \{x_7, x_8\}\}, \quad K_P = \{\{x_1, x_2\}, \{x_3\}, \{x_4, x_5, x_6\}, \{x_7, x_8\}\}$$

显然，$K_P \prec K_R$，$K_Q \prec K_R$，$K_S \prec K_R$。由于 $\mathrm{EMKD}_2(K_P, \omega) = \mathrm{EMKD}_2(K_Q, \omega) = \mathrm{EMKD}_2(K_S, \omega) = 17/48$，所以 K_P、K_Q 和 K_S 具有相同的分类能力。但是，$\mathrm{EMKD}_2(K_Q, K_R) = 4/21$ 及 $\mathrm{EMKD}_2(K_P, K_R) = \mathrm{EMKD}_2(K_S, K_R) = 351/1120$。因此，$K_P \preceq_{351/1120} K_R$，$K_Q \preceq_{4/21} K_R$，$K_S \preceq_{351/1120} K_R$。$K_R$ 到 K_P 的细分程度等于 K_R 到 K_S 的细分程度，但是 K_R 到 K_P 的细分程度不等于 K_R 到 K_Q 的细分程度。

图 2.4 分别显示了 K_R 到 K_P、K_R 到 K_Q 和 K_R 到 K_S 的细分结构图。其中，圈中的数代表每个信息粒中元素的个数。

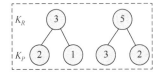
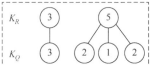
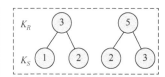

图 2.4　不同知识空间之间的细分结构

图 2.5 从知识距离的角度对细分同构进行了解释。半径较大的圆代表具有较大的分类粒度，半径较小的圆代表具有较小的分类粒度。由于 K_R 比 K_P、K_Q 和 K_S 具有更大的分类粒度，所以 K_R 在大圆上；由于 K_P、K_Q 和 K_S 具有较小且相同的分类粒度，所以 K_P、K_Q 和 K_S 在小圆上。K_R 到 K_Q 与 K_R 到 K_P 的细分程度不一样，所以 K_R 与 K_Q 之间的距离不同于 K_R 和 K_P。K_R 到 K_S 和 K_R 到 K_P 的细分程度相同，所以 K_R 和 K_P 之间的距离与 K_R 和 K_S 之间的距离相同。

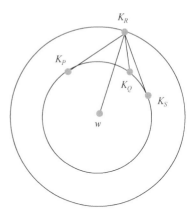

图 2.5　从知识距离的角度对细分同构的解释

定义 2.19（细分同构）　假设 $\tilde{R}$ 和 $\tilde{S}$ 是 U 上的模糊等价关系。$\tilde{R}$ 和 $\tilde{S}$ 对应的 HQSS 分别如下：$\pi_{\tilde{R}}(U) = \{U / \tilde{R}_{\lambda_1}, U / \tilde{R}_{\lambda_2}, \cdots, U / \tilde{R}_{\lambda_L}\}$ 和 $\pi_{\tilde{S}}(U) = \{U / \tilde{S}_{\mu_1}, U / \tilde{S}_{\mu_2}, \cdots, U / \tilde{S}_{\mu_M}\}$。如果 $\pi_{\tilde{R}}(U) \cong_{\text{CI}} \pi_{\tilde{S}}(U)$ 和 EMKD$_2$ $(U / \tilde{R}_{\lambda_i}, U / \tilde{R}_{\lambda_{i+1}})$ = EMKD$_2(U / \tilde{S}_{\lambda_i}, U / \tilde{S}_{\lambda_{i+1}})$（$i = 1, 2, \cdots, L-1$），称 $\pi_{\tilde{R}}(U)$ 和 $\pi_{\tilde{S}}(U)$ 细分同构，表示为 $\pi_{\tilde{R}}(U) \cong_{\text{SI}} \pi_{\tilde{S}}(U)$。

例 2.9（接例 2.7）　由于 $\pi_{\tilde{R}}(U) \cong_{\text{SI}} \pi_{\tilde{S}}(U)$，通过定义 2.19，可得 $\Delta(\pi_{\tilde{R}}(U)) = \{45 / 143, 4 / 21, 47 / 240\}$ 和 $\Delta(\pi_{\tilde{S}}(U)) = \{45 / 143, 351 / 1120, 9 / 80\}$。因此，$\pi_{\tilde{R}}(U)$ 与 $\pi_{\tilde{S}}(U)$ 不是细分同构。

通过以上分析可知，如果两个 HQSS 是分类同构，那么它们未必是细分同构。细分同构可以在分类同构的基础上进一步反映同一个 HQSS 中的商空间之间的细分程度。

2.6　层次商空间结构的差异性度量

2.5 节从知识距离的角度基于分类粒度重新定义并讨论了分类同构的概念。当两个 HQSS 是分类同构时，那么这两个 HQSS 具有相同的分类能力。然而，这并不意味着这两个 HQSS 等价。另外，分类同构和粒度同构不能详细地刻画两个 HQSS 的差异性。为了解决以上问题，本章基于 EMKD$_1$ 定义一种知识差异序列对，实现不同模糊等价关系在外延上的差异性度量。

定义 2.20　假设 $\tilde{R}$ 和 $\tilde{S}$ 是 U 上的模糊等价关系。$\tilde{R}$ 和 $\tilde{S}$ 的 HQSS 分别如下：$\pi_{\tilde{R}}(U) = \{U / \tilde{R}_{\lambda_1}, U / \tilde{R}_{\lambda_2}, \cdots, U / \tilde{R}_{\lambda_L}\}$ 和 $\pi_{\tilde{S}}(U) = \{U / \tilde{S}_{\mu_1}, U / \tilde{S}_{\mu_2}, \cdots, U / \tilde{S}_{\mu_M}\}$。

如果 $L=M$，那么 $\pi_{\tilde{R}}(U)$ 和 $\pi_{\tilde{S}}(U)$ 的差异性可以通过知识差异序列对 ξ(KDS, Ex$_{\text{KDS}}$) 表示，其中 KDS 表示知识差异序列，Ex$_{\text{KDS}}$ 表示 KDS 的均值，分别定义如下：

$$\text{KDS}(\pi_{\tilde{R}}(U),\pi_{\tilde{S}}(U)) = \{\text{EMKD}_1(U/\tilde{R}_{\lambda_1},U/\tilde{S}_{\mu_1}),\text{EMKD}_1(U/\tilde{R}_{\lambda_2},U/\tilde{S}_{\mu_2}),$$
$$\cdots,\text{EMKD}_1(U/\tilde{R}_{\lambda_L},U/\tilde{S}_{\mu_L})\}$$

$$(2.19)$$

$$\text{Ex}_{\text{KDS}}(\pi_{\tilde{R}}(U),\pi_{\tilde{S}}(U)) = \frac{\sum_{i=1}^{L}\text{EMKD}_1(U/\tilde{R}_{\lambda_i},U/\tilde{S}_{\mu_i})}{L} \qquad (2.20)$$

定义 2.21[8]　假设 $\tilde{R}$ 和 $\tilde{S}$ 是 U 上的模糊等价关系。如果 $\tilde{R}$ 和 $\tilde{S}$ 具有相同的层次商空间结构，即 $\pi_{\tilde{R}}(U)=\pi_{\tilde{S}}(U)$，那么称 $\tilde{R}$ 和 $\tilde{S}$ 同构，表示为 $\tilde{R}\cong\tilde{S}$。

定理 2.9　假设 $\tilde{R}$ 和 $\tilde{S}$ 是 U 上的模糊等价关系。$\tilde{R}$ 和 $\tilde{S}$ 的 HQSS 分别如下：$\pi_{\tilde{R}}(U)=\{U/\tilde{R}_{\lambda_1},U/\tilde{R}_{\lambda_2},\cdots,U/\tilde{R}_{\lambda_L}\}$ 和 $\pi_{\tilde{S}}(U)=\{U/\tilde{S}_{\mu_1},U/\tilde{S}_{\mu_2},\cdots,U/\tilde{S}_{\mu_M}\}$。如 果 $L=M$，那么 $\text{Ex}_{\text{KDS}}(\pi_{\tilde{R}}(U),\pi_{\tilde{S}}(U))=0$ 是 $\tilde{R}\cong\tilde{S}$ 的充要条件。

证明　必要性：从条件可知，$\tilde{R}\cong\tilde{S}$。由定理 2.3 可知，EMKD$_1$ 是一个距离度量。所以，$\forall i\in[1,L]$，$\text{EMKD}_1(U/\tilde{R}_{\lambda_i},U/\tilde{S}_{\mu_i})=0$。那么 $\pi_{\tilde{R}}(U)=\pi_{\tilde{S}}(U)$，因此，$\tilde{R}\cong\tilde{S}$。

充分性：如果 $\tilde{R}\cong\tilde{S}$，那么 $\pi_{\tilde{R}}(U)=\pi_{\tilde{S}}(U)$。$\forall i\in[1,L]$，$\text{EMKD}_1(U/\tilde{R}_{\lambda_i},U/\tilde{S}_{\mu_i})=0$。因此

$$\frac{\sum_{i=1}^{L}\text{EMKD}_1(U/\tilde{R}_{\lambda_i},U/\tilde{S}_{\mu_i})}{L}=0$$

故 $\text{Ex}_{\text{KDS}}(\pi_{\tilde{R}}(U),\pi_{\tilde{S}}(U))=0$。

推论 2.3　假设 $\tilde{R}$ 和 $\tilde{S}$ 是 U 上的模糊等价关系。$\tilde{R}$ 和 $\tilde{S}$ 的 HQSS 分别如下：$\pi_{\tilde{R}}(U)=\{U/\tilde{R}_{\lambda_1},U/\tilde{R}_{\lambda_2},\cdots,U/\tilde{R}_{\lambda_L}\}$ 和 $\pi_{\tilde{S}}(U)=\{U/\tilde{S}_{\mu_1},U/\tilde{S}_{\mu_2},\cdots,U/\tilde{S}_{\mu_M}\}$。如 果 $L=M$ 且 $\text{Ex}_{\text{KDS}}(\pi_{\tilde{R}}(U),\pi_{\tilde{S}}(U))\neq0$，那么 $\tilde{R}$ 和 $\tilde{S}$ 非同构。

例 2.10（接例 2.7）　$\text{KDS}(\pi_{\tilde{R}}(U),\pi_{\tilde{S}}(U))=\{0,0,1/8,1/16\}$

$$\text{Ex}_{\text{KDS}}(\pi_{\tilde{R}}(U),\pi_{\tilde{S}}(U)) = \frac{\sum_{i=1}^{L}\text{EMKD}_1(U/\tilde{R}_{\lambda_i},U/\tilde{S}_{\mu_i})}{L} = \frac{3}{64}\neq0$$

因此，$\pi_{\tilde{R}}(U)$ 和 $\pi_{\tilde{S}}(U)$ 不等价，故 $\tilde{R}$ 和 $\tilde{S}$ 非同构。

在描述分类能力方面，HQSS 比模糊等价关系更加直观。基于以上的讨论和分析，进一步给出以下的定义。

定义 2.22　假设 $\tilde{R}$ 和 $\tilde{S}$ 是 U 上的模糊等价关系，$\tilde{R}$ 和 $\tilde{S}$ 存在以下几种关系：

（1）如果 $\pi_{\tilde{R}}(U) \cong_{\mathrm{CI}} \pi_{\tilde{S}}(U)$ 且 $\pi_{\tilde{R}}(U) \cong_{\mathrm{SI}} \pi_{\tilde{S}}(U)$，那么称 $\tilde{R}$ 和 $\tilde{S}$ 为 Δ 相似模糊等价关系，表示为 $\tilde{R} \approx \tilde{S}$；

（2）如果 $\pi_{\tilde{R}}(U) \cong_{\mathrm{CI}} \pi_{\tilde{S}}(U)$，那么称 $\tilde{R}$ 和 $\tilde{S}$ 为相似模糊等价关系，表示为 $\tilde{R} \simeq \tilde{S}$；

（3）如果 $\pi_{\tilde{R}}(U) \cong_{\mathrm{GI}} \pi_{\tilde{S}}(U)$，那么称 $\tilde{R}$ 和 $\tilde{S}$ 为粒度相似模糊等价关系，表示为 $\tilde{R} \sim \tilde{S}$。

总体来说，不同模糊等价关系之间有如下几种关系：同构、Δ 相似、相似和粒度相似，它们之间的关系如图 2.6 所示。显然，由定义 2.21 和定义 2.22 可知，如果两个模糊等价关系 $\tilde{R}$ 与 $\tilde{S}$ 同构，那么它们也 Δ 相似；如果 $\tilde{R}$ 与 $\tilde{S}$ 为 Δ 相似，那么它们也相似；如果 $\tilde{R}$ 与 $\tilde{S}$ 相似，那么它们也粒度相似。从粒计算的角度来说，一个模糊等价关系的 HQSS 反映了不同知识空间的分类结果。

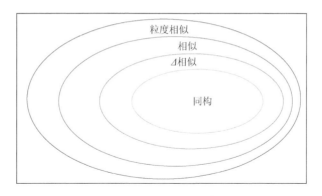

图 2.6　同构、Δ 相似、相似和粒度相似的关系图

对于两个不同模糊等价关系对应的 HQSS，$\xi(\mathrm{KDS}, \mathrm{Ex_{KDS}})$ 不仅能够通过 $\mathrm{Ex_{KDS}}$ 刻画它们之间的全局差异性，而且可以通过 KDS 刻画它们之间的局部差异性，为比较不同模糊等价关系之间的分类能力提供了更广泛的视角。另外，如图 2.7 所示，通过采用不同的粒化机制和合适的信息粒距离 $d(\cdot, \cdot)$，本章的方法可以扩展到度量其他形式的多粒度知识空间之间的差异性。下面将以多粒度云模型相似性度量为例进行说明本章提出的方法具有可扩展性。

作为一种处理不确定性的理论，云模型[38]在不确定人工智能领域发挥比较重要的作用。当前，云模型在智能控制[39, 40]、数据挖掘[41, 42]、系统评测[43, 44]等方面也取得了很好的效果。在认知过程中，云模型相似性度量是一个重要的研究主题。当前存在的云模型相似性度量仅局限于单对单的云模型相似性度量的研究，仍缺

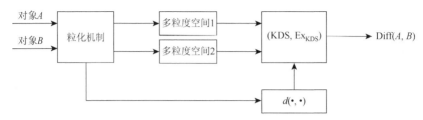

图 2.7   度量多粒度知识空间之间的差异性流程图

乏多对多的云模型相似性度量的相关研究[45-47]。从相似性度量的角度来说，建立符合人类认知特点的相似性度量有助于用户更好地进行问题求解。如例 2.11 所示，基于图 2.7 的流程图，本章将知识距离扩展到云模型知识空间的相似性度量中。

Jensen-Shannon 散度的平方根（square root of the Jensen-Shannon divergence，SRJSD）[48]是在 Jensen-Shannon 散度（Jensen-Shannon divergence，JSD）[49]基础上提出的一种符合度量准则的距离，可以用于度量两个分布之间的差异性，其定义如下：

定义 2.23   假设 U 为一个非空有限论域，Φ 和 Ψ 为两个 U 上的分布，则

$$\text{SRJSD}(\Phi \| \Psi) = \sqrt{\frac{D_{\text{KL}}(\Phi \| P) + D_{\text{KL}}(\Psi \| P)}{2}} \qquad (2.21)$$

式中，$P = \dfrac{\Phi + \Psi}{2}$。

文献[48]证明了 SRJSD 是一个距离，提出了 SRJSD 的相关定理，并通过实验证明了 SRJSD 在实际应用中的良好特性。

例 2.11   如图 2.8 所示，假设 P 和 Q 是基于同一图像灰度值形成的不同粒度

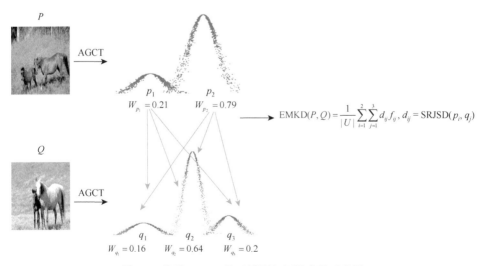

图 2.8   基于 EMKD 的云模型相似性度量示意图

的云模型，P 由两个云模型构成，Q 由三个云模型构成，W 代表每个云模型的权重，利用式（2.8），可以计算这两个不同粒度的云模型之间的相似性，其中 $d(\cdot,\cdot) = \mathrm{SRJSD}$。

例 2.11 中，$d(\cdot,\cdot)$ 除了可以采用 SRJSD，还可以采用其他的度量分布的距离公式，如 Kullback-Leibler 散度[49]。

参 考 文 献

[1]　Zadeh L A. Fuzzy logic equals computing with words[J]. IEEE Transactions on Fuzzy Systems，1996，4（2）：103-111.

[2]　Zadeh L A. Similarity relations and fuzzy orderings[J]. Information Sciences，1991，3（2）：177-200.

[3]　Liang P，Song F. What does a probabilistic interpretation of fuzzy sets mean？[J]. IEEE Transactions on Fuzzy Systems，1996，4（2）：200-205.

[4]　Lin T Y. Sets with partial memberships：A rough set view of fuzzy sets[C]. IEEE International Conference on Fuzzy Systems Proceedings，Anchorage，1998：785-790.

[5]　Lin T Y. Granular fuzzy sets：A view from rough set and probability theories[J]. International Journal of Fuzzy Systems，2001，3（2）：373-381.

[6]　张清华. 分层递阶粒计算理论及其应用研究[D]. 成都：西南交通大学，2009.

[7]　Zhang Q H，Wang G Y. The uncertainty measure of hierarchical quotient space structure[J]. Mathematical Problems in Engineering，2011，24（6）：505-515.

[8]　Zhang Q H，Xu K，Wang G Y. Fuzzy equivalence relation and its multigranulation spaces[J]. Information Sciences，2016（346/347）：44-57.

[9]　Zhang B，Zhang L. Fuzzy reasoning model under quotient space structure[J]. Information Sciences，2005，173（4）：353-364.

[10]　Bustince H，Barrenechea E，Pagola M，et al. A historical account of types of fuzzy sets and their relationships[J]. IEEE Transactions on Fuzzy Systems，2016，24（1）：179-194.

[11]　Mordeson J. Fuzzy Mathematics[M]. New York：Springer，2001.

[12]　Wierman M J. Measuring uncertainty in rough set theory[J]. International Journal of General Systems，1999，28（4/5）：283-297.

[13]　Yao Y Y，Zhao L. A measurement theory view on the granularity of partitions[J]. Information Sciences，2012，213（23）：1-13.

[14]　苗夺谦，范世栋. 知识的粒度计算及其应用[J]. 系统工程理论与实践，2002，22（1）：48-56.

[15]　苗夺谦，王珏. 粗糙集理论中知识粗糙性与信息熵关系的讨论[J]. 模式识别与人工智能，1998，11（1）：34-40.

[16]　Qian Y H，Liang J Y，Wang F. A new method for measuring the uncertainty the uncertainty in incomplete information systems[J]. International Journal of Uncertainty，Fuzziness and Knowledge-Based Systems，2009，17（6）：855-880.

[17]　Liang J Y，Chin K S，Dang C Y. A new method for measuring uncertainty and fuzziness in rough set theory[J]. International Journal of General Systems，2002，31（4）：331-342.

[18]　Qian Y H，Liang J Y，Dang C Y，et al. Grouping granular structures in human granulation intelligence[J]. Information Sciences，2017，382/383：150-169.

[19]　Qian Y H，Liang J Y，Dang C Y，et al. Knowledge structure，knowledge granulation and knowledge distance in a knowledge base[J]. International Journal of Approximate Reasoning，2009，50（1）：174-188.

[20]　Qian Y H，Li Y B，Liang J Y，et al. Fuzzy granular structure distance[J]. IEEE Transactions on Fuzzy Systems，2015，23（6）：2245-2259.

[21]　Liang J Y，Li R，Qian Y H. Distance：A more comprehensible perspective for measures in rough set theory[J]. Knowledge-Based Systems，2012，27（3）：126-136.

[22]　Yang X B，Qian Y H，Yang J. On characterizing hierarchies of granulation structures via distances[J]. Fundamenta Informaticae，2013，123（3）：365-380.

[23]　Yang X B，Song X N，She Y H，et al. Hierarchy on multigranulation structures: A knowledge distance approach[J]. International Journal of General Systems，2013，42（7）：754-773.

[24]　Yang J，Wang G Y，Zhang Q H. Knowledge distance measure in multigranulation spaces of fuzzy equivalence relations[J]. Information Sciences，2018，448/449：18-35.

[25]　Hitchcock F L. The distribution of a product from several sources to numerous localities[J]. Studies in Applied Mathematics，1941，20（1-4）：224-230.

[26]　Rubner Y. The earth mover's distance，multi-dimensional scaling，and color-based image retrieval[C]. Proceedings of the Arpa Image Understanding Workshop，Piscataway，1997：661-668.

[27]　Rubner Y，Tomasi C，Guibas L J. The earth mover's distance as a metric for image retrieval[J]. International Journal of Computer Vision，2000，40（2）：99-121.

[28]　Ling H，Okada K. An efficient earth mover's distance algorithm for robust histogram comparison[J]. IEEE Transactions on Pattern Analysis and Machine Intelligence，2007，29（5）：840-853.

[29]　Wang F，Jiang Y G，Ngo C W. Video event detection using motion relativity and visual relatedness[C]. Proceedings of the 16th ACM International Conference on Multimedia，New York，2008：239-248.

[30]　Ha H，Wang Q，Li P，et al. Evaluation of ground distances and features in EMD-based GMM matching for texture classification[J]. Pattern Recognition，2016，57：152-163.

[31]　Zhang M H，Peng J，Liu X. Sparse coding with earth mover's distance for multi-instance histogram representation[J]. Neural Computing and Applications，2017，29（12）：3697-3708.

[32]　Ren Z，Yuan J，Meng J，et al. Robust part-based hand gesture recognition using kinect sensor [J]. IEEE Transactions on Multimedia，2013，15（5）：1110-1120.

[33]　Pele Q，Werman M. Fast and robust earth mover's distances[C]. IEEE International Conference on Computer Vision，Piscataway，2009：460-467.

[34]　Chen Y，Zhu Q，Wu K，et al. A binary granule representation for uncertainty measures in rough set theory[J]. Journal of Intelligent and Fuzzy Systems，2015，28（2）：867-878.

[35]　Dice L R. Measures of the amount of ecologic association between species[J]. Ecology，1945，26（3）：297-302.

[36]　Sorensen T A. Method of estabilishing groups of equal amplitude in plant sociology based on similarity of species and its application to analyses of the vegetation on Danish commons[J]. Biologiske Skrifter，1948，5（4）：1-34.

[37]　Marczewski E，Steinhaus H. On a certain distance of sets and the corresponding distance of functions[J]. Colloquium Mathematicum，1958，6（1）：319-327.

[38]　李德毅，孟海军，史雪梅. 隶属云和隶属云发生器[J]. 计算机研究与发展，1995，32（6）：15-20.

[39]　陆建江. 加权关联规则挖掘算法的研究[J]. 计算机研究与发展，2002，39（10）：1281-1286.

[40]　李德毅. 三级倒立摆的云控制方法及动平衡模式[J]. 中国工程科学，1999，1（2）：41-46.

[41]　Gao H B，Zhang X Y，Liu Y C，et al. Cloud model approach for lateral control of intelligent vehicle systems[J].

Scientific Programming，2016，24（12）：32-40.

[42]　刘琳岚，谷小乐，刘松，等. 基于云模型的无线传感器网络链路质量的预测[J]. 软件学报，2015，26（S）：70-77.

[43]　丁昊，王栋. 基于云模型的水体富营养化程度评价方法[J]. 环境科学学报，2013，33（1）：251-257.

[44]　李海林，郭崇慧，邱望仁. 正态云模型相似度计算方法[J]. 电子学报，2011，39（11）：2561-2567.

[45]　查翔，倪世宏，谢川，等. 云相似度的概念跃升间接计算方法[J]. 系统工程与电子技术，2015，37（7）：1676-1682.

[46]　张光卫，李德毅，李鹏，等. 基于云模型的协同过滤推荐算法[J]. 软件学报，2007，18（10）：2403-2411.

[47]　Ruan D，Bian J，Wang Q，et al. Application of modified cloud model-level eigenvalue method in water quality evaluation[J]. Journal of Hydrology，2021，603：126980.

[48]　Jeffreys H. An invariant form for the prior probability in estimation problems[J]. Mathematical and Physical Sciences，1946，186（1007）：453-461.

[49]　Kullback S，Leibler R A. On information and sufficiency[J]. Annals of Mathematical Statistics，1951，22（1）：79-86.

第3章　多粒度知识空间中不确定性概念的近似描述

用不同属性集对同一论域进行划分，可以形成不同的知识空间，从而实现对模糊概念在不同粒度知识空间中的描述。模糊概念在多粒度知识空间中的不确定性度量是知识不确定性研究的一个基础问题。如果不确定性度量模型不够准确，就会导致同一模糊概念在两个不同知识空间中具有相同的不确定性度量结果，无法区分不同知识空间的近似刻画能力，从而不能有效地实现粒度选择、属性约简和多粒度空间差异性度量。因此，建立具有强区分能力的不确定性度量模型是不确定性知识处理研究的一个关键问题。首先，在第 2 章的知识距离度量模型下，本章提出一种能够区分不同知识空间对模糊概念近似能力的模糊知识距离，即使两个知识空间对同一模糊概念的不确定性度量结果相同，模糊知识距离依然可以反映这两个知识空间之间的差异性，从而实现对它们的区分；其次，通过研究这种差异性在多粒度知识空间中的变化规律，得出在层次商空间结构中任意两个知识空间的模糊知识距离等于它们之间的粒度度量或信息度量差异的结论；然后讨论模糊知识距离在知识空间选择、属性约简和多粒度空间差异性度量中的应用。最后，通过属性约简实验表明基于模糊知识距离的属性重要度函数可以获得更简洁的约简，并具有更强的鲁棒性，从而验证模糊知识距离的有效性。

3.1　引　　言

当前，人们在粗糙集的不确定性度量理论方面已经取得了很多成果。Wierman[1]提出了一种适用于粗糙集的不确定性度量方法，并给出了相关公理的推导。Liang 等[2-4]从不同的角度（知识粒度、信息熵、互信息等）分析了粗糙集的不确定性，并建立了一种新的粗糙熵。Qian 等[5]利用不同粒结构的相似性计算方法，提出了模拟人类的多粒度观察思维，实现了对知识的聚类。Hu 等[6]分析了模糊知识空间中的不确定性，并基于香农熵提出了一种不确定性度量模型，可以对数据中的不一致性和噪声进行有效的处理。Zhang 等[7, 8]提出了概率粗糙集模型的不确定性度量模型，并发现了其不确定性变化规律。王国胤和张清华[9]研究了不同知识粒度下粗糙集的不确定性变化问题，并建立了一种基于信息熵的模糊性度量方法。通过研究当前的不确定性度量方法，Yao 和 Zhao[10]从划分的角度出发，构建了粒度度量的统一框架。除此之外，当前也有许多粗糙模糊集的不确定性研究工作。基于条件信息熵的思想，Guo 和 Mi[11]构建了一种粗糙模糊集的不确定性度量。Qin 和 Luo[12]从粗糙熵与粗糙度的角度，提出了一种可以反映模糊度的不确定性度量。Hu 等[13]从距离的角度提出了一种粗糙模糊集的粗糙度度量，并将它应用于不完备的模糊决策信息表。为了有效地评估广义粗糙模糊集的精度和粗糙度，Sun 和 Ma[14]提出了基于香农熵的不确定性度量方法。但是，这些工作都是在单个粒度空间上研究粗糙模糊集的不确定性度量。在粗糙模糊集模型中，不确定性度量可以刻画知识空间用于模糊目标概念的不确定性程度。虽然当前存在许多不确定性度量方法，但是这些方法仍然不够准确，而且有可能导致同一模糊目标概念在两个不同粒度的知识空间中具有相同的不确定性度量结果，无法反映不同粒度知识空间的区分能力差异性。另外，从层次商空间结构的角度来说，等价类会随着知识空间的细化逐渐细分成更细的等价类，这意味着随着属性或信息的增加，一个模糊目标概念可以通过不同粒度的知识空间进行近似描述。那么，在层次商空间结构中这些知识空间在描述同一个模糊目标概念时的差异性随着粒度的变化是否存在规律？通过以上的讨论，模糊目标概念在多粒度空间中的近似描述仍然需要进一步研究。

基于前面的知识距离度量模型，首先，本章进一步提出一种能够刻画不同知识空间用于近似模糊目标概念差异的模糊知识距离 $\widehat{\mathrm{EMKD}}$（为了区别于第 2 章中的 EMKD），并且揭示了 $\widehat{\mathrm{EMKD}}$ 在分层递阶的多粒度知识空间中的变化规律。其次，本章分别展示 $\widehat{\mathrm{EMKD}}$ 在粒度选择、属性约简和多粒度空间结构的差异性度量中的应用。最后，通过实验表明模糊知识距离的有效性。多粒度知识空间中的模糊知识距离度量为基于粗糙集理论描述模糊概念提供一种更广泛、更直观的方法。

3.2　模糊知识距离

正如 3.1 节所讨论的，在粗糙模糊集模型中，当两个不同的知识空间近似描述一个模糊概念时，它们可能具有相同的不确定性（如模糊度、模糊熵）。但是，并不意味着这两个知识空间完全等价，它们刻画同一个模糊目标概念的能力无法被区分。尤其在一些应用中，需要区分这种刻画能力。众所周知，经典集是模糊集的特殊形式，即集合中所有对象的隶属度为 1 或 0。为了更直观地反映问题，本章以目标概念是经典集时为例进行阐述。

在粗糙模糊集模型中，由于正域或负域中的对象是不确定的，即正域或负域中的对象的隶属度并不完全等于 1 或 0。因此，每个知识空间上的不确定性通常来自于三个域。本章基于模糊度定义一种不确定性度量公式，并通过该公式揭示多粒度知识空间中粗糙模糊集的不确定性变化规律。当前在许多研究工作中提出了不同的模糊度的公式，本章基于以下模糊度公式[11]建立粗糙模糊集的不确定性度量模型：

$$H(A) = \frac{4}{N} \sum_{i=1}^{N} \mu_A(x_i)(1 - \mu_A(x_i)) \tag{3.1}$$

设一个信息系统 $S = (U, C \cup D, V, f)$，对于任意的 $0 \leqslant \beta \leqslant \alpha \leqslant 1$，$R \subseteq C$，$X$ 是 U 上的一个模糊集。本章基于式（3.1）提出了如下的粗糙模糊集的不确定性度量公式：

$$H_R(X) = \frac{4}{N} \sum_{i=1}^{N} \mu_R(x_i)(1 - \mu_R(x_i)) \tag{3.2}$$

式中，$\mu(x_i)$ 定义如下：

$$\mu(x_i) = \overline{\mu}([x]) = \frac{\sum\limits_{x \in [x]} \mu(x)}{|[x]|} \tag{3.3}$$

例 3.1 设一个信息系统 $S = (U, C \cup D, V, f)$，$R_1 \subseteq C$，$R_2 \subseteq C$，$X = \frac{0}{x_1} + \frac{0}{x_2} + \frac{0}{x_3} + \frac{1}{x_4} + \frac{1}{x_5} + \frac{1}{x_6} + \frac{1}{x_7} + \frac{0}{x_8} + \frac{1}{x_9}$ 是 U 上的一个模糊集，$U / R_1 = \{\{x_1, x_2, x_3\}, \{x_4\}, \{x_5\}, \{x_6\}, \{x_7, x_8, x_9\}\}$ 和 $U / R_2 = \{\{x_1, x_2, x_3\}, \{x_4, x_5, x_6\}$ 分别为两个知识空间。

由式（3.2）可得

$$H_{R_1}(X) = H_{R_2}(X) = \frac{8}{27}$$

因此，无法区分 U / R_1 和 U / R_2 这两个知识空间在刻画目标概念 X 时的差异性。另外，虽然 $\mathrm{POS}_{R_1}(X) = \mathrm{POS}_{R_2}(X) = \{x_4, x_5, x_6\}$，但是，从粒度选择的角度来说，由于 U / R_2 具有更粗的粒度，从而使得在刻画目标概念 X 时，U / R_2 比 U / R_1 具有更强的泛化能力。通过以上分析，建立具有强区分能力的不确定性度量模型是不确定性知识处理研究的一个关键问题，对进一步丰富不确定性理论具有重要意义。

在第 2 章中，基于 EMD 提出了一种知识距离度量模型，并在此度量模型上分别建立了两种知识距离度量 EMKD₁ 和 EMKD₂，利用它们研究了分层递阶的多粒度知识空间的层次结构及知识空间之间的相互关系构成的拓扑空间等问题。为了反映不同知识空间对目标概念的刻画能力的差异性，本章基于知识距离度量模型，进一步提出一种模糊概念的知识距离度量模型，简称为模糊知识距离（fuzzy knowledge distance，FKD）。

定义 3.1 假设 U 为一个非空有限论域，X 是 U 上的一个模糊集。如果 $\tilde{A}$、$\tilde{B}$ 是 U 上的两个模糊集，$\tilde{A}$ 和 $\tilde{B}$ 之间的信息粒距离为

$$\delta(\tilde{A},\tilde{B})=\frac{\sum\limits_{x\in U}\mu_{\tilde{A}\cup\tilde{B}}(x)-\sum\limits_{x\in U}\mu_{\tilde{A}\cap\tilde{B}}(x)}{|U|} \tag{3.4}$$

命题 3.1　假设 U 为一个非空有限论域，$\delta(\cdot,\cdot)$ 是 U 上的一个距离。

证明　假设 $\tilde{A}$、$\tilde{B}$、$\tilde{C}$ 是 U 上的三个模糊集。显然，它们满足正定性和对称性，且 $\left(\sum\limits_{x\in U}\mu_{\tilde{A}\cup\tilde{B}}(x)-\sum\limits_{x\in U}\mu_{\tilde{A}\cap\tilde{B}}(x)\right)+\left(\sum\limits_{x\in U}\mu_{\tilde{B}\cup\tilde{C}}(x)-\sum\limits_{x\in U}\mu_{\tilde{B}\cap\tilde{C}}(x)\right)\geqslant\left(\sum\limits_{x\in U}\mu_{\tilde{A}\cup\tilde{C}}(x)-\sum\limits_{x\in U}\mu_{\tilde{A}\cap\tilde{C}}(x)\right)$，

显然 $\dfrac{\sum\limits_{x\in U}\mu_{\tilde{A}\cup\tilde{B}}(x)-\sum\limits_{x\in U}\mu_{\tilde{A}\cap\tilde{B}}(x)}{|U|}+\dfrac{\sum\limits_{x\in U}\mu_{\tilde{B}\cup\tilde{C}}(x)-\sum\limits_{x\in U}\mu_{\tilde{B}\cap\tilde{C}}(x)}{|U|}\geqslant\dfrac{\sum\limits_{x\in U}\mu_{\tilde{A}\cup\tilde{C}}(x)-\sum\limits_{x\in U}\mu_{\tilde{A}\cap\tilde{C}}(x)}{|U|}$，

则 $\delta(\tilde{A},\tilde{B})+\delta(\tilde{B},\tilde{C})\geqslant\delta(\tilde{A},\tilde{C})$。因此，$\delta(\cdot,\cdot)$ 是 U 上的一个距离。

例 3.2　假设 $U=\{x_1,x_2,x_3,x_4,x_5,x_6,x_7\}$，$X=\dfrac{0.3}{x_1}+\dfrac{0.5}{x_2}+\dfrac{0.7}{x_3}+\dfrac{0.9}{x_4}+\dfrac{0.8}{x_5}+\dfrac{0.5}{x_6}+\dfrac{0.2}{x_7}$ 是 U 上的一个模糊集，$A=\{x_1,x_2,x_3,x_4\}$，$B=\{x_3,x_4,x_5,x_6\}$，则 $\tilde{A}=\dfrac{0.3}{x_1}+\dfrac{0.5}{x_2}+\dfrac{0.7}{x_3}+\dfrac{0.9}{x_4}$，$\tilde{B}=\dfrac{0.7}{x_3}+\dfrac{0.9}{x_4}+\dfrac{0.8}{x_5}+\dfrac{0.5}{x_6}$，$\sum\limits_{x\in U}\mu_{\tilde{A}\cap\tilde{B}}(x)=1.6$，$\sum\limits_{x\in U}\mu_{\tilde{A}\cup\tilde{B}}(x)=3.7$。因此，$\delta(\tilde{A},\tilde{B})=\dfrac{3.7-1.6}{7}=0.3$。

定义 3.2　设一个信息系统 $S=(U,C\cup D,V,f)$，$R_1\subseteq C$，$R_2\subseteq C$，X 是 U 上的一个模糊集。$U/R_1=\{p_1,p_2,\cdots,p_l\}$ 和 $U/R_2=\{q_1,q_2,\cdots,q_m\}$ 是 U 上的两个知识空间。对于描述 X，U/R_1 和 U/R_2 的模糊知识距离定义为

$$\widetilde{EMKD}(U/R_1,U/R_2)=\frac{\sum\limits_{i=1}^{l}\sum\limits_{j=1}^{m}\delta_{ij}f_{ij}}{|U|} \tag{3.5}$$

式中，$\delta_{ij}=\delta(\tilde{p}_i,\tilde{q}_j)$（$\tilde{p}_i$ 与 $\tilde{q}_j$ 分别代表 p_i 和 q_j 对应的模糊集）；f_{ij} 代表 p_i 和 q_j 的交集，$f_{ij}=|p_i\cap q_j|$。

由于对同一论域进行划分的不同知识空间的对象数是相同的，即

$$\sum_{i=1}^{l}|p_i|=\sum_{j=1}^{m}|q_j|=|U| \tag{3.6}$$

因此，式（3.6）符合约束条件（2.6）。同样，式（3.6）符合约束条件（2.3）～约束条件（2.5）。

定理 3.1　假设 U 为一个非空有限论域，$\widetilde{EMKD}$ 是 U 上的一个距离。

证明　假设 $U/R_1=\{p_1,p_2,\cdots,p_l\}$ 和 $U/R_2=\{q_1,q_2,\cdots,q_m\}$ 是 U 上的两个知识空间。对于同一个论域而言，存在式（3.6）。由命题 3.1 可知，$\delta(\cdot,\cdot)$ 是 U 上的一个距离。通过定理 2.1 可知，类似于 EMD，$\widetilde{EMKD}$ 也是 U 上的距离。

由于继承了 EMD 的优点，$\widehat{\mathrm{EMKD}}$ 能有效和直观地刻画不同知识空间对目标概念的描述能力的差异性。

3.3　多粒度知识空间中的模糊知识距离

从粒计算的角度来说，在一个信息系统中，随着属性的增加，知识空间中的等价类逐渐变细，从而形成更细粒度的知识空间，最终可以形成一条属性链，即层次商空间结构。同时，意味着一个模糊概念能够通过多粒度知识空间进行刻画。对于一条属性链而言，如何反映不同的知识空间刻画模糊概念的变化规律？本节将分析多粒度知识空间中模糊概念的知识距离度量。

定理 3.2　设一个信息系统 $S=(U,C\cup D,V,f)$，$R_1,R_2,R_3\subseteq C$，X 是 U 上的一个模糊集。如果 $R_1\subseteq R_2\subseteq R_3$，那么 $\widehat{\mathrm{EMKD}}(U/R_1,U/R_2)\leqslant\widehat{\mathrm{EMKD}}(U/R_1,U/R_3)$。

证明　假设 $U=\{x_1,x_2,\cdots,x_N\}$ 是一个非空论域，$U/R_1=\{p_1,p_2,\cdots,p_l\}$、$U/R_2=\{q_1,q_2,\cdots,q_m\}$ 和 $U/R_3=\{r_1,r_2,\cdots,r_s\}$ 是 U 上的三个知识空间。由于 $R_1\subseteq R_2\subseteq R_3$，故 $U/R_1\preceq U/R_2\preceq U/R_3$。为了简单化，假设仅有一个信息粒 p_1（$p_1\in U/R_1$）细分为两个更细的信息粒 q_1，q_2（$q_1,q_2\in U/R_2$），仅有一个信息粒 q_1 细分为两个更细的信息粒 r_1，r_2（其他复杂情形均可以转化为这种情形，这里不再重复），则 $p_1=q_1\cup q_2,p_2=q_3,p_3=q_4,\cdots,p_l=q_m$（$m=l+1$），$q_1=r_1\cup r_2,q_2=r_3,q_3=r_4,\cdots,q_m=r_s$（$s=m+1$），即 $U/R_2=\{q_1,q_2,p_2,p_3,\cdots,p_l\}$ 和 $U/R_3=\{r_1,r_2,q_2,q_3,\cdots,q_m\}$。通过式（3.5）可得

$$\widehat{\mathrm{EMKD}}(U/R_1,U/R_2)=\frac{1}{|U|}\sum_{i=1}^{l}\sum_{j=1}^{m}\frac{\left(\sum_{x\in U}\mu_{\tilde{p}_i}(x)-\sum_{x\in U}\mu_{\tilde{q}_j}(x)\right)|p_i\cap q_j|}{|U|}$$

$$\widehat{\mathrm{EMKD}}(U/R_1,U/R_3)=\frac{1}{|U|}\sum_{i=1}^{l}\sum_{k=1}^{s}\frac{\left(\sum_{x\in U}\mu_{\tilde{p}_i}(x)-\sum_{x\in U}\mu_{\tilde{r}_k}(x)\right)|p_i\cap r_k|}{|U|}$$

为了简化，假设 $\mu_{p_i}=\sum_{x\in U}\mu_{\tilde{p}_i}(x)$，$i=1,2,\cdots,l$，$\mu_{q_j}=\sum_{x\in U}\mu_{\tilde{q}_j}(x)$，$j=1,2,\cdots,m$，$\mu_{r_k}=\sum_{x\in U}\mu_{\tilde{r}_k}(x)$，$k=1,2,\cdots,s$，可得

$$\widehat{\mathrm{EMKD}}(U/R_1,U/R_2)=\frac{1}{|U|}\sum_{i=1}^{l}\sum_{j=1}^{m}\frac{(\mu_{p_i}-\mu_{q_j})|p_i\cap q_j|}{|U|}$$

$$=\frac{1}{|U|}\frac{(\mu_{p_1}-\mu_{q_1})|q_1|+(\mu_{p_1}-\mu_{q_2})|q_2|}{|U|}$$

$$\widetilde{\text{EMKD}}(U/R_1, U/R_3) = \frac{1}{|U|} \sum_{i=1}^{l} \sum_{k=1}^{s} \frac{(\mu_{p_i} - \mu_{r_k}) |p_i \cap r_k|}{|U|}$$

$$= \frac{1}{|U|} \frac{(\mu_{p_1} - \mu_{r_1}) |r_1| + (\mu_{p_1} - \mu_{r_2}) |r_2| + (\mu_{p_1} - \mu_{r_3}) |r_3|}{|U|}$$

由于 $p_1 = q_1 \cup q_2$ 和 $q_1 = r_1 \cup r_2$，故 $\mu_{p_1} = \mu_{q_1} + \mu_{q_2}$ 和 $\mu_{q_1} = \mu_{r_1} + \mu_{r_2}$，$|p_1| = |q_1| + |q_2|$ 和 $|q_1| = |r_1| + |r_2|$。

$$\widetilde{\text{EMKD}}(U/R_1, U/R_3) - \widetilde{\text{EMKD}}(U/R_1, U/R_2) = \frac{\mu_{r_1} |r_2| + \mu_{r_2} |r_1|}{|U|^2} \geqslant 0$$

因此，$\widetilde{\text{EMKD}}(U/R_1, U/R_2) \leqslant \widetilde{\text{EMKD}}(U/R_1, U/R_3)$。类似地，可以得出 $\widetilde{\text{EMKD}}(U/R_1, U/R_3) \geqslant \widetilde{\text{EMKD}}(U/R_2, U/R_3)$。

例 3.3 设一个信息系统 $S = (U, C \cup D, V, f)$，$U = \{x_1, x_2, x_3, x_4, x_5, x_6, x_7, x_8, x_9\}$，$R_1, R_2, R_3 \subseteq C$，$X = \frac{0.4}{x_1} + \frac{0.6}{x_2} + \frac{0.8}{x_3} + \frac{0.9}{x_4} + \frac{0.8}{x_5} + \frac{0.5}{x_6} + \frac{0.4}{x_7} + \frac{0.4}{x_8} + \frac{0.2}{x_9}$ 是 U 上的一个模糊集，$U/R_1 = \{\{x_1, x_2, x_3, x_4, x_5, x_6\}, \{x_7, x_8, x_9\}\}$，$U/R_2 = \{\{x_1, x_2, x_3, x_4\}, \{x_5, x_6\}, \{x_7, x_8, x_9\}\}$ 和 $U/R_3 = \{\{x_1, x_2, x_3\}, \{x_4\}, \{x_5, x_6\}, \{x_7\}, \{x_8, x_9\}\}$ 是 U 上的三个知识空间。

$$\widetilde{\text{EMKD}}(U/R_1, U/R_2) = \frac{\sum_{i=1}^{2} \sum_{j=1}^{3} \delta_{ij} f_{ij}}{|U|} = \frac{\frac{1.3}{9} \times 4 + \frac{2.7}{9} \times 2}{9} = \frac{10.6}{81}$$

类似地，$\widetilde{\text{EMKD}}(U/R_2, U/R_3) = \frac{5.9}{81}$，$\widetilde{\text{EMKD}}(U/R_1, U/R_3) = \frac{16.5}{81}$。

显然，$\widetilde{\text{EMKD}}(U/R_1, U/R_3) \geqslant \widetilde{\text{EMKD}}(U/R_1, U/R_2)$ 及 $\widetilde{\text{EMKD}}(U/R_1, U/R_3) \geqslant \widetilde{\text{EMKD}}(U/R_2, U/R_3)$。

在本章中，一个信息系统中的最细知识空间与最粗知识空间分别用 ω 和 δ 表示。通过定理 3.2，可以得到以下推论。

推论 3.1 设一个信息系统 $S = (U, C \cup D, V, f)$，$R_1 \subseteq C$，$R_2 \subseteq C$，X 是 U 上的一个模糊集。如果 $R_1 \subseteq R_2$，那么 $\widetilde{\text{EMKD}}(U/R_2, \omega) \leqslant \widetilde{\text{EMKD}}(U/R_1, \omega)$。

推论 3.2 设一个信息系统 $S = (U, C \cup D, V, f)$，$R_1 \subseteq C$，$R_2 \subseteq C$，X 是 U 上的一个模糊集。如果 $R_1 \subseteq R_2$，那么 $\widetilde{\text{EMKD}}(U/R_2, \delta) \geqslant \widetilde{\text{EMKD}}(U/R_1, \delta)$。

定理 3.3 设一个信息系统 $S = (U, C \cup D, V, f)$，$R_1 \subseteq C$，$R_2 \subseteq C$，X 是 U 上的一个模糊集。如果 $R_1 \subseteq R_2 \subseteq R_3$，那么 $\widetilde{\text{EMKD}}(U/R_1, U/R_3) = \widetilde{\text{EMKD}}(U/R_1, U/R_2) + \widetilde{\text{EMKD}}(U/R_2, U/R_3)$。

证明 基于定理 3.2 证明中的假设，可得

$$\widetilde{\text{EMKD}}(U / R_1, U / R_2) = \frac{(\mu_{p_1} - \mu_{q_1})|q_1| + (\mu_{p_1} - \mu_{q_2})|q_2|}{|U|^2}$$

$$\widetilde{\text{EMKD}}(U / R_1, U / R_3) = \frac{(\mu_{p_1} - \mu_{r_1})|r_1| + (\mu_{p_1} - \mu_{r_2})|r_2| + (\mu_{p_1} - \mu_{r_3})|r_3|}{|U|^2}$$

$$\widetilde{\text{EMKD}}(U / R_2, U / R_3) = \frac{\mu_{r_2}|r_1| + \mu_{r_1}|r_2|}{|U|^2}$$

由于 $p_1 = q_1 \bigcup q_2$ 和 $q_1 = r_1 \bigcup r_2$ ，$\mu_{p_1} = \mu_{q_1} + \mu_{q_2}$ 和 $\mu_{q_1} = \mu_{r_1} + \mu_{r_2}$ ，$|p_1| = |q_1| + |q_2|$ 和 $|q_1| = |r_1| + |r_2|$ ，则

$$\widetilde{\text{EMKD}}(U / R_1, U / R_2) + \widetilde{\text{EMKD}}(U / R_2, U / R_3)$$

$$= \frac{\mu_{r_2}|r_1| + \mu_{r_1}|r_2| + \mu_{q_2}|q_1| + \mu_{q_1}|q_2|}{|U|^2}$$

$$= \widetilde{\text{EMKD}}(U / R_1, U / R_3)$$

例 3.4（接例 3.3）

$$\widetilde{\text{EMKD}}(U / R_1, U / R_3) = \widetilde{\text{EMKD}}(U / R_1, U / R_2) + \widetilde{\text{EMKD}}(U / R_2, U / R_3) = \frac{16.5}{81}$$

从定理 3.3 可知，当利用 $\widetilde{\text{EMKD}}$ 对模糊目标概念在分层递阶的多粒度知识空间进行近似描述时，其结果可以映射到一维坐标上。在定理 3.3 中，当 U / R_3 分别为最细知识空间 ω 和最粗知识空间 δ 时，可以得到以下推论。

推论 3.3　设一个信息系统 $S = (U, C \bigcup D, V, f)$ ，$R_1 \subseteq R_2 \subseteq C$ ，X 是 U 上的一个模糊集，则 $\widetilde{\text{EMKD}}(U / R_1, U / R_2) = \widetilde{\text{EMKD}}(U / R_1, \omega) - \widetilde{\text{EMKD}}(U / R_2, \omega)$ 。

推论 3.4　设一个信息系统 $S = (U, C \bigcup D, V, f)$ ，$R_1 \subseteq R_2 \subseteq C$ ，X 是 U 上的一个模糊集，则 $\widetilde{\text{EMKD}}(U / R_1, U / R_2) = \widetilde{\text{EMKD}}(U / R_2, \delta) - \widetilde{\text{EMKD}}(U / R_1, \delta)$ 。

定理 3.4　设一个信息系统 $S = (U, C \bigcup D, V, f)$ ，$R_1 \subseteq C$ ，X 是 U 上的一个模糊集，$\widetilde{\text{EMKD}}(U / R_1, \omega)$ 是一个粒度度量。

证明　（1）由定理 3.1 可知，$\widetilde{\text{EMKD}}(U / R_1, \omega) \geqslant 0$ ；

（2）假设 $R_2 \subseteq C$ ，当 $R_1 = R_2$ 时，$\widetilde{\text{EMKD}}(U / R_1, \omega) = \widetilde{\text{EMKD}}(U / R_2, \omega)$ ；

（3）由推论 3.1 可知，如果 $R_1 \subseteq R_2$ ，那么 $\widetilde{\text{EMKD}}(U / R_2, \omega) \leqslant \widetilde{\text{EMKD}}(U / R_1, \omega)$ 。

通过推论 3.3 和定理 3.4 可知，对于一个模糊概念，HQSS 中的任意两个知识空间的粒度度量差异等于它们之间的 $\widetilde{\text{EMKD}}$ 。

定义 3.3（信息度量[15, 16]）　假设 U 为一个有限非空论域，一个函数 $2^U \rightarrow \Re$ 对于任意 $P, Q \in 2^U$ ，如果满足以下条件：

（1）$I(x) \geqslant 0$ ；

（2）$P \subset Q \Rightarrow I(P) < I(Q)$ ；

（3）$P \equiv_s Q \Rightarrow I(P) = I(Q)$，

则它是一个信息度量。

定理 3.5　设一个信息系统 $S = (U, C \cup D, V, f)$，$R_1 \subseteq C$，X 是 U 上的一个模糊集，$\widehat{\mathrm{EMKD}}(U / R_1, \delta)$ 是一个粒度度量。

证明　（1）由定理 3.1 可知，$\widehat{\mathrm{EMKD}}(U / R_1, \delta) \geqslant 0$；

（2）假设 $R_2 \subseteq C$，当 $R_1 = R_2$ 时，$\widehat{\mathrm{EMKD}}(U / R_1, \delta) = \widehat{\mathrm{EMKD}}(U / R_2, \delta)$；

（3）由推论 3.2 可知，如果 $R_1 \subseteq R_2$，那么 $\widehat{\mathrm{EMKD}}(U / R_2, \delta) \geqslant \widehat{\mathrm{EMKD}}(U / R_1, \delta)$。

通过推论 3.4 和定理 3.5 可知，对于一个模糊概念，HQSS 中的任意两个知识空间之间的 $\widehat{\mathrm{EMKD}}$ 等于它们的信息度量差异。

3.4　模糊知识距离的三个应用

在多粒度知识空间中，如何选择最优的知识空间来近似描述模糊目标概念？在属性约简中，不同的属性集对同一论域进行划分，可以形成不同的知识空间，如果同一模糊概念在两个不同粒度知识空间中具有相同的不确定性度量结果，即这些知识空间对应属性的重要度相同，则无法区分这些知识空间的泛化能力。另外，不同的属性添加顺序可能形成不同的多粒度知识空间结构，在利用这些多粒度空间结构对目标概念进行近似描述时，这些粒结构之间的差异性如何度量？本节将从模糊知识距离的角度对这些问题进行分析。

1. 近似描述模糊概念的最优知识空间选择

例 3.5（接例 3.1）　$\widehat{\mathrm{EMKD}}(U / R_1, U / R_2) = \widehat{\mathrm{EMKD}}(U / R_1, \omega) - \widehat{\mathrm{EMKD}}(U / R_2, \omega)$

$$= \frac{8}{81} - \frac{2}{81} = \frac{2}{27}$$

由例 3.5 可知，$\widehat{\mathrm{EMKD}}(U / R_1, \omega) > \widehat{\mathrm{EMKD}}(U / R_2, \omega)$。在近似描述模糊目标概念 X 时，虽然 $H_{R_1}(X) = H_{R_2}(X)$，知识空间 U / R_1 中的信息粒 $\{x_4, x_5, x_6\}$ 的粒度大于知识空间 U / R_2 中的信息粒 $\{x_4\}$，$\{x_5\}$，$\{x_6\}$。因此，$\widehat{\mathrm{EMKD}}(U / R, \omega)$ 能够进一步反映参与刻画 X 的信息粒的粒度大小。知识空间的粒度越粗，其泛化能力越强，从粒度选择的角度来说，如果两个知识空间具有相同的不确定性，通常趋向于选择较粗粒度的知识空间。

随着知识空间的细化，粒度度量与信息度量的变化趋势相反，正如 3.1 节中所讨论的，在较细粒度的知识空间上可以更准确地近似描述模糊概念。但是，构建较细粒度的知识空间往往需要更大的代价。如何选择一个最优的知识空间对模

糊概念进行刻画是一个值得研究的问题。从 Pawlak 粗糙集的角度出发，假设知识空间 $U/R_2 \prec U/R_1$，如果仅有 U/R_1 的正域或边界域中的信息粒细分为 U/R_2 中更细的信息粒，那么 $\widetilde{\text{EMKD}}(U/R_1, U/R_2) \geqslant 0$。如果仅有 U/R_1 的负域中的信息粒细分为 U/R_2 中更细的信息粒，那么 $\widetilde{\text{EMKD}}(U/R_1, \omega) = \widetilde{\text{EMKD}}(U/R_2, \omega)$，即 $\widetilde{\text{EMKD}}(U/R_1, U/R_2) = 0$。通过以上的分析可知，在 Pawlak 粗糙集中，信息粒 $\{[x] | [x] \cap X = \varnothing, x \in U\}$ 对于刻画目标概念没有贡献。因此，在近似描述目标概念时，仅需要关心参与刻画目标概念的信息粒。类似地，从粗糙模糊集的角度来说，信息粒 $\{[x] | \sum_{x \in [x]} \mu(x) = 0\}$ 对于刻画清晰目标概念同样没有贡献。如图 3.1 所示，分别描述了以上三种情形。

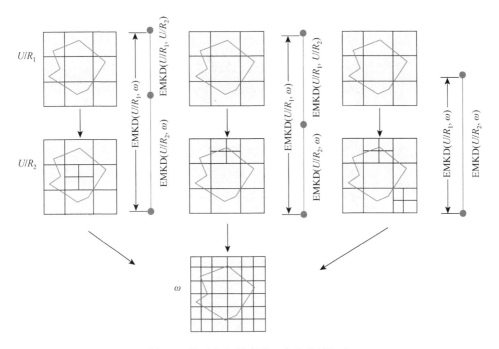

图 3.1　基于知识距离的三个决策域细分

从粒计算的角度来说，上述讨论的问题可以简化为一个在约束条件下最大化粒度的优化问题。

假设用户对粒度度量与信息度量的要求为 G_u 和 I_u，则优化的目的是寻找一个同时满足约束条件 $G(U/R_i) \leqslant G_u$ 和 $I(U/R_i) \leqslant I_u$ 的知识空间 U/R_i。

$$\text{Max} \quad G(U/R_i) \qquad\qquad (3.7)$$

s.t.

$$G(U / R_i) \leqslant G_u$$

$$I(U / R_i) \leqslant I_u$$

式中，$G(U / R_i) = \widetilde{\mathrm{EMKD}}(U / R_i, \omega)$ 和 $I(U / R_i) = \widetilde{\mathrm{EMKD}}(U / R_i, \delta)$。

图 3.2 为知识空间优化机制示意图，图中由三个知识空间 U / R_1、U / R_2 和 U / R_3。虽然知识空间 U / R_3 满足信息度量的需求，但是不满足粒度度量的需求；虽然知识空间 U / R_1 满足粒度度量的需求，但是不满足信息度量的需求；知识空间 U / R_2 同时满足信息度量和粒度度量的需求。因此，U / R_2 是满足约束条件的最优知识空间。

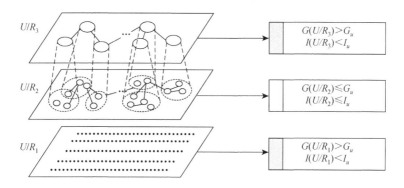

图 3.2　知识空间优化机制示意图

例 3.6 　设一个信息系统 $S = (U, C \bigcup D, V, f)$，$U = \{x_1, x_2, x_3, x_4, x_5, x_6, x_7, x_8, x_9\}$，$R_1 \subseteq C$，$R_2 \subseteq C$，$R_3 \subseteq C$ 和 $R_4 \subseteq C$，$X = \dfrac{0.4}{x_1} + \dfrac{0.6}{x_2} + \dfrac{0.8}{x_3} + \dfrac{0.9}{x_4} + \dfrac{0.8}{x_5} + \dfrac{0.5}{x_6} + \dfrac{0.4}{x_7} + \dfrac{0.4}{x_8} + \dfrac{0.2}{x_9}$ 是 U 上的一个模糊集，$U / R_1 = \{\{x_1, x_2\}, \{x_3\}, \{x_4, x_5\}, \{x_6\}, \{x_7\}, \{x_8\}, \{x_9\}\}$，$U / R_2 = \{\{x_1, x_2\}, \{x_3, x_4, x_5\}, \{x_6, x_7\}, \{x_8, x_9\}\}$，$U / R_3 = \{\{x_1, x_2, x_3, x_4, x_5\}, \{x_6, x_7\}, \{x_8, x_9\}\}$ 和 $U / R_4 = \{\{x_1, x_2, x_3, x_4, x_5\}, \{x_6, x_7, x_8, x_9\}\}$ 是 U 上的四个知识空间。

假设 $G_u = \dfrac{1}{5}$ 和 $I_u = \dfrac{7}{16}$，分别利用知识距离计算每个知识空间的粒度度量和信息度量，如下所示：

$$\widetilde{\mathrm{EMKD}}(U / R_4, \omega) = \frac{1}{2}, \quad \widetilde{\mathrm{EMKD}}(U / R_3, \omega) = \frac{15.5}{80}$$

$$\widetilde{\mathrm{EMKD}}(U / R_2, \omega) = \frac{7.5}{80}, \quad \widetilde{\mathrm{EMKD}}(U / R_1, \omega) = \frac{2.7}{80}$$

$$\widetilde{\mathrm{EMKD}}(U/R_4,\delta)=0 , \quad \widetilde{\mathrm{EMKD}}(U/R_3,\delta)=\frac{24.5}{80}$$

$$\widetilde{\mathrm{EMKD}}(U/R_2,\delta)=\frac{32.5}{80} , \quad \widetilde{\mathrm{EMKD}}(U/R_1,\delta)=\frac{37.3}{80}$$

通过知识空间优化机制，可以发现仅有 U/R_2 和 U/R_3 满足用户的约束条件。由于 $\widetilde{\mathrm{EMKD}}(U/R_3,\omega)>\widetilde{\mathrm{EMKD}}(U/R_2,\omega)$ ，所以 U/R_3 为刻画模糊概念 X 的最优知识空间。

2. 基于模糊知识距离的属性约简

属性重要度是属性约简中一个重要的因素，从不确定性的角度来说，通过计算全部属性下的知识不确定性与去掉该属性后形成的知识不确定性的差异，差异越大则该属性越重要。由于模糊知识距离具有强区分能力，本节基于模糊知识距离设计相关的属性约简算法。

定义 3.4　设一个信息系统 $S=(U,C\cup D,V,f)$ ， $r\in C$ ， X 是一个在 U 上的模糊集， r 的属性重要度可以定义为

$$\mathrm{Sig}_H(r,C,D)=H_{C-\{r\}}(X)-H_C(X) \tag{3.8}$$

例 3.7　如表 3.1 所示， $U=\{x_1,x_2,x_3,x_4,x_5,x_6,x_7,x_8,x_9,x_{10}\}$ ， $X=\dfrac{0.1}{x_1}+\dfrac{0.2}{x_2}+\dfrac{0.5}{x_3}+\dfrac{0.5}{x_4}+\dfrac{0.5}{x_5}+\dfrac{0.6}{x_6}+\dfrac{0.7}{x_7}+\dfrac{0.8}{x_8}+\dfrac{0.9}{x_9}+\dfrac{0.2}{x_{10}}$ 是 U 上的一个模糊集。

表 3.1　模糊信息表

对象	c_1	c_2	c_3	D
x_1	2	1	0	0.1
x_2	0	1	2	0.2
x_3	1	1	0	0.5
x_4	1	0	1	0.5
x_5	0	0	0	0.5
x_6	0	1	2	0.6
x_7	0	1	2	0.7
x_8	2	1	0	0.8
x_9	2	1	0	0.9
x_{10}	2	1	0	0.2

假设 $R_1=C-\{c_1\}$ ， $R_2=C-\{c_2\}$ ， $U/C=\{\{x_3\},\{x_4\},\{x_5\},\{x_2,x_6,x_7\},\{x_1,x_8,x_9,$

$x_{10}\}\}$，$U / R_1 = \{\{x_3\},\{x_4\},\{x_2,x_6,x_7\},\{x_1,x_5,x_8,x_9,x_{10}\}\}$，$U / R_2 = \{\{x_3,x_5\},\{x_4\},\{x_2,x_6,x_7\},\{x_1,x_8,x_9,x_{10}\}\}$。

由式（3.1）可得

$$H_{R_1}(X) = H_{R_2}(X) = H_C(X) = 1$$

由式（3.8）可得

$$\mathrm{Sig}_H(c_1,C,D) = \mathrm{Sig}_H(c_2,C,D) = 0$$

因此，通过基于模糊度的不确定性度量模型无法对这两个属性进行区分。基于 $\widetilde{\mathrm{EMKD}}$，本章定义如下的属性重要度。

定义 3.5　设一个信息系统 $S = (U,C \cup D,V,f)$，$r \in C$，X 是 U 上的一个模糊集，r 的属性重要度可以定义为

$$\mathrm{Sig}_{\widetilde{\mathrm{EMKD}}}(r,C,D) = \widetilde{\mathrm{EMKD}}(U / C - \{r\},U / C) \tag{3.9}$$

通过定义 3.5 可知，知识空间的模糊知识距离可以用于刻画信息系统中属性的重要度。这个公式不难理解，通过定理 3.4，$\widetilde{\mathrm{EMKD}}(U / R_1,\omega)$（$R_1 \subseteq C$）是一个粒度度量。由属性重要度的定义，从知识距离的角度出发可以得到以下公式：

$$\mathrm{Sig}_{\widetilde{\mathrm{EMKD}}}(r,C,D) = \widetilde{\mathrm{EMKD}}(U / C - \{r\},\omega) - \widetilde{\mathrm{EMKD}}(U / C,\omega) \tag{3.10}$$

由推论 3.3，可得式（3.10）。因此，属性重要度可以通过 FKD 进行刻画。

例 3.8（接例 3.7）　由式（3.10）可得，$\mathrm{Sig}_{\widetilde{\mathrm{EMKD}}}(c_1,C,D) = \widetilde{\mathrm{EMKD}}(U / R_1,U / C) = 0.04$，$\mathrm{Sig}_{\widetilde{\mathrm{EMKD}}}(c_2,C,D) = \widetilde{\mathrm{EMKD}}(U / R_2,U / C) = 0.01$。

因此，利用式（3.10）计算 c_1 和 c_2 的属性重要度，可以区分 c_1 和 c_2。

为了评估属性重要度的启发式函数，文献[16]引入了拐点的概念。类似地，在基于删除法的属性约简算法[17]中，获得尽可能长的拐点长度意味着可以删掉更多的冗余属性。基于 $\widetilde{\mathrm{EMKD}}$，本章重新定义拐点的概念。

定义 3.6　设一个信息系统 $S = (U,C \cup D,V,f)$，对于一个属性集序列：$R_1 \subset R_2 \subset \cdots \subset R_L \subset C$，存在最大整数 $t \in \{1,2,\cdots,L\}$ 使得 $\mathrm{delta}_L = \cdots = \mathrm{delta}_{t+1} = \mathrm{delta}_t \neq \mathrm{delta}_{t-1}$，其中 $\mathrm{delta}_t = \widetilde{\mathrm{EMKD}}(U / R_t,U / C)$，则称 t 为拐点。

为了进一步地验证 $\widetilde{\mathrm{EMKD}}$ 的有效性，本节基于 $\widetilde{\mathrm{EMKD}}$ 定义了相关的约简定义及设计相应的属性约简算法（算法 3.1）。

算法 3.1　基于 $\widetilde{\mathrm{EMKD}}$ 的删除式属性约简算法

输入：一个信息系统 $S = (U,C \cup D,V,f)$。

输出：一个约简 R。

1. 计算 $\widehat{\text{EMKD}}(U/C,\omega)$；

2. Let $R=C$，$CD=C$；

3. 利用式（3.8）计算 CD 中所有属性的属性重要度；

4. 对 CD 中所有属性进行升序排列；

5. while　$CD \neq \varnothing$ do

6. 选择第一个属性 c，令 $CD=CD-\{c\}$；

7. if　$\widehat{\text{EMKD}}(U/R-\{c\},U/C) < \varepsilon$ then

8. 　$R=R-\{c\}$；

9. end if

10. end while

11. return R。

定义 3.7　设一个信息系统 $S=(U,C\cup D,V,f)$，$R\neq\varnothing$ 且 $R\subseteq C$ 和 $c\in R$。如果 $\widehat{\text{EMKD}}(U/R-\{c\},U/R)=0$，那么 c 是可省的。

定义 3.8　设一个信息系统 $S=(U,C\cup D,V,f)$，$R\neq\varnothing$ 且 $R\subseteq C$ 和 $c\in R$。如果 $\widehat{\text{EMKD}}(U/R-\{c\},U/R)\neq0$，那么 c 是不可省的。

定义 3.9　设一个信息系统 $S=(U,C\cup D,V,f)$，$R\neq\varnothing$ 且 $R\subseteq C$。如果 $\widehat{\text{EMKD}}(U/R,U/C)=0$ 且 $\widehat{\text{EMKD}}(U/R-\{c\},U/C)\neq0$，那么 R 是 S 的一个约简。

基于属性约简算法框架[17]，本章提出一种基于 $\widehat{\text{EMKD}}$ 的删除式属性约简算法，如算法 3.1 所示，ε 表示一个容忍参数，是一个控制 $U/R-\{c\}$ 与 U/C 差异的阈值。其中，主要的耗时步骤为步骤 3 和步骤 7～9，因为这些步骤中需要计算两个知识空间的 $\widehat{\text{EMKD}}$，时间复杂度为 $O(|l\|m|)$，当 $l\to U$，$m\to U$ 时，其时间复杂度达到最大值 $O(|U|^2)$。因此，算法 3.1 的时间复杂度相对较高。此外，类似于算法 3.1，在删除式属性约简算法框架下，基于式（3.1）、基于熵的模糊度[18]和基于二次模糊度[19]，可以设计对应的属性约简算法，分别表示为算法 3.2～算法 3.4，这里不再列出，本章将在 3.5 节中对这四种算法进行对比分析。

3. 不同 HQSS 之间对模糊概念刻画的差异性度量

在一个信息系统中，一个模糊概念可以在不同属性链形成的 HQSS 中进行刻画。本节为了度量两个 HQSS 之间对模糊概念刻画能力的差异性，基于 $\widehat{\text{EMKD}}$ 定义了如下的一个二元组序列。

定义 3.10　设一个信息系统 $S=(U,C\cup D,V,f)$，$R_1\subseteq R_2\subseteq\cdots\subseteq R_L\subseteq C$ 和 $Q_1\subseteq Q_2\subseteq\cdots\subseteq Q_M\subseteq C$，$X$ 是 U 上的一个模糊集，两个 HQSS 分别如下：$\pi_1(X)=$

$\{U/R_1,U/R_2,\cdots,U/R_L\}$ 和 $\pi_2(X)=\{U/Q_1,U/Q_2,\cdots,U/Q_M\}$，如果 $L=M$，那么 $\pi_1(X)$ 与 $\pi_2(X)$ 的差异性可以通过二元组 $\psi(\eta,\theta)$ 表示，其中

$$\eta=(\widetilde{\mathrm{EMKD}}(U/R_1,U/Q_1),\widetilde{\mathrm{EMKD}}(U/R_2,U/Q_2),\cdots,\widetilde{\mathrm{EMKD}}(U/R_L,U/Q_M))$$

（3.11）

$$\theta=\frac{\sum\limits_{i=1}^{L}\widetilde{\mathrm{EMKD}}(U/R_i,U/Q_i)}{L}$$

（3.12）

例 3.9　设 $U=\{x_1,x_2,x_3,x_4,x_5,x_6,x_7,x_8\}$，$X=\dfrac{0.3}{x_1}+\dfrac{0.5}{x_2}+\dfrac{0.7}{x_3}+\dfrac{0.9}{x_4}+\dfrac{0.8}{x_5}+\dfrac{0.5}{x_6}+\dfrac{0.4}{x_7}+\dfrac{0.2}{x_8}$ 是 U 上的一个模糊集。如图 3.3 所示，$\pi_1(X)$ 与 $\pi_2(X)$ 是刻画 X 的两个 HQSS，则 $\eta=(0,0,0.059,0.039)$，$\theta=0.0245$。

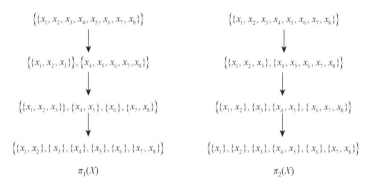

图 3.3　两个层次商空间结构

因此，由上面的分析可知，参数 θ 可以反映两个 HQSS 之间对模糊概念刻画能力的全局差异性，参数 η 可以反映两个 HQSS 之间对模糊概念刻画能力的局部差异性。

3.5　实　验　分　析

本节将通过实验验证 HQSS 中模糊知识距离的变化规律，并通过属性约简实验验证模糊知识距离的有效性。本实验在台式机上进行，其 CPU 为 Intel i5-2430M，内存为 8GB，操作系统为 Windows7，采用 MATLAB2014 软件进行仿真。表 3.2 为数据集描述表。

表 3.2　数据集描述表

序号	数据集	属性特征	样本数	条件属性数
1	Air Quality	Real	9358	12
2	Concrete	Real	1030	8
3	Breast Cancer	Integer	699	9
4	ENB2012	Real	768	8
5	Car Evaluation	Categorical	1728	6
6	Tic-Tac-Toe Endgame	Categorical	958	10

首先，利用文献[20]中的公式对数据集中的条件属性值进行离散化：

$$b(x) = \lfloor (a(x) - \min_a) / \sigma_a \rfloor \qquad (3.13)$$

式中，对于一个属性 a ，$a(x)$ 、$\min_a$ 和 σ_a 分别表示 a 的值、最小值和标准差。

1. 单调性实验

为了验证 FKD 随着知识空间细化所具有的单调性，本节设计了相关实验。假设 $\mathrm{GS} = (\mathrm{GL}_1, \mathrm{GL}_2, \cdots, \mathrm{GL}_5)$ 是一个由 5 个知识空间构成的层次商空间结构。其中，$\mathrm{GL}_i = (U, R_i \bigcup D, V, f)$ ，$i = 1, 2, \cdots, 5$ ，R_i 是一个条件属性集，$R_5 \subset R_4 \subset \cdots \subset R_1 \subseteq C$ 。

如图 3.4 所示，在每个数据集上，任意两个知识空间之间的粒度差异越大，则它们的 FKD 越大；任意两个知识空间之间的粒度差异越小，则它们之间的 FKD 越小。因此，图 3.4 的实验结果验证了层次商空间结构中知识空间之间的 FKD 随粒度细化的变化趋势。

图 3.5 进一步显示了图 3.4 中知识空间之间的 FKD 矩阵值，由图 3.5 可知，任意知识空间之间的 FKD 呈线性可加性，从而验证了定理 3.3。

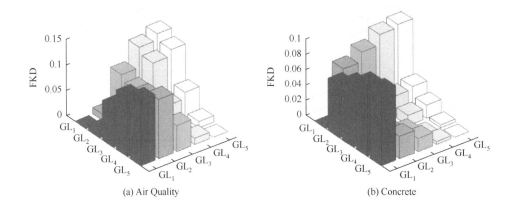

(a) Air Quality　　　　　　　　　　　　　(b) Concrete

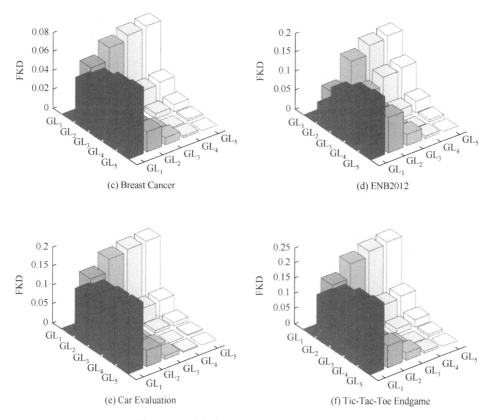

(c) Breast Cancer

(d) ENB2012

(e) Car Evaluation

(f) Tic-Tac-Toe Endgame

图 3.4　层次商空间结构中 FKD 的变化趋势

$$\begin{pmatrix} 0 & 0.0125 & 0.0783 & 0.1172 & 0.1295 \\ 0.0125 & 0 & 0.0658 & 0.1047 & 0.1170 \\ 0.0783 & 0.0658 & 0 & 0.0389 & 0.0512 \\ 0.1172 & 0.1047 & 0.0389 & 0 & 0.0123 \\ 0.1295 & 0.1170 & 0.0512 & 0.0123 & 0 \end{pmatrix}$$

(a) Air Quality

$$\begin{pmatrix} 0 & 0.0689 & 0.0812 & 0.0947 & 0.0985 \\ 0.0689 & 0 & 0.0123 & 0.0258 & 0.0296 \\ 0.0812 & 0.0123 & 0 & 0.0135 & 0.0173 \\ 0.0947 & 0.0258 & 0.0135 & 0 & 0.0038 \\ 0.0985 & 0.0296 & 0.0173 & 0.0038 & 0 \end{pmatrix}$$

(b) Concrete

$$\begin{pmatrix} 0 & 0.0488 & 0.0626 & 0.0681 & 0.0701 \\ 0.0488 & 0 & 0.0137 & 0.0193 & 0.0213 \\ 0.0626 & 0.0137 & 0 & 0.0055 & 0.0075 \\ 0.0681 & 0.0193 & 0.0055 & 0 & 0.0020 \\ 0.0701 & 0.0213 & 0.0075 & 0.0020 & 0 \end{pmatrix}$$

(c) Breast Cancer

$$\begin{pmatrix} 0 & 0.0591 & 0.1226 & 0.1462 & 0.0526 \\ 0.0591 & 0 & 0.0635 & 0.0872 & 0.0935 \\ 0.1226 & 0.0635 & 0 & 0.0236 & 0.0300 \\ 0.1462 & 0.0872 & 0.0236 & 0 & 0.0064 \\ 0.1562 & 0.0935 & 0.0300 & 0.0064 & 0 \end{pmatrix}$$

(d) ENB2012

$$
\begin{pmatrix}
0 & 0.1313 & 0.1641 & 0.1714 & 0.0738 \\
0.1313 & 0 & 0.0328 & 0.0401 & 0.0425 \\
0.1641 & 0.0328 & 0 & 0.0073 & 0.0097 \\
0.1714 & 0.0401 & 0.0073 & 0 & 0.0024 \\
0.1738 & 0.0425 & 0.0097 & 0.0024 & 0
\end{pmatrix}
\qquad
\begin{pmatrix}
0 & 0.1467 & 0.1934 & 0.2117 & 0.2185 \\
0.1467 & 0 & 0.0468 & 0.0651 & 0.0719 \\
0.1934 & 0.0468 & 0 & 0.0183 & 0.0251 \\
0.2117 & 0.0651 & 0.0183 & 0 & 0.0068 \\
0.2185 & 0.0719 & 0.0251 & 0.0068 & 0
\end{pmatrix}
$$

(e) Car Evaluation　　　　　　　　　　(f) Tic-Tac-Toe Endgame

图 3.5　图 3.4 中的 FKD 矩阵值

图 3.6 为基于 $\widehat{\mathrm{EMKD}}$ 的两种度量（信息度量和粒度度量）随着知识空间细化的变化趋势。从图 3.6 可知，粒度度量随着属性（或信息）的增加逐渐降低，而信息度量随着属性（或信息）的增加逐渐增加。另外，每个知识空间上的粒度度量和信息度量的和总是相同且固定的。图 3.6 的实验结果说明这两种度量能够为知识空间刻画模糊概念时评估其不确定性提供更多的信息。

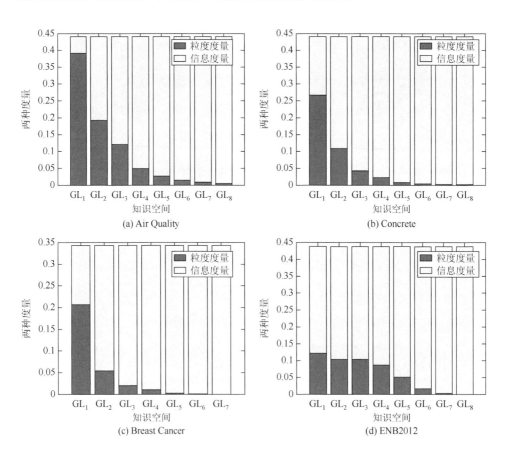

(a) Air Quality　　　　　　　　　　　　(b) Concrete

(c) Breast Cancer　　　　　　　　　　　(d) ENB2012

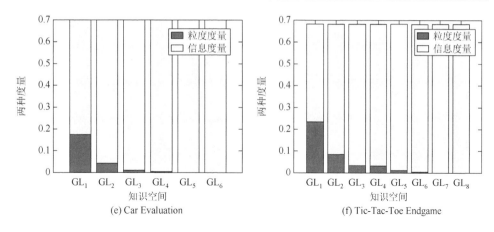

(e) Car Evaluation　　　　　　　　　(f) Tic-Tac-Toe Endgame

图 3.6　两种度量随着知识空间细化的变化趋势

2. 基于 $\widetilde{\mathrm{EMKD}}$ 的属性约简实验

为了验证模糊知识距离的有效性，本节通过实验分析了定义 3.6 中的 delta 随着知识空间粗化的变化趋势。

在本节中，除了计算基于 $\widetilde{\mathrm{EMKD}}$ 的 delta，H_1、H_2 和 H_3 分别表示基于式(3.16)、基于熵的模糊度和二次模糊度，并计算了它们的 delta。由图 3.7 和表 3.3 可以看出，在每个数据集上，基于 $\widetilde{\mathrm{EMKD}}$ 计算的拐点长度都不比其他三种方法计算的拐点长度短。因此，可以说明基于 $\widetilde{\mathrm{EMKD}}$ 的属性约简可以获得更短的约简子集，从而验证了 FKD 的有效性。

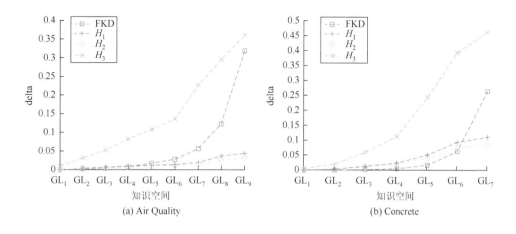

(a) Air Quality　　　　　　　　　　　(b) Concrete

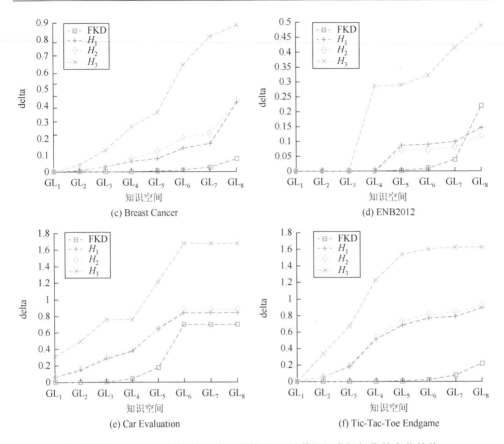

图 3.7 四种不确定性度量方法对应的 delta 随着知识空间细化的变化趋势

表 3.3 四种不确定性度量方法对应的拐点长度

数据集	EMKD	H_1	H_2	H_3
Air Quality	2	2	2	1
Concrete	3	2	2	1
Breast Cancer	5	2	2	1
ENB2012	5	4	4	3
Car Evaluation	2	0	0	0
Tic-Tac-Toe Endgame	5	1	1	1

表 3.4 显示了每个数据集上四种约简算法对应的约简长度，其中，算法 3.1 得到了最短的约简长度，主要原因是算法 3.1 具有更长的拐点长度。表 3.5~表 3.8 分别给出了不同分类器计算四种约简算法对应的绝对均值误差的结果，其中，算法 3.1 具有一个中等水平的绝对均值误差和相对较低的方差。

表 3.4　每个数据集上四种约简算法对应的约简长度

序号	算法 3.1		算法 3.2		算法 3.3		算法 3.4	
	$\varepsilon=0.003$	$\varepsilon=0.006$	$\varepsilon=0.003$	$\varepsilon=0.006$	$\varepsilon=0.003$	$\varepsilon=0.006$	$\varepsilon=0.003$	$\varepsilon=0.006$
1	7.8±0.0	7.0±0.0	9.0±0.0	7.0±0.0	8.0±0.0	6.1±0.3	10.0±0.0	10.0±0.0
2	6.0±0.0	5.0±0.0	7.0±0.0	6.0±0.0	7.0±0.0	6.0±0.0	8.0±0.0	7.9±0.3
3	5.4±5.52	5.0±0.0	7.9±0.3	7.5±0.5	7.9±0.3	7.8±0.4	7.8±0.4	7.7±0.46
4	4.0±0.0	4.0±0.0	4.0±0.0	4.0±0.0	4.0±0.0	4.0±0.0	5.0±0.0	5.0±0.0
5	5.0±0.0	4.0±0.0	6.0±0.0	6.0±0.0	6.0±0.0	6.0±0.0	6.0±0.0	6.0±0.0
6	6.0±0.0	6.0±0.0	8.0±0.0	8.0±0.0	8.0±0.0	8.0±0.0	8.0±0.0	8.0±0.0

表 3.5　基于 Multilayer Perceptron 分类器的每个数据集上对应的绝对均值误差（ $\varepsilon=0.003$ ）

序号	原始数据	算法 3.1	算法 3.2	算法 3.3	算法 3.4
1	0.098	0.099±0.0	0.098±0.0	0.101±0.0	0.098±0.0
2	0.142	0.14±0.0	0.137±0.0	0.137±0.0	0.142±0.0
3	0.106	0.129±0.01	0.119±0.012	0.119±0.01	0.132±0.005
4	0.025	0.056±0.0	0.056±0.0	0.056±0.0	0.047±0.0
5	0.340	0.308±0.0	0.340±0.0	0.340±0.0	0.340±0.0
6	0.330	0.399±0.0	0.351±0.0	0.351±0.0	0.351±0.0

表 3.6　基于 Multilayer Perceptron 分类器的每个数据集上对应的绝对均值误差（ $\varepsilon=0.006$ ）

序号	原始数据	算法 3.1	算法 3.2	算法 3.3	算法 3.4
1	0.098	0.099±0.0	0.102±0.0	0.099±0.3	0.098±0.0
2	0.142	0.141±0.0	0.132±0.0	0.139±0.004	0.14±0.003
3	0.106	0.123±0.01	0.12±0.001	0.122±0.01	0.133±0.001
4	0.025	0.056±0.0	0.056±0.0	0.056±0.0	0.047±0.0
5	0.340	0.431±0.0	0.340±0.0	0.340±0.0	0.340±0.0
6	0.330	0.399±0.0	0.351±0.0	0.351±0.0	0.351±0.0

表 3.7　基于 Random Forest 分类器的每个数据集上对应的绝对均值误差（ $\varepsilon=0.003$ ）

序号	原始数据	算法 3.1	算法 3.2	算法 3.3	算法 3.4
1	0.075	0.079±0.0	0.075±0.0	0.076±0.0	0.075±0.0
2	0.103	0.103±0.0	0.104±0.0	0.104±0.0	0.102±0.0
3	0.057	0.06±0.01	0.055±0.002	0.056±0.003	0.057±0.001
4	0.026	0.02±0.0	0.02±0.0	0.02±0.0	0.026±0.0
5	0.058	0.179±0.0	0.058±0.0	0.058±0.0	0.058±0.0
6	0.216	0.276±0.0	0.196±0.0	0.196±0.0	0.196±0.0

表 3.8　基于 Random Forest 分类器的每个数据集上对应的绝对均值误差（ $\varepsilon = 0.006$ ）

序号	原始数据	算法 3.1	算法 3.2	算法 3.3	算法 3.4
1	0.075	0.079±0.0	0.077±0.0	0.079±0.002	0.075±0.0
2	0.103	0.111±0.0	0.106±0.001	0.110±0.001	0.103±0.001
3	0.057	0.069±0.004	0.056±0.003	0.056±0.003	0.057±0.001
4	0.026	0.02±0.0	0.02±0.0	0.02±0.0	0.026±0.0
5	0.058	0.381±0.0	0.058±0.0	0.058±0.0	0.058±0.0
6	0.216	0.276±0.0	0.196±0.0	0.196±0.0	0.196±0.0

参 考 文 献

[1] Wierman M J. Measuring uncertainty in rough set theory[J]. International Journal of General Systems，1999，28（4/5）：283-297.

[2] Liang J Y，Chin K S，Dang C Y. A new method for measuring uncertainty and fuzziness in rough set theory[J]. International Journal of General Systems，2002，31（4）：331-342.

[3] 梁吉业, 李德玉. 信息系统中的不确定性与知识获取[M]. 北京：科学出版社，2005.

[4] Liang J Y，Shi Z Z. The information entropy，rough entropy and knowledge granulation in rough set theory[J]. International Journal of Uncertainty，Fuzziness and Knowledge-Based Systems，2004，12（1）：37-46.

[5] Qian Y H，Cheng H，Wang J, et al. Grouping granular structures in human granulation intelligence[J]. Information Sciences，2017，382：150-169.

[6] Hu Q H，Yu D，Xie Z, et al. Fuzzy probabilistic approximation spaces and their information measures[J]. IEEE Transactions on Fuzzy Systems，2006，14（2）：191-201.

[7] Zhang Q H，Zhang Q，Wang G Y. The uncertainty of probabilistic rough sets in multi-granulation spaces[J]. International Journal of Approximate Reasoning，2016，77：38-54.

[8] Zhang Q H，Yang S H，Wang G Y. Measuring uncertainty of probabilistic rough set model from its three regions[J]. IEEE Transactions on Systems Man and Cybernetics Systems，2016，47（12）：3299-3309.

[9] 王国胤，张清华. 不同知识粒度下粗糙集的不确定性研究[J]. 计算机学报，2008，31（9）：1588-1598.

[10] Yao Y Y，Zhao L. A measurement theory view on the granularity of partitions[J]. Information Sciences，2012，213（23）：1-13.

[11] Guo Z X，Mi J S. An uncertainty measure in rough fuzzy sets [J]. Fuzzy Systems and Mathematics，2005，19（4）：135-140.

[12] Qin H N，Luo D R. New uncertainty measure of rough fuzzy sets and entropy weight method for fuzzy-target decision-making tables[J]. Journal of Applied Mathematics，2014（6）：1-7.

[13] Hu J，Pedrycz W，Wang G Y. A roughness measure of fuzzy sets from the perspective of distance[J]. International Journal of General Systems，2016，45（3）：1-16.

[14] Sun B Z，Ma W M. Uncertainty measure for general relation-based rough fuzzy set[J]. Kybernetes，2013，42（6）：979-992.

[15] Beaubouef T，Petry F E，Arora G. Information-theoretic measures of uncertainty for rough sets and rough relational

databases[J]. Information Sciences，1998，109（1-4）：185-195.

[16]　Meng Z Q，Shi Z Z. On quick attribute reduction in decision-theoretic rough set models[J]. Information Sciences，2016，330：226-244.

[17]　Yao Y Y，Zhao Y，Wang J. On reduct construction algorithms[C]. Rough Sets and Knowledge Technology Proceedings，Chongqing，2006.

[18]　Chakrabarty K，Biswas R，Nanda S. Fuzziness in rough sets[J]. Fuzzy Sets and Systems，2000，110（2）：247-251.

[19]　Slowinski R，Stefanowski J. Handing Various Types of Uncertainty in Rough Set Approach[M]. London：Springer，1994.

[20]　Li F，Hu B Q，Wang J. Stepwise optimal scale selection for multi-scale decision tables via attribute significance[J]. Knowledge-Based Systems，2017，129：4-16.

第4章　多粒度知识空间中的粒度优化模型

4.1　引　　言

复杂场景数据往往呈现出大规模性、多模态性与快速增长性等特点。在多源信息系统、异构信息系统、高维稀疏数据、多尺度图像等多种复杂态势数据背景下单粒度粗糙集遇到了极大的挑战。在各类复杂管理态势认知场景中，受现实条件的限制（如时间、经济等），决策者往往不能一开始就认识到态势认知场景的全貌。因此决策者往往采取从不同方面观察和分析场景的策略，这就造成了决策者面对的数据具有明显的多源性、多视角性和多粒度性。例如，在军事作战场景中，指挥员在下达作战命令之前，需通过沙盘或电子虚拟场景从敌我武器性能、敌我士兵作战能力、敌我所处的地理气候环境等方面获取信息，从而判断我方是否具有作战优势。在这一过程中，敌我武器性能、敌我士兵作战能力和敌我地理气候环境数据都是通过不同的作战模块获取的信息，具有明显的多粒度性。

多粒度分析是人类进行问题求解时通常采用的策略之一，是人类认知能力的重要体现。由于多粒度分析从多个角度、多个层次出发分析问题，可以获得更加合理、更加满意的求解[1]。在粒计算视角下，由于采用单一的不可分辨关系构建下、上近似集，经典的 Pawlak 粗糙集（Pawlak rough set，Pawlak RS）模型和决策粗糙集（decision-theoretic rough set，DTRS）模型都可以归为单粒度粗糙集的范畴。然而在面对如多源信息系统、分布式信息系统及高维数据分析系统等背景时，单粒度粗糙集模型往往显得力不从心。为此，Qian 等[2]提出了多粒度粗糙集（multi-granulation rough set，MGRS）模型。该模型同时采用多个二元关系构建粒空间来刻画某一对象，其可视为一种基于并行策略的多粒度方法，如图 4.1 所示。其中，信息粒为一些元素的集合如等价类等；粒结构为信息粒之间相互联系构成的关系结构。在多粒度的框架下，国内外众多学者做了大量的研究工作，完善并充实了多粒度粗糙集模型[3-7]。

此外，在实际认知场景中，代价是现实数据的重要体现，是代价敏感学习的基础。2000 年，Turney[8]对学习中的代价类型进行了详细的归纳，将现实中存在的代价系统分为测试代价、指导代价、干预代价、错误分类代价、副作用带来的代价、计算代价、获取样本的代价、人机交互代价和不稳定性的代价等 9 类代价。Turney 的上述工作从不同的角度考虑数据挖掘中的代价问题，丰富了代价敏感学习问题的研究内容。

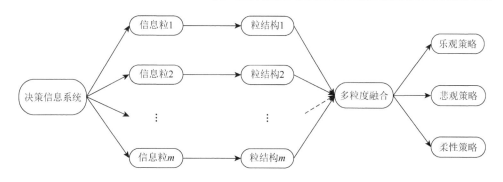

图 4.1 基于并行策略的多粒度方法

一方面，测试代价是现实数据的内在性质，是测试代价敏感学习的基础。针对测试代价敏感学习和分类问题，众多学者展开了富有成效的研究。Hunt 等[9] 在 1966 年将代价分为测试代价和误分类代价。针对测试代价敏感分类，Yang 等[10] 设计了一种新颖的处理缺失值的测试代价敏感分类方法。Chai 等[11] 提出了测试代价敏感的朴素贝叶斯分类器。在粗糙集领域中，测试代价敏感研究近年来才引起研究者的注意。就目前的研究成果而言，研究人员主要从决策信息系统模型和属性约简两个方面开展研究。①构建测试代价敏感环境下的粗糙集（cost-sensitive rough set，CS-RS）模型。Min 和 Liu[12] 率先将测试代价引入粗糙集理论的决策信息系统中，分别针对独立测试代价、简单公共测试代价、复杂公共测试代价、序列相关测试代价等 6 种测试代价类型构建了具有层次结构的测试代价敏感的决策信息系统。②测试代价敏感的属性约简研究。针对最小测试代价约简问题，Min 等[13, 14] 分别设计了加权信息增量算法和回溯算法。Min 等[15] 进一步研究了测试代价约简条件下的重要属性选择问题。

另一方面，Yao[16] 从决策分析的角度，丰富和完善了误分类代价，提出了风险决策代价概念。风险决策代价不仅包含了误分类代价，而且考虑了延迟风险决策代价。因此，本书将误分类代价和延迟风险决策代价统称为风险决策代价。风险决策代价敏感的粗糙集理论与方法已经取得了长足进展，其中最具代表性的是 Yao 等[17] 提出的决策粗糙集理论。

在机器学习研究中，已有研究将测试代价与风险决策代价综合起来作为混合代价进行数据分析和分类。然而，在多粒度知识空间中，鲜有将测试代价和风险决策代价综合进行考虑。因此，本章将从混合代价角度出发，构建多粒度知识空间中的粗糙数据融合模型，开展混合代价敏感环境下的多粒度信息粒约简，形成多粒度知识空间中的粒度优化方法。

4.2　基于混合代价的粗糙数据建模

1. 混合代价敏感多粒度粗糙集模型

为了适应多粒度决策环境，Yang 等[7]首先将代价与多粒度决策信息系统相融合，提出了代价敏感的多粒度决策信息系统，其定义如下所示。

定义 4.1　代价敏感多粒度决策系统是一个五元组

$$\mathrm{CS} = \langle U,\ \mathcal{AT} = \{A_1,\ A_2,\cdots,\ A_m\},\ D,\ \{V_a : a \in A_1 \bigcup A_2 \bigcup \cdots \bigcup A_m \bigcup D\},\ c^* \rangle$$

式中，U 为讨论的论域；$\mathcal{AT}$ 为条件信息粒集合，m 为一个自然数；D 为决策信息；$\forall a \in A_1 \bigcup A_2 \bigcup \cdots \bigcup A_m \bigcup D$，$V_a$ 为各个属性的属性值；c^* 为测试代价函数，$c^*(\mathcal{AT}) = \sum_{A_k \in \mathcal{AT}} c^*(A_k)$。

乐观多粒度决策粗糙集（optimistic multi-granulation decision-theoretic rough set，OMG-DTRS）与悲观多粒度决策粗糙集（pressimistic multi-granulation decision-theoretic rough set，PMG-DTRS）是经典决策理论粗糙集和经典多粒度粗糙集的双重泛化，但从定义可知，乐观多粒度决策下近似与悲观多粒度决策上近似的定义相对宽松；而乐观多粒度决策上近似与悲观多粒度决策下近似的定义则过于严格[2]。具体而言，乐观多粒度决策下近似定义基于逻辑"或"关系，即一个对象只要在一个粒度上满足相应的条件约束，那么该对象就划为乐观多粒度决策下近似中，而乐观多粒度决策上近似定义基于逻辑"与"关系，也就意味着对象需要满足所有的粒度上的约束要求才被归于其中，这样的限定也过于严格。为了解决这一问题，本章从满足约束的粒度数目角度考虑设计如下所示的特征函数。

定义 4.2　令 CS 为一个代价敏感多粒度决策系统，$A_1, A_2, \cdots, A_m \subseteq \mathcal{AT}$，对于 $\forall X \subseteq U$，$x \in U$，可定义如下所示的特征函数：

$$f_X^i(x) = \begin{cases} 1, & P(X\,|\,[x]_{A_i}) \geqslant \theta^i \\ 0, & \text{其他} \end{cases} \tag{4.1}$$

$$\varphi_X^i(x) = \begin{cases} 1, & P(X\,|\,[x]_{A_i}) > \beta^i \\ 0, & \text{其他} \end{cases} \tag{4.2}$$

基于代价敏感多粒度决策系统和特征函数，本章提出如下所示的混合代价敏感多粒度粗糙集。

定义 4.3　令 CS 为一个代价敏感多粒度决策系统，对于 $\forall x \in U$，$f_X^k(x)$ 和 $\varphi_X^k(x)$ 为特征函数。那么对于 $\forall X \subseteq U$，混合代价敏感多粒度决策下近似集合 $\underline{\mathcal{AT}}_{\mathrm{CS}}(X)$ 与代价敏感多粒度决策上近似集合 $\overline{\mathcal{AT}}_{\mathrm{CS}}(X)$ 可以分别定义为

$$\underline{\mathcal{AT}}_{CS}(X) = \left\{ x \in U : \frac{\sum_{k=1}^{m} f_X^k(x) \cdot c^*(A_k)}{\sum_{k=1}^{m} c^*(A_k)} \geqslant \delta \right\}, \delta \in (0,1] \tag{4.3}$$

$$\overline{\mathcal{AT}}_{CS}(X) = \left\{ x \in U : \frac{\sum_{k=1}^{m} \varphi_X^k(x) \cdot c^*(A_k)}{\sum_{k=1}^{m} c^*(A_k)} > 1 - \delta \right\}, \delta \in (0,1] \tag{4.4}$$

定义 4.3 中的$[\underline{\mathcal{AT}}_{CS}(X)$，$\overline{\mathcal{AT}}_{CS}(X)]$是本节定义的混合代价敏感多粒度粗糙近似集（cost-sensitive multi-granulation rough set，CS-MGRS）。本节定义的代价敏感多粒度粗糙集需考虑两方面的因素，即风险决策条件概率约束条件和每个信息粒对应的测试代价。众所周知，信息粒化和近似逼近是粗糙集的两大基石。在上面所示的定义中，信息粒对风险决策代价敏感，而下近似集、上近似集对测试代价敏感。这一机制实现了测试代价和风险决策代价与粗糙模型的有机统一。由定义 4.3 可以得到混合代价敏感粗糙集的一个语义解释：信息粒的测试代价越大，其在模型中发挥的作用越大。

基于混合代价敏感多粒度决策粗糙下近似集、上近似集，可以得到混合代价敏感多粒度决策环境下的正域、边界域和负域：

$$\text{POS}_{CS}(\mathcal{AT}, X) = \underline{\mathcal{AT}}_{CS}(X) \tag{4.5}$$

$$\text{BND}_{CS}(\mathcal{AT}, X) = \overline{\mathcal{AT}}_{CS}(X) - \underline{\mathcal{AT}}_{CS}(X) \tag{4.6}$$

$$\text{NEG}_{CS}(\mathcal{AT}, X) = U - \overline{\mathcal{AT}}_{CS}(X) = \sim(\overline{\mathcal{AT}}_{CS}(X)) \tag{4.7}$$

性质 4.1　令 CS 为一个代价敏感多粒度决策系统，假设 $0 < \delta_1 \leqslant \delta_2 \leqslant 1$，对于 $\forall X \subseteq U$，可得

$$\underline{\mathcal{AT}}_{CS}^{\delta_1}(X) \supseteq \underline{\mathcal{AT}}_{CS}^{\delta_2}(X) \tag{4.8}$$

$$\overline{\mathcal{AT}}_{CS}^{\delta_1}(X) \subseteq \overline{\mathcal{AT}}_{CS}^{\delta_2}(X) \tag{4.9}$$

证明　根据定义 4.2，性质 4.1 易证。

定义 4.4　令 CS 为一个代价敏感多粒度决策系统，$\delta \in (0, 1]$，$\{X_1, X_2, \cdots, X_n\}$是由决策属性 D 诱导的划分，那么基于混合代价敏感多粒度决策的近似质量可以定义为

$$\gamma(\delta, D) = \frac{|\bigcup_{j=1}^{n} \underline{\mathcal{AT}}_{CS}(X_j)|}{|U|} \tag{4.10}$$

性质 4.2　令 CS 为一个代价敏感多粒度决策系统，假设 $0 < \delta_1 \leqslant \delta_2 \leqslant 1$，可得

$$\gamma(\delta_1, D) \geqslant \gamma(\delta_2, D) \tag{4.11}$$

2. 几种粗糙集模型之间的关系

本节将系统讨论本章提出的混合代价敏感粗糙集模型与现有模型之间的联系和区别。

性质 4.3　令 CS 为一个代价敏感多粒度决策系统，若测试代价满足如下条件：

$$c(4): \quad c^*(A_1) = c^*(A_2) = \cdots = c^*(A_m)$$

那么，$\forall X \subseteq U$ 可得

$$\underline{\mathcal{AT}}_{\text{CS}}(X) = \underline{\mathcal{AT}}_{\text{FDT}}(X) \tag{4.12}$$

$$\overline{\mathcal{AT}}_{\text{CS}}(X) = \overline{\mathcal{AT}}_{\text{FDT}}(X) \tag{4.13}$$

式中，$\underline{\mathcal{AT}}_{\text{FDT}}(X)$ 和 $\overline{\mathcal{AT}}_{\text{FDT}}(X)$ 分别表示文献[18]中定义的柔性多粒度决策粗糙（flexible multi-granulation decision-theoretic rough set，FMG-DTRS）下近似集、上近似集。

证明 因为 $c^*(A_1) = c^*(A_2) = \cdots = c^*(A_m)$，不妨设 $c^*(A_1) = c^*(A_2) = \cdots = c^*(A_m) = c$，那么 $\forall x, y \in U$，根据定义 4.3 可知：

$$x \in \underline{\mathcal{AT}}_{\text{CS}}(X) \Leftrightarrow \frac{\sum_{k=1}^{m} f_X^k(x) \cdot c^*(A_k)}{\sum_{k=1}^{m} c^*(A_k)} \geqslant \delta$$

$$\Leftrightarrow \frac{\sum_{k=1}^{m} f_X^k(x) \cdot c}{c \cdot |\mathcal{AT}|} \geqslant \delta$$

$$\Leftrightarrow \frac{\sum_{k=1}^{m} f_X^k(x)}{|\mathcal{AT}|} \geqslant \delta$$

$$\Leftrightarrow \frac{\sum_{k=1}^{m} f_X^k(x)}{m} \geqslant \delta$$

$$\Leftrightarrow x \in \underline{\mathcal{AT}}_{\text{FDT}}(X)$$

根据以上讨论可得 $\underline{\mathcal{AT}}_{\text{CS}}(X) = \underline{\mathcal{AT}}_{\text{FDT}}(X)$，类似地可以证明 $\overline{\mathcal{AT}}_{\text{CS}}(X) = \overline{\mathcal{AT}}_{\text{FDT}}(X)$。

性质 4.3 表明了若代价敏感决策系统中所有信息粒的测试代价都相同，则混合代价敏感多粒度粗糙集就退化为柔性多粒度粗糙集模型。

性质 4.4 令 CS 为一个代价敏感决策系统，$\forall X \subseteq U$ 有

（1）$\delta > 0 \Rightarrow \underline{\mathcal{AT}}_{\text{CS}}(X) \subseteq \underline{\mathcal{AT}}_{\text{ODT}}(X)$；

（2）$\delta > 0 \Rightarrow \overline{\mathcal{AT}}_{\text{CS}}(X) \supseteq \overline{\mathcal{AT}}_{\text{ODT}}(X)$；

（3）$\delta = 0 \Rightarrow \underline{\mathcal{AT}}_{\text{CS}}(X) = \underline{\mathcal{AT}}_{\text{PDT}}(X)$；

（4）$\delta = 0 \Rightarrow \overline{\mathcal{AT}}_{\text{CS}}(X) = \overline{\mathcal{AT}}_{\text{PDT}}(X)$。

证明 （1）因为 $\delta > 0$，那么对于任意的 $x \in \underline{\mathcal{AT}}_{\text{CS}}(X)$，根据式（4.2）可得 $\frac{\sum_{k=1}^{m} f_X^k(x) \cdot c^*(A_k)}{\sum_{k=1}^{m} c^*(A_k)} \geqslant 0$。由此可证实必存在一个信息粒 $A_k \in \mathcal{AT}$ 使得 $f_X^k(x) \cdot c^*(A_k) > 0$。由于测试代价均大于 0，所以 $f_X^k(x) > 0$。根据特征函数的定义可知 $P(X | [x]_{A_k}) \geqslant \alpha^k$，由此可得 $x \in \underline{\mathcal{AT}}_{\text{ODT}}(X)$。

（2）$\forall x \in \overline{\mathcal{AT}}_{\text{ODT}}(X)$，根据式（4.4）可知 $\forall A_k \in \mathcal{AT}$，有 $P(X | [x]_{A_k}) \geqslant \beta^k$。此结果意味着对于所有的 k，$\varphi_X^k(x) = 1$。由此可得 $\sum_{k=1}^{m} \varphi_X^k(x) \cdot c^*(A_k) = \sum_{k=1}^{m} c^*(A_k)$，

即 $\dfrac{\sum_{k=1}^{m} \varphi_X^k(x) \cdot c^*(A_k)}{\sum_{k=1}^{m} c^*(A_k)} = 1$ 。 由 于 $\delta = 0$ ， 所 以 $\dfrac{\sum_{k=1}^{m} \varphi_X^k(x) \cdot c^*(A_k)}{\sum_{k=1}^{m} c^*(A_k)} = 1 > 1 - \delta$ ， 即 $x \in \overline{\mathcal{AT}}_{\mathrm{CS}}(X)$ 。

（3）$\forall x \in U$ ，由于 $\delta = 1$ ，那么

$$
\begin{aligned}
x \in \underline{\mathcal{AT}}_{\mathrm{CS}}(X) &\Leftrightarrow \frac{\sum_{k=1}^{m} f_X^k(x) \cdot c^*(A_k)}{\sum_{k=1}^{m} c^*(A_k)} \geqslant 1 \\
&\Leftrightarrow \sum_{k=1}^{m} f_X^k(x) \cdot c^*(A_k) = \sum_{k=1}^{m} c^*(A_k) \\
&\Leftrightarrow \sum_{k=1}^{m} f_X^k(x) = m \\
&\Leftrightarrow \forall A_k \in \mathcal{AT}, f_X^k(x) = 1 \\
&\Leftrightarrow \forall A_k \in \mathcal{AT}, P(X \mid [x]_{A_k}) \geqslant \alpha^k \\
&\Leftrightarrow x \in \underline{\mathcal{AT}}_{\mathrm{PDT}}(X)
\end{aligned}
$$

（4）$\forall x \in U$ ，由于 $\delta = 0$ ，那么

$$
\begin{aligned}
x \in \overline{\mathcal{AT}}(X) &\Leftrightarrow \frac{\sum_{k=1}^{m} \varphi_X^k(x) \cdot c^*(A_k)}{\sum_{k=1}^{m} c^*(A_k)} > 0 \\
&\Leftrightarrow \sum_{k=1}^{m} \varphi_X^k(x) \cdot c^*(A_k) > 0 \\
&\Leftrightarrow \sum_{k=1}^{m} \varphi_X^k(x) > 0 \\
&\Leftrightarrow \exists A_k \in \mathcal{AT}, \varphi_X^k(x) > 0 \\
&\Leftrightarrow \exists A_k \in \mathcal{AT}, P(X \mid [x]_{A_k}) > \beta^k \\
&\Leftrightarrow x \in \overline{\mathcal{AT}}_{\mathrm{PDT}}(X)
\end{aligned}
$$

为了直观地表示本章所提混合代价敏感多粒度粗糙集与三种多粒度决策粗糙集之间的关系，图 4.2 给出了四种多粒度粗糙集模型之间的关系。图 4.2 中每个点代表近似集合或者被近似的目标。

经观察，不难得到如下结论。

（1）混合代价敏感多粒度粗糙下近似集与柔性多粒度决策粗糙下近似集之间不存在包含关系。类似地，混合代价敏感多粒度粗糙上近似集与柔性多粒度决策粗糙上近似集之间也不存在包含关系。

（2）在近似逼近目标集方面，乐观多粒度决策粗糙集、柔性多粒度决策粗糙集和代价敏感多粒度粗糙集模型都优于悲观多粒度决策粗糙集模型。

（3）不难发现，目标集 X 不存在于上述格结构中。这是由于目标集 X 与上述粗糙下近似集、上近似集之间并不存在严格的包含关系。

性质 4.5　令 CS 为一个代价敏感决策系统，对于任意的信息粒 k 的损失函数，有 $c(5)$：$\lambda_{\mathrm{PN}}^k = \lambda_{\mathrm{NP}}^k = 1$ ， $\lambda_{\mathrm{PP}}^k = \lambda_{\mathrm{NN}}^k = \lambda_{\mathrm{BP}}^k = \lambda_{\mathrm{BN}}^k = 0$

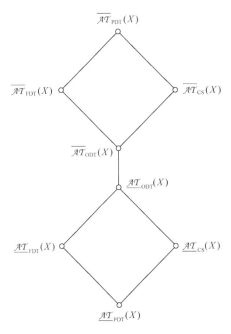

图 4.2　四种多粒度粗糙集模型之间的关系

那么 $\forall X \subseteq U$，有

$$\underline{\mathcal{AT}}_{CS}(X) = \underline{\mathcal{AT}}_{TCS}(X) \tag{4.14}$$

$$\overline{\mathcal{AT}}_{CS}(X) = \overline{\mathcal{AT}}_{TCS}(X) \tag{4.15}$$

式中，$\underline{\mathcal{AT}}_{TCS}(X)$ 和 $\overline{\mathcal{AT}}_{TCS}(X)$ 为文献[10]提出的测试代价敏感多粒度粗糙（test-cost-sensitive multi-granulation rough set，TCS-MGRS）下近似集、上近似集。

证明　根据以上条件可知 $\theta^k = 1$ 和 $\beta^k = 0$。一方面，若 $\theta^k = 1$，那么对于任意的 $x \in U$，可得 $P(X \mid [x]_{A_k}) = \dfrac{|X \cap [x]_{A_k}|}{|[x]_{A_k}|} \geqslant \theta^k = 1$，由此可证 $[x]_{A_k} \subseteq X$。另一方面，若 $\beta^k = 0$，那么对于任意的 $x \in U$，可得 $P(X \mid [x]_{A_k}) = \dfrac{|X \cap [x]_{A_k}|}{|[x]_{A_k}|} > \beta^k = 0$。由此可证 $[x]_{A_k} \cap X \neq \varnothing$。根据以上讨论，特征函数可以简写为

$$f_X^k(x) = \begin{cases} 1, & [x]_{A_k} \subseteq X \\ 0, & \text{其他} \end{cases}，\quad \varphi_X^k(x) = 1 - f_{\sim X}^k(x)$$

然后，混合代价敏感多粒度粗糙集的下近似集和上近似集可以重写为

$$\underline{\mathcal{AT}}_{CS}(X) = \left\{ x \in U : \frac{\sum_{k=1}^m f_X^k(x) \cdot c^*(A_k)}{\sum_{k=1}^m c^*(A_k)} \geqslant \delta \right\} \tag{4.16}$$

$$\overline{\mathcal{AT}}_{\mathrm{CS}}(X) = \left\{ x \in U : \frac{\sum_{k=1}^{m}(1 - f_{\sim X}^{k}(x)) \cdot c^{*}(A_{k})}{\sum_{k=1}^{m} c^{*}(A_{k})} > 1 - \delta \right\} \qquad (4.17)$$

式（4.16）和式（4.17）为文献[10]所定义的测试代价敏感多粒度粗糙集标准形式。

性质 4.5 讨论了混合代价敏感多粒度粗糙集与测试代价敏感多粒度粗糙集之间的关系。进一步地，在特定的限定条件下，混合代价敏感多粒度粗糙集可以退化为很多现有的粗糙集模型。

对于任意的信息粒 k 的损失函数，有

$$c(6): \quad \lambda_{PN}^{k} = \lambda_{NP}^{k} = 1, \quad \lambda_{BP}^{k} = \lambda_{BN}^{k} = 0.5, \quad \lambda_{PP}^{k} = \lambda_{NN}^{k} = 0$$

根据 θ^{k} 和 β^{k} 的计算公式可得 $\theta^{k} = \beta^{k} = 0.5$，那么可得代价敏感环境下的多粒度 0.5 概率粗糙集模型。此外，如果 $c^{*}(A_1) = c^{*}(A_2) = \cdots = c^{*}(A_m)$，那么混合代价敏感多粒度粗糙集就退化为经典的多粒度 0.5 概率粗糙集（0.5 multi-granulation rough set，VP-MGRS）模型。

对于任意的信息粒 k 的损失函数，有

$$c(3): \quad (\lambda_{PN}^{k} - \lambda_{BN}^{k}) \cdot (\lambda_{BN}^{k} - \lambda_{NN}^{k}) = (\lambda_{BP}^{k} - \lambda_{PP}^{k}) \cdot (\lambda_{NP}^{k} - \lambda_{BP}^{k})$$

$$c(7): \quad \lambda_{PN}^{k} - \lambda_{BN}^{k} \geqslant \lambda_{BP}^{k} - \lambda_{PP}^{k}$$

那么可得 $\beta^{k} = 1 - \theta^{k}$ 并且 $\theta^{k} \in (0.5, 1]$。在此情形下，混合代价敏感多粒度粗糙集退化为代价敏感环境下的变精度多粒度乐观、悲观和柔性粗糙集（variable precision multi-granulation optimistic，pessimistic and flexible rough set，VPO-MGRS）模型。

图 4.3 为本章所提的混合代价敏感多粒度粗糙集模型和现有的一些经典粗糙集模型之间的关系图。该关系图为自上而下的示意图。

3. 混合代价敏感粗糙集中的代价准则

令 $U / \mathrm{IND}(X) = \{X_1, X_2, \cdots, X_n\}$（$n \geqslant 2$）是由决策属性 D 诱导的划分。在代价敏感多粒度决策系统中，与经典决策粗糙集类似，$\forall X_j \in U / \mathrm{IND}(D)$ 可得代价敏感环境下的决策规则：①CS-P 规则。对于任意的 $x \in U$，如果 $\dfrac{\sum_{k=1}^{m} f_X^k(x) \cdot c^{*}(A_k)}{\sum_{k=1}^{m} c^{*}(A_k)} \geqslant \delta$，那么 $x \in \mathrm{POS}_{\mathrm{CS}}(X_j)$；②CS-N 规则。对于任意的 $x \in U$，如果 $\dfrac{\sum_{k=1}^{m} \varphi_X^k(x) \cdot c^{*}(A_k)}{\sum_{k=1}^{m} c^{*}(A_k)} \leqslant 1 - \delta$，那么 $x \in \mathrm{NEG}_{\mathrm{CS}}(X_j)$；③CS-B 规则。否则 $x \in \mathrm{BND}_{\mathrm{CS}}(X_j)$。

为了评估分类规则的性能，Yao 和 Wong[19] 提出了多个评估指标。由于本章重点考虑模型的代价问题，因此本节只讨论决策规则的代价指标[20]。$\mathcal{VB} \subseteq \mathcal{AT}$，测试代价与风险决策代价可以分别表示为 $\mathrm{COST}_{\mathcal{B}}^{T}$ 和 $\mathrm{COST}_{\mathcal{B}}^{D}$，那么混合代价敏感多粒度粗糙集的总代价可以表示为

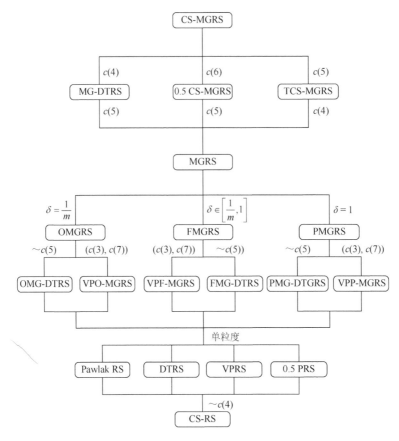

图 4.3　本章所提的混合代价敏感多粒度粗糙集模型和现有的一些经典粗糙集模型之间的关系图

$$\text{COST}_{\mathcal{B}} = \text{COST}_{\mathcal{B}}^T + \text{COST}_{\mathcal{B}}^D \tag{4.18}$$

由前期工作可知，属性子集 B 的测试代价为

$$\text{COST}_{\mathcal{B}}^T = c^*(\mathcal{B}) = \sum_{A_k \in \mathcal{B}} c^*(A_k) \tag{4.19}$$

风险决策代价来源于贝叶斯决策过程，与经典决策粗糙集类似，每个决策规则的风险决策代价可以表示为

CS-P 规则代价：$\text{COST}_{\text{POS}} = \sum\limits_{X_j \in U/\text{IND}(D)} \sum\limits_{x \in \text{POS}_{\text{CS}}(X_j)} \sum\limits_{k=1}^{m} (\lambda_{\text{PP}}^k \cdot P(X_j \mid [x]_{A_k}) + \lambda_{\text{PN}}^k \cdot P(\sim X_j \mid [x]_{A_k}))$。CS-N 规则代价：$\text{COST}_{\text{NEG}} = \sum\limits_{X_j \in U/\text{IND}(D)} \sum\limits_{x \in \text{NEG}_{\text{CS}}(X_j)} \sum\limits_{k=1}^{m} (\lambda_{\text{NP}}^k \cdot P(X_j \mid [x]_{A_k}) + \lambda_{\text{NN}}^k \cdot P(\sim X_j \mid [x]_{A_k}))$。CS-B 规则代价：$\text{COST}_{\text{BND}} = \sum\limits_{X_j \in U/\text{IND}(D)} \sum\limits_{x \in \text{BND}_{\text{CS}}(X_j)} \sum\limits_{k=1}^{m} (\lambda_{\text{BP}}^k \cdot P(X_j \mid [x]_{A_k}) + \lambda_{\text{BN}}^k \cdot P(\sim X_j \mid [x]_{A_k}))$。

基于以上讨论，可以得到所有决策规则的风险决策代价为

$$\text{COST}_{\mathcal{B}}^{D} = \text{COST}_{\text{POS}} + \text{COST}_{\text{NEG}} + \text{COST}_{\text{BND}} \qquad (4.20)$$

4.3 代价敏感环境下的多粒度信息粒度约简

传统粗糙集模型研究中,属性约简是其主要内容[21-26]。通过属性约简可以去除信息系统中的冗余信息,获取简化的信息和决策规则。在多粒度代价敏感环境下的粗糙数据模型中,同样存在大量的冗余和无用的信息。如何借鉴传统的属性约简方法,删除代价敏感多粒度粗糙集模型中的冗余信息粒度并提取出重要的信息粒度是本章考虑的主要内容。与传统属性约简方法所不同的是,在多粒度环境中该过程被称为信息粒度约简。

在经典的 Pawlak 粗糙集的属性约简过程中,属性单调性发挥着重要作用。考虑两个不同的属性子集 $\mathcal{A}$ 和 $\mathcal{B}$,并且 $\mathcal{A} \subseteq \mathcal{B}$,由 Pawlak 粗糙集模型的单调性可得 $\text{POS}_{\mathcal{A}}(X) \subseteq \text{POS}_{\mathcal{B}}(X)$。然而在概率型粗糙集模型及本章所提模型中,该严格单调性质丧失,如图 4.4 所示,在此情况下 $P(X|[x]_{\mathcal{A}}) < P(X|[x]_{\mathcal{B}})$,这就意味着 $\text{POS}_{\mathcal{A}}(X) \not\subset \text{POS}_{\mathcal{B}}(X)$。

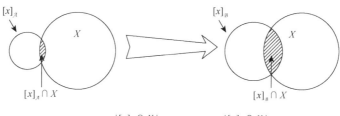

$$P(X|[x]_{\mathcal{A}}) = \frac{|[x]_{\mathcal{A}} \cap X|}{[x]_{\mathcal{A}}} < P(X|[x]_{\mathcal{B}}) = \frac{|[x]_{\mathcal{B}} \cap X|}{[x]_{\mathcal{B}}}$$

图 4.4 概率型粗糙集模型

为了解决以上问题,本章结合态势认知场景的实际情况,从决策单调准则和最小代价准则两个角度出发分别提出如下两种约简方法。

1. 决策单调准则约简

上面讨论了代价敏感多粒度粗糙集模型的三种决策规则,即接受规则、拒绝规则和延迟规则。在实际应用中,决策者往往关注如何将某一对象归纳到决策类中而不是排斥这一对象。在这三种决策规则中,接受规则或正规则正是通过规则判定某一对象是否能够被接纳或被划分到正域中,因此在决策单调准则约简中,本章着重考虑基于接受规则单调性的约简方法。

定义 4.5 令 CS 为一个代价敏感多粒度决策系统,$\delta \in (0, 1]$,对于任意的

$\mathcal{B} \subseteq \mathcal{AT}$，$\mathcal{B}$ 为代价敏感多粒度粗糙集决策单调约简当且仅当：

（1）$\mathcal{B}$ 为 CS 的决策单调协调集，即 $\underline{\mathcal{AT}}_{CS}(X_j) \subseteq \underline{\mathcal{B}}_{CS}(X_j)$，$X_j \in \text{IND}(D)$；

（2）对于任意的 $\mathcal{B}' \subset \mathcal{B}$，$\underline{\mathcal{B}'}_{CS}(X_j) \not\subset \underline{\mathcal{B}}_{CS}(X_j)$，$X_j \in \text{IND}(D)$。

在定义 4.5 中，条件（1）是 $\mathcal{B}$ 为决策单调准则约简的充分条件，而条件（2）则为必要条件。由以上定义可知，决策单调准则约简不仅需要保持原有的正规则不发生变化而且需要尽可能多地增加正规则的数量。

2. 最小代价准则约简

代价是代价敏感多粒度信息融合模型的基本体现。代价准则约简由 Yao 和 Zhao 首先提出，Yao 和 Zhao[27] 提出的代价准则约简的基本思路是在决策粗糙集模型的框架下，寻找一个风险决策代价最小的属性子集。在 Yao 和 Zhao 工作的基础上，Jia 等[28, 29] 系统研究了决策粗糙集模型下的最小代价准则约简问题并提出了多个行之有效的算法。本章综合考虑了测试代价和风险决策代价，因此本章讨论的最小代价准则约简应基于总混合代价而非单一代价。

定义 4.6　令 CS 为一个代价敏感多粒度决策系统，$\delta \in (0, 1]$，对于任意的 $\mathcal{B} \subseteq \mathcal{AT}$，$\mathcal{B}$ 为混合代价敏感多粒度粗糙集最小代价准则约简当且仅当：

（1）$\mathcal{B}$ 为 CS 的代价最小协调集，即 $\text{COST}_{\mathcal{B}} \leqslant \text{COST}_{\mathcal{AT}}$；

（2）对于任意的 $\mathcal{B}' \subset \mathcal{B}$，$\text{COST}_{\mathcal{B}'} > \text{COST}_{\mathcal{B}}$。

与定义 4.5 类似，定义 4.6 中的条件（1）和（2）分别为最小代价准则约简 $\mathcal{B}$ 的充分条件和必要条件。定义 4.5 表明最小代价准则约简需降低原信息系统的总代价。从优化的角度看，最小代价可以表示为

$$\min \text{COST}_{\mathcal{B}} \tag{4.21}$$

3. 基于遗传优化的约简算法

由以上讨论可发现，决策单调准则约简追求约简尽可能地增加正规则数，而最小代价准则约简则追求约简尽可能地降低决策系统的总代价。一般而言，以上两种约简问题可以转化为优化问题。为了寻找最优约简，研究者主要采用两种算法，即穷举算法和优化算法。近年来，很多优化算法被应用到信息粒度约简问题中，如粒子群算法、模拟退化算法、遗传优化算法等。在遗传优化算法中，适应性函数非常关键，因此本章分别构建决策单调准则约简和最小代价准则约简的适应性函数。

为了将信息粒度约简问题转化为优化问题，本章将决策正域最大化约简问题转化为适应性函数值最大化问题，与此同时，最小代价准则约简问题则转化为适应性函数值最小化问题。令 $\{0,1\}^m$ 为 m 维布尔空间，ζ 为从 $\{0, 1\}^m$ 到 $2^{\mathcal{AT}}$ 的映射，满足：

$$y_i = 1 \quad \Leftrightarrow \quad A_i \in \zeta(y), \quad i = 1, \cdots, m, \quad A_i \in \mathcal{AT}, \quad y = \{y_1, \cdots, y_m\} \in \{0, 1\}^m$$

由此可见，决策单调准则约简的适应性函数的定义如下所示。

定义 4.7　令 CS 为一个代价敏感多粒度决策系统，$\mathcal{B}$ 为 $\zeta(y)$ 对应的属性集合，那么决策单调准则约简的适应性函数可以定义为

$$f^{\mathrm{DM}} = \frac{\sum_{j=1}^{n} (\underline{\mathcal{AT}}_{\mathrm{CS}}(X_j) \odot \underline{\mathcal{B}}_{\mathrm{CS}}(X_j))}{|U| \cdot |\pi|} \tag{4.22}$$

式中，$X \odot Y$ 的运算规则如下：

$$X \odot Y = \begin{cases} |Y - X|, & X \subseteq Y \\ -\infty, & \text{其他} \end{cases}$$

根据定义 4.7 易得 $f^{\mathrm{DM}} \in (-\infty, 1]$。$f^{\mathrm{DM}} > 0$ 表示相较于原始信息粒 $\mathcal{AT}$ 集合，信息粒子集 $\mathcal{B}$ 能够获得更多的正规则（接受性规则）。相反，若 f^{DM} 的值等于或小于 0，则表示信息粒子集 $\mathcal{B}$ 获取的正规则数等于或者少于原始信息粒集合获得的正规则数。由定义 4.7 可知，决策单调准则约简的目标则为提高 f^{DM} 的值。

就最小代价准则约简而言，本章综合讨论了测试代价和风险决策代价。为了获取最小总代价，可以定义风险决策代价和测试代价相结合的混合适应性函数。

定义 4.8　令 CS 为一个代价敏感多粒度决策系统，$\mathcal{B}$ 为 $\zeta(y)$ 对应的信息粒集合，那么最小代价准则约简的适应性函数可以定义为

$$f^{\mathrm{CM}} = \omega_D \cdot \frac{\mathrm{COST}_{\mathcal{B}}^{D}}{\mathrm{COST}_{\mathcal{AT}}^{D}} + \omega_T \cdot \frac{\sum_{A_i \in B} y_i \cdot c^*(A_i)}{\mathrm{COST}_{\mathcal{AT}}^{T}} \tag{4.23}$$

式中，$\omega_D \geqslant 0$，$\omega_T \geqslant 0$。

首先讨论两种极端情况 $\omega_D = 0$ 和 $\omega_T = 0$。一方面，当 $\omega_D = 0$ 时，上述适应性函数可以简化为 $f^{\mathrm{CM}} = \omega_T \cdot \dfrac{\sum_{A_i \in B} y_i \cdot c^*(A_i)}{\mathrm{COST}_{\mathcal{AT}}^{T}}$，那么最小代价准则约简问题则退化为最小测试代价约简问题。另一方面，若 $\omega_T = 0$，适应性函数则简化为 $f^{\mathrm{CM}} = \omega_T \cdot \dfrac{\sum_{A_i \in B} y_i \cdot c^*(A_i)}{\mathrm{COST}_{\mathcal{AT}}^{T}}$，在此情况下，最小代价准则约简问题相应地退化为最小风险决策代价约简问题。

式（4.23）中，权重的设置是关键。在一些决策问题中，对风险决策代价和测试代价的重视程度有所不同。不同的权重设置表明决策者对测试代价和风险决策代价偏好各不相同。首先，本章假设 $\omega_D + \omega_T = 1$，其次，本章依据实际应用中的公平原则和二八定律分别设置代价权重：f_1^{CM} 假设风险决策代价和测试代价地位相同，故将其权重分别设定为 0.5。f_2^{CM} 更看重测试代价在约简中发挥的作用，故设定 $\omega_D = 0.2$ 和 $\omega_T = 0.8$。相反，f_3^{CM} 更看重风险决策代价在约简中的作用，故设定 $\omega_D = 0.8$ 和 $\omega_T = 0.2$。

基于遗传优化算法的属性约简算法如算法 4.1 所示。在算法 4.1 中，若适应性函数选择 f^{DM}，则遗传优化算法寻找最优决策单调准则约简，本章简写为 DMGR。类似地，若适应性函数选择 $f_{\bullet}^{\mathrm{CM}}(\bullet=1,2,3)$，则遗传优化算法寻找最小代价准则约简，本章分别简写为 CMGR_1、CMGR_2 和 CMGR_3。

算法 4.1　基于遗传优化的属性约简算法

输入：代价敏感多粒度决策系统 CS；
输出：约简 Red。

步骤 1，初始化：产生最初种群数和最大演化代数。
步骤 2，计算适应性函数，对适应性函数进行评估，若满足停止条件，则转步骤 6，否则执行步骤 3。
步骤 3，选择：采用轮盘赌方式来选择对象并产生下一代。
步骤 4，交叉与变异：对生成的新一代进行交叉操作和变异操作。
步骤 5，评估新一代的适应性函数。
步骤 6，从当前种群中选择最优的约简。

4.4　粒度约简评价指标

为了直观地对算法的效果进行比较，需制定合理的算法效果评价指标。

（1）规则变化指标。规则变化是所有粗糙集模型都需要考虑的指标之一。令 CS 为代价敏感多粒度决策信息系统，$U/\mathrm{IND}(D)=\{X_1,X_2,\cdots,X_n\}$，假设信息粒子集 $\mathcal{B}\subseteq\mathcal{AT}$ 为 CS 的约简，则正域、边界域和负域的变化程度可以分别定义为

$$\mathrm{PDC}=\frac{\sum_{i=1}^{n}\left(\mid\mathrm{POS}_{\mathrm{CS}}(\mathcal{B},X_i)\mid-\mid\mathrm{POS}_{\mathrm{CS}}(\mathcal{AT},X_i)\mid\right)}{\mid U\mid} \tag{4.24}$$

$$\mathrm{BDC}=\frac{\sum_{i=1}^{n}\left(\mid\mathrm{BND}_{\mathrm{CS}}(\mathcal{B},X_i)\mid-\mid\mathrm{BND}_{\mathrm{CS}}(\mathcal{AT},X_i)\mid\right)}{\mid U\mid} \tag{4.25}$$

$$\mathrm{NDC}=\frac{\sum_{i=1}^{n}\left(\mid\mathrm{NEG}_{\mathrm{CS}}(\mathcal{B},X_i)\mid-\mid\mathrm{NEG}_{\mathrm{CS}}(\mathcal{AT},X_i)\mid\right)}{\mid U\mid} \tag{4.26}$$

（2）综合代价指标。代价指标是代价敏感学习的核心，在代价敏感粗糙集模型约简过程中也需要考虑这一指标。假设信息粒子集 $\mathcal{B}\subseteq\mathcal{AT}$ 为 CS 的约简集合，则该约简的综合代价指标可以定义为

$$\mathrm{RF}(\mathcal{AT},\mathcal{B})=\frac{\mathrm{COST}_{\mathcal{AT}}-\mathrm{COST}_{\mathcal{B}}}{\mathrm{COST}_{\mathcal{AT}}} \tag{4.27}$$

（3）信息粒长度指标。与经典单粒度粗糙集考虑属性长度类似，在多粒度框架下也需要考虑信息粒的长度。假设信息粒子集 $\mathcal{B}\subseteq\mathcal{AT}$ 为 CS 的约简，则该约简的信息粒长度指标可以定义为

$$\mathrm{IGLF}=\mid\mathcal{B}\mid \tag{4.28}$$

4.5　案例分析和实验对比

1. 多粒度优化模型在兵棋推演场景态势评估中的应用

军事科学是一门实践性的科学。在战争年代，军事指挥人员可以从"战争中学习战争"，他们通过一次又一次战争的实践，不断地总结成功的经验和失败的教训，造就了"运筹帷幄之中，决胜千里之外"的军事指挥本领。然而在当今相对和平的年代，所有新型的军事理论、作战战法如果得不到相应的实践检验，只会变成一纸空谈。

兵棋推演被誉为导演战争的"魔术师"，推演任意可以充分地运用已掌握的各种科学方法，对战争的全过程进行仿真、模拟与推演，并按照兵棋规则研究和分析战争局势。对战场态势进行评估是指挥员定下作战决心、采取各种作战行动的首要前提。然而，兵棋推演的规模大、战场覆盖范围广，收集的数据来源广泛，由此产生了海量数据。此外，为了贴近实战，推演中获得的情报有可能是不完整的、充满了不确定性和迷惑性。这为粗糙集理论在兵棋推演战场中的应用提供了广阔舞台。

兵棋地图是兵棋推演的战场。推演地图为六角格式兵棋推演地图，同时也可以显示顶视卫星图。六角格既是兵棋棋子在棋盘上的位置定位，也是棋子的基本活动空间。六角格每格表示 200m 的实际距离，即每个六角格的对边距离为 200m，同时也意味着相隔两个六角格的距离为 200m。兵棋地图上每个六角格都要进行编号，其编号方法为由上而下、由左至右进行两位阿拉伯数字编号，每个具体六角格的编号即为这两组阿拉伯数字的组合。例如，3213 表示该六角格为编号为 32 的行与编号为 13 的列相交位置的六角格，也可以用坐标（32，13）表示。

兵棋地图以六角格为基本单位对地形要素进行量化处理，典型的兵棋地图要素包括高程表示、居民地表示、丛林地表示、水系表示、道路表示等。而地图中的棋子则包括坦克、步战车、步兵、火炮和装甲侦察车等武器装备与作战士兵。从战略战役层次的指挥员角度看，在面对作战战场时，往往从敌我双方作战能力、敌我士兵素质及当前战场环境进行态势分析。而这三个方面又通过具体的指标进行体现。如图 4.5 所示，敌我双方作战能力的评价可以从敌我武器的战斗力、敌我指挥员的指挥决策能力及敌我后勤保障能力等方面进行考察；敌我士兵素质也可从精神品质、科学文化程度和军事技能方面进行考核；至于战场环境则如兵棋地图上体现的一样，需要考察战场地形、水文、天气和交通环境。与此同时，上述部分指标又可以进一步细分并进行度量，如敌我武器的战斗力可以从敌我兵力部署情况、敌我常规武器性能和敌我武器系统平台性能三方面进行分析。

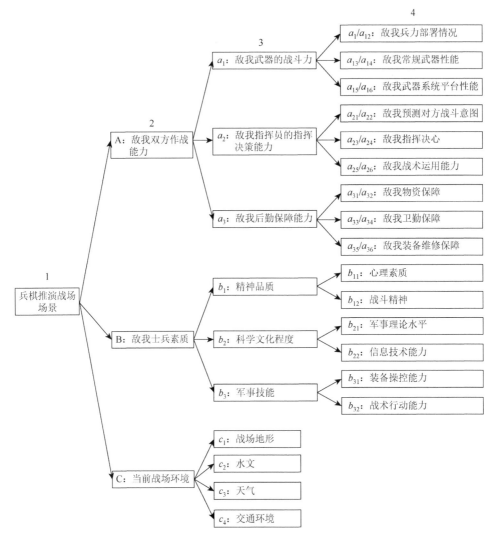

图4.5　兵棋推演战场场景态势要素

　　综上所述，兵棋推演场景展现的战场数据呈现出多源性、多视角、层次性，这一现象可以统称为多粒度性。以图4.5展现的兵棋推演战场场景具有层次性的态势要素为例，完整的、全局性的兵棋推演战场场景可为第1层信息粒度，该信息粒度的优点是涵盖了所有的作战信息，缺点则是缺乏具体的信息；敌我双方作战能力、敌我士兵素质和战场环境可定为第2层信息粒度，该信息粒度是对第1层信息粒度的细化和具体化，同时也是对下一层信息粒度的概括或抽象。以此类推，第4层信息粒度为兵棋推演战场场景最细的信息粒度表示，它关注兵棋推演作战场景中的每个作战单元具体的属性指标，但最细粒度层也具有缺乏全局视角这一不足。因此，依托什么样的信息粒度层，对指挥员是否能做出迅速、准确的判断是影响巨大的。

现假设一个兵棋作战背景：20××年×月×日 8 时 00 分，敌方企图以坦克连、机步连为主组成先头突击分队，并配有一个炮兵连支援，分别从阵地（23，39）、（29，38）、（37，38）出发，沿公路向 M 镇、G 镇地区进犯，意图夺占次要点（28，28）和主要点（25，28）、（30，26），为后续主力部队开进打开通道。我方接到上级通报，迅速指挥装甲合成营快速反应装甲分队紧急出动，快速前出阻止敌方快速发展。我方装甲分队已经进至 M 镇正西 A 区（32，15）、（28，15）、（26，15）附近。接到敌先头分队敌情通报和上级命令，立即抢占前方要点 C 村附近夺控点（25，25）和（27，23），遏制敌进攻势头，掩护后续兵力展开。兵棋推演模拟作战背景如图 4.6 所示。

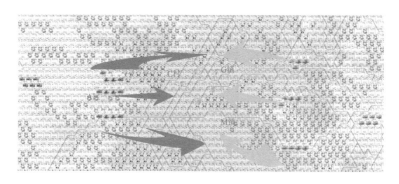

图 4.6　兵棋推演模拟作战场景

基于该作战假设背景，我方战场数据分析部队通过对兵棋推演地图中呈现的场景，以战略战役视角，搜集、整理各态势要素所具有的属性值。根据图 4.6 给出的结果，表 4.1 为态势评估信息粒度的测试代价。

多粒度性是表 4.1 给出的兵棋推演战场态势数据最显著的特点。为此，依托本章提出的混合代价敏感多粒度粗糙集模型对该兵棋推演战场场景进行态势评估。对于敌我双方作战能力和敌我士兵素质，本节选择第 3 层信息粒度上的 6 组信息粒为讨论对象，而战场环境则作为整体粒度进行讨论。与此同时，7 组信息粒度则由更细的属性进行表示。敌我兵力部署属性值离散化为好、中、差，分别用数字 2、1、0 表示，其他属性值的描述以此类推，不再赘述。对于战场态势的决策属性，属性值为 0 表示我方握有绝对主动权，1 表示我方处于绝对失控状态，2 则表示敌我双方处于势均力敌状态。

兵棋推演战场态势数据如表 4.2 所示。态势评估信息粒度的风险决策代价如表 4.3 所示。

表 4.1 态势评估信息粒度的测试代价

代价	信息粒						
	a_1	a_2	a_3	b_1	b_2	b_3	C
c^*	15	21	50	23	12	45	64

步骤 1：计算论域在各信息上的划分。

$U / (\{d = 0\}) = \{x_1, x_3, x_7, x_8, x_9\}$；

$U / (\{d = 1\}) = \{x_2, x_4, x_6\}$；

$U / (\{d = 2\}) = \{x_5, x_{10}\}$；

$[x]_{a_1} = \{\{x_1, x_3, x_6, x_9\}, \{x_4, x_5, x_7\}, \{x_2, x_8, x_{10}\}\}$；

$[x]_{a_2} = \{\{x_1, x_3, x_7\}, \{x_4, x_5, x_9, x_{10}\}, \{x_2, x_6, x_8\}\}$；

$[x]_{a_3} = \{\{x_1, x_3, x_7, x_8\}, \{x_5, x_6, x_{10}\}, \{x_2, x_4, x_9\}\}$；

表 4.2 兵棋推演战场态势数据

对象	信息层																												态势
	A																		B						C				
	a_1						a_2						a_3						b_1		b_2		b_3						
	a_{11}	a_{12}	a_{13}	a_{14}	a_{15}	a_{16}	a_{21}	a_{22}	a_{23}	a_{24}	a_{25}	a_{26}	a_{31}	a_{32}	a_{33}	a_{34}	a_{35}	a_{36}	b_{11}	b_{12}	b_{21}	b_{22}	b_{31}	b_{32}	c_1	c_2	c_3	c_4	d
x_1	2	1	2	0	2	1	2	1	2	1	2	1	2	2	2	0	2	1	2	1	2	0	1	0	2	0	0	0	0
x_2	0	2	1	2	0	2	1	2	0	2	0	1	1	1	0	1	1	2	0	2	0	1	2	1	1	1	1	1	1
x_3	2	1	2	0	2	1	2	1	2	1	2	1	2	2	2	0	2	1	2	1	0	1	1	0	2	0	0	0	0
x_4	2	1	0	2	2	1	1	2	2	0	1	2	2	0	0	2	1	1	0	2	0	1	1	2	2	0	2	0	1
x_5	2	1	0	2	2	1	1	2	2	0	1	2	2	0	0	2	1	1	1	1	0	0	1	2	2	0	2	0	2
x_6	2	1	2	0	2	1	1	2	0	2	0	0	1	1	0	1	1	2	0	2	0	1	1	2	2	0	2	0	1
x_7	2	1	0	2	2	1	2	1	2	1	2	1	2	1	0	2	0	0	2	0	0	1	1	2	2	0	0	0	0
x_8	0	2	1	2	0	2	1	2	0	2	0	0	2	2	0	2	0	1	1	0	1	1	0	1	1	1	1	0	0
x_9	2	1	2	0	2	1	2	1	2	1	2	1	2	2	0	2	0	0	1	0	0	1	1	0	2	0	0	0	0
x_{10}	0	2	1	2	0	2	1	2	2	0	1	2	1	1	0	1	1	2	2	1	2	0	1	2	1	1	1	1	2

表 4.3 态势评估信息粒度的风险决策代价

决策行动	a_1		a_2		a_3		b_1	
	X	$\sim X$	X	$\sim X$	X	$\sim X$	X	$\sim X$
e_P	0	100	0	100	0	100	0	100
e_B	20	31	22	35	15	37	15	35
e_N	95	0	90	0	85	0	86	0

决策行动	b_2		b_3		C	
	X	$\sim X$	X	$\sim X$	X	$\sim X$
e_P	0	100	0	100	0	100
e_B	23	38	16	37	25	37
e_N	92	0	90	0	93	0

$[x]_{a_4} = \{\{x_1, x_3, x_6, x_8, x_{10}\}, \{x_4, x_5, x_7\}, \{x_2, x_9\}\}$；

$[x]_{a_5} = \{\{x_1, x_{10}\}, \{x_3, x_4, x_5, x_6, x_8\}, \{x_2, x_7, x_9\}\}$；

$[x]_{a_6} = \{\{x_1, x_3, x_8, x_9\}, \{x_4, x_5, x_7, x_{10}\}, \{x_2, x_6\}\}$；

$[x]_{a_7} = \{\{x_1, x_7, x_9\}, \{x_3, x_5, x_8, x_{10}\}, \{x_2, x_4, x_6\}\}$。

步骤 2：计算各信息中风险代价参数及各对象在信息粒中的贝叶斯评估值。

根据式（4.5）和式（4.6），可以分别计算出风险代价参数（表 4.4）。

表 4.4　风险代价参数

阈值	a_1	a_2	a_3	b_1	b_2	b_3	C
θ	0.7753	0.7471	0.8077	0.8125	0.7294	0.7975	0.7159
β	0.2925	0.3398	0.3458	0.3302	0.3551	0.3333	0.3524

考虑 $X = U / (\{d = 0\}) = \{x_1, x_3, x_7, x_8, x_9\}$，表示我方具有绝对优势，可得论域中对象在各信息粒中的评估值，如表 4.5 所示。

表 4.5　论域中对象在各信息粒中的评估值

对象	a_1	a_2	a_3	b_1	b_2	b_3	C
x_1	0.7500	1.0000	1.0000	0.6000	0.5000	1.0000	1.0000
x_2	0.3333	0.3333	0.3333	0.5000	0.6667	0	0
x_3	0.7500	1.0000	1.0000	0.6000	0.4000	1.0000	0.5000
x_4	0.3333	0.2500	0.3333	0.3333	0.4000	0.2500	0
x_5	0.3333	0.2500	0	0.3333	0.4000	0.2500	0.5000
x_6	0.7500	0.3333	0	0.6000	0.4000	0	0
x_7	0.3333	1.0000	1.0000	0.3333	0.6667	0.2500	1.0000
x_8	0.3333	0.3333	1.0000	0.6000	0.4000	1.0000	0.5000
x_9	0.7500	0.2500	0.3333	0.5000	0.6667	1.0000	1.0000
x_{10}	0.3333	0.2500	0	0.6000	0.5000	0.2500	0.5000

步骤 3：融合测试代价指标，以全局视角，计算每个对象是否表示我方具有绝对控制权的估计值。

由于每个信息粒度具有不同的测试代价，所以在计算整体评估值时需进一步考虑测试代价。根据式（4.3）可得，各个对象的整体评估值如表 4.6 所示。

表 4.6　各个对象的整体评估值

评估行为	评估值
$x_1 \xrightarrow{\ 0.7826\ } X$	0.7826
$x_2 \xrightarrow{\ 0\ } X$	0
$x_3 \xrightarrow{\ 0.5043\ } X$	0.5043
$x_4 \xrightarrow{\ 0\ } X$	0
$x_5 \xrightarrow{\ 0\ } X$	0
$x_6 \xrightarrow{\ 0\ } X$	0
$x_7 \xrightarrow{\ 0.5870\ } X$	0.5870
$x_8 \xrightarrow{\ 0.4130\ } X$	0.4130
$x_9 \xrightarrow{\ 0.4739\ } X$	0.4739
$x_{10} \xrightarrow{\ 0\ } X$	0

表 4.6 中的评估值越大，表示该对象越接近于我们所关注的目标。根据代价敏感多粒度粗糙集模型计算出的评估值与实际作战场景也比较吻合。例如，对象 x_1，由作战场景中所获得的指标值可以发现，我方各方面战斗力均优于敌方，且我方所处的地理环境也相对比较有利，由此可推断出我方具有相对优势。评估值为 0.7826 也表示我方具有较强的优势。此外，依据不同的 δ 阈值，指挥员能够快速地得到我方是否握有绝对主动权的逼近值。

2. 公共数据集中的实验分析

为了进一步验证本章所提算法的优势，数据集本节从美国加利福尼亚大学 Irvine 分校的机器学习测试数据库中选取了 4 个数据集（Adult、Ionosphere、Wdbc 和 Zoo）对本章所提算法进行实验。使用的数据集描述如下：Adult 数据集包含了 4781 个样本，14 个属性。Adult 数据集被划分为 2 类，其决策属性依据是成人收入是否超过 50000 美元。Ionosphere 数据集包含了 1941 个样本，34 个属性。所有属性均为连续型数据。Ionosphere 数据集被划分为 2 类，分别表示 good 和 bad。Wdbc 数据集全名为 Diagnostic Wisconsin Breast Cancer，为 20 世纪 90 年代美国威斯康星州乳腺癌诊断得到的数据集，包含了 596 个样本，30 个属性。Wdbc 数据集被划分为 2 类，分别表示恶性（malignant）和良性（benign）。Zoo 数据集包含了 101 个样本，16 个属性。Zoo 数据集被划分为 7 类，分别表示 7 种动物。本章假设以上数据集的每个属性均可形成信息粒结构，那么所有条件属性可以构建一个多粒度信息粒空间。

1）代价设置与比较

众所周知，公共数据集中的大多数据并不提供测试代价和风险决策代价这类信息。为此，需要给每个数据集设置测试代价和风险决策代价。就风险决策代价而言，借鉴前人工作的经验，本章数据集中各信息粒的损失函数中的代价由随机数生成，并满足如下条件：①位于区间 $[M, N]$ 中；② $\lambda_{BP} < \lambda_{NP}$，$\lambda_{BN} < \lambda_{PN}$，$\lambda_{PN} < \lambda_{NP}$，$\lambda_{PP} = \lambda_{NN} = 0$。就测试代价而言，为了满足大规模数据验证的要求，常采用随机数生成测试代价的方式。例如，Yang 等[10, 11]将测试代价设置为 0～100 的随机数。Min 和 Zhu[14]则从统计学角度出发，采用三种数据分布形式设置测试代价，即均匀分布、正态分布和帕累托分布。上述测试代价设置方法虽可以得到相应的测试代价，但在实际应用中缺乏说服力。由上面讨论的代价敏感多粒度粗糙集的语义可知，我们可以认定信息粒的测试代价与分类能力相挂钩，即信息粒的分类能力越强，则其测试代价越大。

香农信息熵（Shannon's information entropy）是刻画信息粒分类能力的重要指标之一[26]。为此，本章采用经典的信息熵构建信息粒的测试代价序列。

定义 4.9　令 CS 为一个代价敏感多粒度决策系统，$U / \mathrm{IND}(D) = \{X_1, X_2, \cdots, X_n\}$ 为决策属性 D 得到的划分，对于任意信息粒 $A_i \in \mathcal{AT}$，可得 $U / \{A_i\} = \{Y_1, Y_2, \cdots, Y_l\}$，那么 A_i 对应的条件信息熵可以定义为

$$H(D \mid \{A_i\}) = -\sum_{i=1}^{l} P(Y_i) \sum_{j=1}^{n} P(X_j \mid Y_i) \lg P(X_j \mid Y_i) / \lg(n) \qquad (4.29)$$

式中，$P(Y_i) = \dfrac{|Y_i|}{|U|}$，$P(X_j \mid Y_i) = \dfrac{|X_j \bigcap Y_i|}{|Y_i|}$。

条件信息熵用于表示信息粒 A_i 与决策属性 D 之间的相关性程度。$H(D \mid \{A_i\})$ 的值越低，表示 A_i 和 D 之间的相关性程度越高，反之则表示 A_i 和 D 之间的相关性程度越低。由于上面将风险决策代价的取值区间设定为 $[M, N]$，则测试代价的取值也相应地设置在区间 $[M, N]$ 上。根据条件熵的定义，本章将测试代价设置为

$$c^*(A_i) = M + \lfloor (N - M) \cdot (1 - H(D \mid \{A_i\})) \rfloor \qquad (4.30)$$

本章设定 $M = 10$，$N = 100$。由此可得每个数据集上各信息粒对应的测试代价。此外，为了比较不同测试代价设置的性能，本节同样生成了 6 组测试代价序列，其分别满足均匀分布、正态分布和帕累托分布。每一种分布各生成两组测试代价数据。表 4.7～表 4.10 列出了四组数据集对应的测试代价序列，表中由条件信息熵生成的测试代价序列被加粗标出。

表 4.7　Adult 数据集的测试代价设置

序号	类型	A_1	A_2	A_3	A_4	A_5	A_6	A_7	A_8	A_9	A_{10}	A_{11}	A_{12}	A_{13}	A_{14}
1	条件信息熵	**35**	**29**	**28**	**36**	**36**	**42**	**35**	**42**	**28**	**31**	**30**	**29**	**32**	**28**
2	均匀分布	61	57	74	53	23	68	59	61	18	83	39	97	57	86
3		51	17	52	42	21	17	49	2	49	51	56	10	62	72
4	正态分析	70	48	26	45	48	43	24	35	60	53	66	60	38	56
5		41	57	51	31	52	72	64	35	55	35	35	37	69	99
6	帕累托分布	10	10	11	12	15	12	15	11	13	13	24	10	12	15
7		10	12	13	17	12	21	10	13	12	26	14	25	17	14

考察表 4.7～表 4.10 的结果，可以得到如下结论：①对任意数据集而言，不同的测试代价下，信息粒可以得到不同的测试代价序列。例如，在 Wdbc 数据集中，信息粒 A_1 的测试代价分别为 63、49、23、45、53、14 和 13。②从基于条件信息熵得到的测试代价序列中，决策者可以看出哪个信息粒在决策过程中更重要，而且这一认识不会发生变化。然而，基于分布的测试代价则不断地发生变化。在某一种分布下，某信息粒可能具有最高的测试代价，而在另外一种分布下，该现象则可能不存在。例如，在 Adult 数据集中，在测试代价序号 2 中认定的最重要的属性为 A_{12}。然而，在测试代价序号 3 中认定的最重要的属性为 A_{14}。

表 4.8　Ionosphere 数据集的测试代价设置

序号	类型	A_1	A_2	A_3	A_4	A_5	A_6	A_7	A_8	A_9	A_{10}	A_{11}	A_{12}	A_{13}	A_{14}	A_{15}
1	条件信息熵	**31**	**15**	**76**	**91**	**75**	**90**	**80**	**89**	**83**	**88**	**81**	**87**	**78**	**89**	**78**
2	均匀分布	31	86	58	42	17	54	64	12	73	78	17	75	69	84	89
3		70	88	66	68	63	52	70	44	60	58	42	37	70	53	24
4	正态分布	33	69	54	48	81	33	56	42	44	59	18	52	67	29	18
5		56	52	50	49	35	35	24	54	37	71	66	50	74	80	48
6	帕累托分布	12	15	27	24	13	21	13	15	10	10	11	10	14	21
7		24	16	11	13	12	12	10	14	40	17	24	10	15	10

序号	类型	A_{16}	A_{17}	A_{18}	A_{19}	A_{20}	A_{21}	A_{22}	A_{23}	A_{24}	A_{25}	A_{26}	A_{27}	A_{28}	A_{29}	A_{30}
1	条件信息熵	**90**	**81**	**92**	**83**	**86**	**84**	**89**	**82**	**88**	**85**	**89**	**85**	**93**	**84**	**87**
2	均匀分布	41	50	38	43	97	43	41	35	80	37	46	59	81	10	14
3		76	66	95	42	45	37	79	37	32	75	89	83	31	93	66
4	正态分布	58	43	32	19	54	51	37	41	50	46	43	54	44	29	55
5		37	52	49	72	49	51	35	69	79	47	78	50	33	54	63
6	帕累托分布	33	10	21	18	12	54	10	11	14	11	67	12	11	24
7		15	18	32	11	14	16	23	17	10	16	16	13	10	24	11

续表

序号	类型	A_{31}	A_{32}	A_{33}	A_{34}
1	条件信息熵	**82**	**87**	**87**	**90**
2	均匀分布	18	78	65	58
3		53	72	67	55
4	正态分析	39	21	50	65
5		57	45	75	80
6	帕累托分布	12	42	16	30
7		11	11	18	13

　　接下来本节将通过实验进行不同测试代价下几种多粒度粗糙集模型的比较。表 4.11 列出了各个数据集在乐观多粒度决策粗糙集（optimistic multi-granulation decision-theoretic rough set，OMG-DTRS）、悲观多粒度决策粗糙集（pessimistic multi-granulation decision-theoretic rough set，PMG-DTRS）、柔性多粒度决策粗糙集（flexibl multi-granulation decision-theoretic rough set，FMG-DTRS）和 CS-MGRS 上七组测试代价序列的近似质量比较。表 4.12 则列出了平均风险决策代价的比较（即 $\mathrm{COST}_B^D / |U|$）。表 4.11 和表 4.12 中的 Cost ID 对应于表 4.7～表 4.10 中的序号。对于阈值 δ，本节均匀选取了 10 组值。

　　考察表 4.11 和表 4.12 的实验结果，可得到如下结论：①考察不同的多粒度模型可知，OMG-DTRS 模型在所有 4 组数据集上的近似质量最大，而 PMG-DTRS 模型在所有 4 组数据集上的近似质量最小。就风险决策代价的比较而言，情况则相对复杂。我们并不能确定哪种模型的风险决策代价一直最小或风险决策代价一直最大。②从阈值 δ 的变化来看，随着阈值 δ 值不断增大，FMG-DTRS 和 CS-MGRS 的近似质量值均不断减小。然而，这一单调性现象并不符合风险决策代价的结果，因为风险决策代价的变化是波动性的。③考虑不同的测试代价序列，除了 Adult 数据集，基于条件信息熵的测试代价序列能够获得最大的近似质量值；在 Wdbc 数据集和 Zoo 数据集上，基于条件信息熵的测试代价序列能够获得最大的风险决策代价。Adult 数据集的近似质量虽然不是最大值，但在风险决策代价指标上，其风险决策代价同样不是最大的。这一结果表明，决策者若想获得更高的近似质量，那么需要付出更大的风险决策代价。④由一些实验结果可看出，基于条件信息熵的测试代价序列可以在获取较高近似质量的同时付出较小的风险决策代价。例如，Ionosphere 数据集中，若阈值 δ 取值为 0.9，则可以获得较高的近似质量和较小的风险决策代价。然而，这一现象并非存在于所有结果中。

表 4.9　　Wdbc 数据集的测试代价设置

序号	类型	A_1	A_2	A_3	A_4	A_5	A_6	A_7	A_8	A_9	A_{10}	A_{11}	A_{12}	A_{13}	A_{14}	A_{15}
1	条件信息熵	**63**	**33**	**70**	**89**	**14**	**14**	**15**	**15**	**14**	**14**	**19**	**14**	**43**	**66**	**14**
2	均匀分布	49	60	60	33	71	42	39	73	61	74	79	73	45	56	62
3		23	32	83	52	100	11	41	39	36	26	99	18	16	31	35
4	正态分布	45	41	45	44	42	86	47	44	68	44	68	61	47	33	51
5		53	62	40	44	80	79	35	51	87	53	66	63	35	51	70
6	帕累托分布	14	10	14	11	10	13	10	11	10	13	28	10	10	67	30
7		13	11	21	11	11	18	12	11	12	14	18	11	15	53	11

序号	类型	A_{16}	A_{17}	A_{18}	A_{19}	A_{20}	A_{21}	A_{22}	A_{23}	A_{24}	A_{25}	A_{26}	A_{27}	A_{28}	A_{29}	A_{30}
1	条件信息熵	**14**	**15**	**15**	**14**	**14**	**73**	**33**	**81**	**93**	**14**	**14**	**15**	**15**	**14**	**14**
2	均匀分布	83	32	19	37	85	96	15	95	16	71	19	87	54	68	42
3		20	61	65	12	52	93	94	99	30	59	76	74	79	30	46
4	正态分布	35	49	35	52	22	36	51	55	44	71	60	36	56	43	41
5		35	35	71	55	82	88	53	91	63	62	53	33	48	54	43
6	帕累托分布	16	34	13	10	11	16	12	31	14	18	40	10	10	12	15
7		18	15	12	11	15	10	26	13	11	11	10	29	30	26	10

表 4.10　　Zoo 数据集的测试代价设置

序号	类型	A_1	A_2	A_3	A_4	A_5	A_6	A_7	A_8	A_9	A_{10}	A_{11}	A_{12}	A_{13}	A_{14}	A_{15}	A_{16}
1	条件信息熵	**28**	**61**	**70**	**14**	**27**	**12**	**28**	**13**	**29**	**12**	**17**	**42**	**11**	**14**	**25**	**82**
2	均匀分布	35	14	18	84	73	38	96	13	49	44	79	82	27	54	50	68
3		74	78	35	71	69	24	20	55	97	40	63	30	78	33	56	73
4	正态分布	58	77	16	62	54	30	43	55	93	91	29	95	60	49	60	46
5		48	72	71	71	60	31	60	74	57	65	60	45	54	38	63	32
6	帕累托分布	29	44	14	10	10	11	24	11	22	11	35	12	11	11	16	13
7		12	23	15	14	33	11	19	13	12	15	10	14	20	36	10

表 4.11　　四种多粒度模型在不同测试代价下的近似质量　　　（单位：%）

数据集	OMG-DTRS	Cost ID	不同阈值 δ 下的代价敏感粗糙集 CS-MGRS										PMG-DTRS
			0.1	0.2	0.3	0.4	0.5	0.6	0.7	0.8	0.9	1.0	
Adult	100	—	99.96	99.69	89.81	83.06	72.39	42.33	30.91	6.76	3.87	2.20	2.20
		1	99.96	96.99	89.86	82.07	57.41	42.92	30.56	16.00	3.87	2.20	
		2	99.98	98.89	90.09	78.06	58.82	44.20	23.53	7.95	3.97	2.20	
		3	99.96	99.64	96.78	85.86	67.83	41.12	19.51	7.97	3.97	2.20	
		4	99.96	99.69	96.55	87.49	73.06	52.58	32.67	14.22	2.57	2.20	
		5	99.79	99.39	96.47	83.71	70.30	43.99	29.35	9.83	3.87	2.20	
		6	99.98	99.69	96.11	86.70	72.50	51.64	31.04	16.04	3.87	2.20	
		7	99.98	98.95	95.90	82.41	61.22	45.72	28.78	14.08	3.76	2.20	

数据集	OMG-DTRS	Cost ID	不同阈值 δ 下的代价敏感粗糙集 CS-MGRS										PMG-DTRS
			0.1	0.2	0.3	0.4	0.5	0.6	0.7	0.8	0.9	1.0	
Ionosphere	100	—	100	100	99.72	99.15	97.44	91.74	85.75	74.07	51.57	0	0
		1	100	100	99.72	99.43	98.58	93.16	88.60	81.49	60.11	0	
		2	100	100	99.72	99.72	98.29	93.16	86.61	76.35	44.73	0	
		3	100	100	99.72	99.15	96.87	91.74	84.62	73.50	42.17	0	
		4	100	100	99.72	98.86	96.87	91.74	84.33	72.36	44.44	0	
		5	100	100	99.72	99.15	97.44	91.74	86.04	76.07	51.85	0	
		6	100	100	99.72	99.15	97.15	93.16	88.32	80.06	56.98	0	
		7	100	100	99.72	99.72	97.75	91.74	86.32	75.78	43.02	0	
Wdbc	100	—	97.01	81.90	17.40	2.28	1.05	0	0	0	0	0	0
		1	98.42	93.32	87.52	79.96	69.95	46.40	1.41	0	0	0	
		2	91.74	78.21	24.25	1.93	0	0	0	0	0	0	
		3	94.90	81.90	34.62	2.81	1.93	0	0	0	0	0	
		4	92.79	72.06	17.40	1.23	0	0	0	0	0	0	
		5	95.25	79.44	30.05	1.93	1.05	0	0	0	0	0	
		6	96.49	81.55	66.43	3.16	1.23	0	0	0	0	0	
		7	95.78	80.32	53.78	2.28	1.23	0	0	0	0	0	
Zoo	100	—	100	89.11	57.43	27.72	16.83	0.99	0	0	0	0	0
		1	100	100	100	92.08	79.21	38.61	13.86	0.99			
		2	100	92.08	41.58	27.72	12.87	0.99	0	0	0	0	
		3	100	99.01	51.49	24.75	15.84	0.99	0	0	0	0	
		4	100	88.12	44.55	24.75	14.85	0.99	0	0	0	0	
		5	100	90.10	57.43	30.69	16.83	0.99	0	0	0	0	
		6	100	100	59.41	43.56	23.76	0.99	0	0	0	0	
		7	100	90.10	54.46	51.49	19.80	4.95	0.99	0	0	0	

表 4.12　四种多粒度模型在不同测试代价下的平均风险决策代价（单位：%）

数据集	OMG-DTRS	Cost ID	不同阈值 δ 下的代价敏感粗糙集 CS-MGRS										PMG-DTRS
			0.1	0.2	0.3	0.4	0.5	0.6	0.7	0.8	0.9	1.0	
Adult	7.66	—	6.61	6.61	6.46	6.38	6.28	6.15	6.22	6.63	6.83	7.28	7.28
		1	6.61	6.57	6.46	6.35	6.19	6.16	6.33	6.57	6.83	7.28	
		2	6.63	6.60	6.47	6.34	6.21	6.19	6.35	6.59	6.82	7.28	
		3	6.63	6.61	6.57	6.43	6.28	6.20	6.30	6.59	6.84	7.28	

数据集	OMG-DTRS	Cost ID	不同阈值 δ 下的代价敏感粗糙集 CS-MGRS										PMG-DTRS
			0.1	0.2	0.3	0.4	0.5	0.6	0.7	0.8	0.9	1.0	
Adult	7.66	4	6.61	6.62	6.56	6.44	6.29	6.18	6.23	6.50	7.01	7.28	
		5	6.63	6.61	6.56	6.40	6.27	6.16	6.24	6.51	6.83	7.28	
		6	6.62	6.61	6.55	6.41	6.28	6.17	6.25	6.49	6.84	7.28	
		7	6.62	6.60	6.55	6.37	6.21	6.19	6.36	6.57	7.03	7.28	
Ionosphere	8.83	—	8.83	7.08	6.08	5.78	5.70	5.57	5.58	5.91	7.05	10.3	10.3
		1	8.83	7.08	6.18	5.79	5.72	5.58	5.55	5.71	6.54	10.3	
		2	8.65	7.26	6.33	5.82	5.69	5.59	5.55	5.83	7.41	10.3	
		3	9.18	7.25	6.27	5.78	5.66	5.57	5.61	5.96	7.61	10.3	
		4	8.83	7.08	6.17	5.75	5.64	5.58	5.59	6.00	7.45	10.3	
		5	8.83	7.08	6.19	5.78	5.69	5.57	5.56	5.84	7.02	10.3	
		6	10.3	7.43	6.56	5.81	5.65	5.55	5.57	5.71	6.71	10.3	
		7	8.71	6.90	6.10	5.81	5.70	5.59	5.59	5.87	7.52	10.3	
Wdbc	25.9	—	23.9	19.2	15.9	15.2	15.1	15.2	15.2	15.2	15.2	15.2	15.2
		1	25.7	21.1	19.7	19.3	18.7	17.4	15.1	15.2	15.2	15.2	
		2	20.8	18.9	15.9	15.2	15.2	15.2	15.2	15.2	15.2	15.2	
		3	21.4	19.2	16.3	15.1	15.1	15.2	15.2	15.2	15.2	15.2	
		4	21.0	18.5	15.4	15.2	15.2	15.2	15.2	15.2	15.2	15.2	
		5	21.9	19.1	16.0	15.2	15.2	15.2	15.2	15.2	15.2	15.2	
		6	22.4	19.1	18.2	15.3	15.2	15.2	15.2	15.2	15.2	15.2	
		7	22.9	18.9	17.4	15.2	15.2	15.2	15.2	15.2	15.2	15.2	
Zoo	100	—	12.8	10.2	9.18	8.56	8.39	8.27	8.28	8.28	8.28	8.28	8.28
		1	13.3	11.1	10.8	10.8	9.94	8.67	8.37	8.27	8.28	8.28	
		2	12.8	10.8	8.78	8.55	8.37	8.26	8.28	8.28	8.28	8.28	
		3	12.7	10.8	8.99	8.49	8.35	8.27	8.28	8.28	8.28	8.28	
		4	15.49	10.25	8.89	8.57	8.36	8.27	8.28	8.28	8.28	8.28	
		5	12.8	10.3	9.12	8.65	8.40	8.27	8.28	8.28	8.28	8.28	
		6	13.3	11.9	9.26	8.77	8.47	8.26	8.28	8.28	8.28	8.28	
		7	15.7	10.3	9.10	8.98	8.41	8.27	8.27	8.28	8.28	8.28	

2）信息粒度约简性能比较

本节将通过实验对比分析上述两种约简算法的性能。表 4.13～表 4.16 列出了各数据集约简的决策规则数和信息粒长度对比。

表 4.13　Adult 数据集约简的决策规则数和信息粒长度对比

δ	PDC		BDC		NDC		IGLF	
	DMGR	CMGR	DMGR	CMGR	DMGR	CMGR	DMGR	CMGR
0.1	0.0004	−0.6446	−0.0004	0.6446	0	−0.6430	6	4
0.2	0.0295	−0.0192	−0.0295	0.0192	0.0002	−0.0492	7	2
0.3	0.0989	−0.2667	−0.0989	0.2667	0.0038	−0.1692	6	3
0.4	0.1774	−0.8207	−0.1774	−0.1732	0.0473	0.0487	3	5
0.5	0.4158	−0.3614	−0.4158	0.3614	0.1048	−0.0167	4	4
0.6	0.5074	0.1424	−0.5074	−0.1424	0.1519	−0.2248	4	4
0.7	0.6471	−0.2472	−0.6471	0.2472	0.3708	0.2395	2	2
0.8	0.8155	−0.1042	−0.8155	0.1042	0.5574	0.2483	5	4
0.9	0.9368	0.5219	−0.9368	−0.5219	0.6670	0.2399	6	1
1.0	0.9308	0.0155	−0.9308	−0.0155	0.8283	0.1596	9	2
平均值	0.4560	−0.1784	−0.4560	0.0784	0.2732	−0.0167	5.2	3.1

表 4.14　Ionosphere 数据集约简的决策规则数和信息粒长度对比

δ	PDC		BDC		NDC		IGLF	
	DMGR	CMGR	DMGR	CMGR	DMGR	CMGR	DMGR	CMGR
0.1	0	0	0	0	0	0	10	10
0.2	0	−0.0057	0	0.0057	0	0	10	12
0.3	0.0028	0.0028	−0.0028	−0.0028	0	0	13	8
0.4	0.0057	0.0028	−0.0057	−0.0028	0.0057	0.0028	13	10
0.5	0.0142	0.0028	−0.0142	−0.0028	0.0142	0，0028	13	12
0.6	0.0598	0.0028	−0.0598	−0.0028	0.0513	0.0256	17	8
0.7	0.0769	0.0028	−0.0769	−0.0028	0.0627	−0.0114	19	5
0.8	0.1766	0.0313	−0.1766	−0.0313	0.1567	0.0114	11	8
0.9	0.1396	0.0826	−0.1396	−0.0826	0.0712	0.0370	11	11
1.0	0.5726	0	−0.5726	0	0.3162	0.0940	10	13
平均值	0.1048	0.0142	−0.1048	−0.0142	0.0678	0.0162	12.7	9.7

表 4.15　Wdbc 数据集约简的决策规则数和信息粒长度对比

δ	PDC		BDC		NDC		IGLF	
	DMGR	CMGR	DMGR	CMGR	DMGR	CMGR	DMGR	CMGR
0.1	0.0141	−0.5325	−0.0053	0.5395	0	−0.2882	10	2
0.2	0.0176	0.0141	−0.0105	−0.0035	−0.0070	−0.0141	9	5
0.3	0.0967	−0.0404	−0.0967	0.0316	0.0492	−0.0088	11	11

δ	PDC		BDC		NDC		IGLF	
	DMGR	CMGR	DMGR	CMGR	DMGR	CMGR	DMGR	CMGR
0.4	0.1336	0.0650	−0.1336	−0.0650	0.0492	0.0228	8	9
0.5	0.1599	−0.6995	−0.1599	0.6995	0.0967	−0.8032	7	6
0.6	0.2601	0.2566	−0.2601	−0.2566	0.1582	0.1564	8	3
0.7	0.6819	0.4499	−0.6819	−0.4499	0.5659	0.3902	4	9
0.8	0.4165	0	−0.4165	−0.0495	0.6028	−0.0105	11	5
0.9	0	0.1406	0	−0.1406	0	0.3620	10	9
1.0	0	0	0	0	0	0	12	5
平均值	0.1780	−0.0346	−0.1765	0.0306	0.1515	−0.0193	9	6.4

表 4.16　Zoo 数据集约简的决策规则数和信息粒长度对比

δ	PDC		BDC		NDC		IGLF	
	DMGR	CMGR	DMGR	CMGR	DMGR	CMGR	DMGR	CMGR
0.1	0	−0.2772	0	0.2772	0	0	6	4
0.2	0	−0.7921	0	0.7921	0	−0.7921	7	2
0.3	0	0	0	0	0	0	6	3
0.4	0.0792	0.0792	−0.0792	−0.0792	0	0	3	5
0.5	0.2574	−0.1089	−0.2574	0.1089	0.2079	0.1089	4	4
0.6	0.6436	−0.2178	−0.6436	0.2178	0.4950	−0.3663	4	4
0.7	0.9703	0.0297	−0.9703	−0.0297	0.7228	−0.2178	2	2
0.8	0	0.0495	0	−0.0495	−0.0099	0.0396	5	4
0.9	0	0	0	0	0	0.0792	6	1
1.0	0	0.1584	0	−0.1584	0	0.1584	9	2
平均值	0.1951	−0.1079	−0.1951	0.1079	0.1416	−0.0990	5.2	3.1

　　考察 4 组数据集的实验数据，可以得到如下结论：①从决策规则变化的角度看，DMGR 算法得到的 PDC 值和 NDC 值在大多数情况下大于或等于 0，多数情况下，DMGR 算法得到的 BDC 值均小于或等于 0。该结果表明：决策单调准则约简能够增加确定性规则的数目并减少不确定性规则的数目。②从信息粒长度角度分析，相较于最小代价准则约简，基于 DMGR 算法得到的约简需要的信息粒度更多。该结果表明：若想获取更多的正规则，则需付出更多的信息粒度。

图 4.7 列出了两种约简策略下约简的总代价 RF 值的比较。由图 4.7 可以得到如下结论：①从图 4.7 的每个子图中可以发现，所有约简的 RF 值均大于 0，这就意味着，相较于原始数据集，不管采用何种约简策略，约简的总代价均得到了降低。②从不同约简方法的角度分析，多数情况下，基于决策单调准则约简得到的总代价的 RF 值比基于最小代价准则约简的小。这就意味着，最小代价准则可以得到最小的总代价。

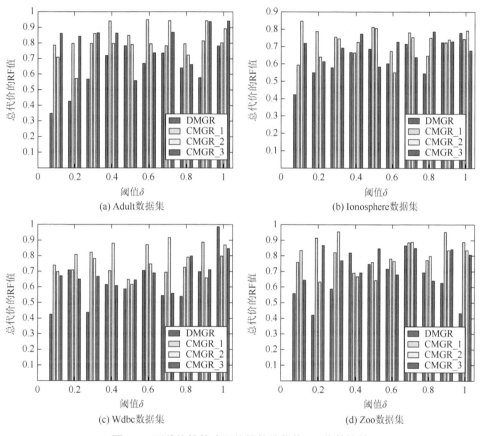

图 4.7 两种约简策略下约简的总代价 RF 值的比较

在最小代价准则约简的适应性函数中，本章针对风险决策代价和测试代价增加了权重参数。这就意味着不同权重参数下的总代价不相同。因此，为了进一步考察本章中的两个参数 ω 和 δ 对算法的影响，本节进行如下实验：对于阈值 δ，本节均匀选取了 10 组值，即 0.1，0.2，$\cdots$，1。同时，从区间 [0, 1] 中均匀选取了 11 组值赋予参数 ω_D。由于 $\omega_D + \omega_T = 1$，所以 ω_T 的值可以随 ω_D 的确定而确定。图 4.8~图 4.11 列出了 4 组数据集的实验结果。图中每一个子图各对应

CMGR 算法得到的三种代价，即总代价、风险决策代价和测试代价。图中每个子图中的 x 轴表示阈值 δ 的变化过程，y 轴则表示决策代价的权重 ω_D 的变化趋势，而两种参数下得到的代价则由不同颜色表示，子图左侧自下而上的颜色棒表示代价值的不断增加。

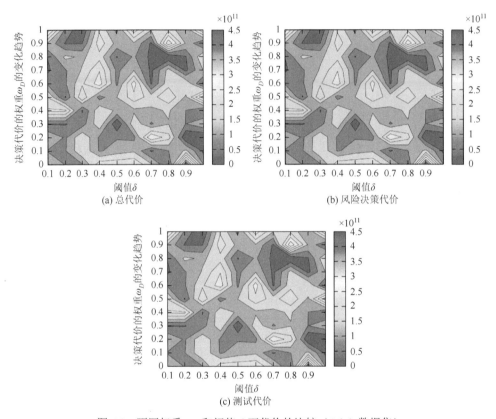

图 4.8　不同权重 ω_D 和阈值 δ 下代价的比较（Adult 数据集）

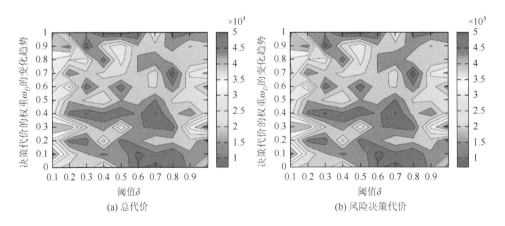

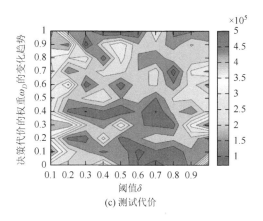

(c) 测试代价

图 4.9　不同权重 ω_D 和阈值 δ 下代价的比较（Ionosphere 数据集）

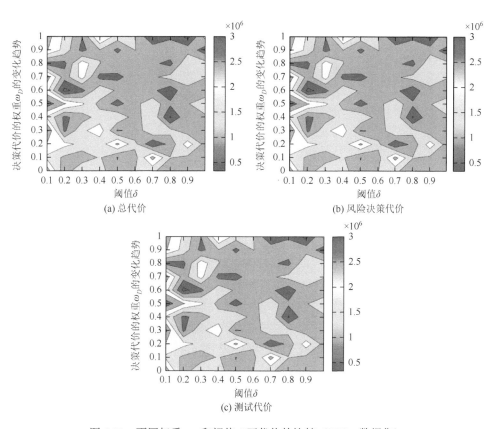

图 4.10　不同权重 ω_D 和阈值 δ 下代价的比较（Wdbc 数据集）

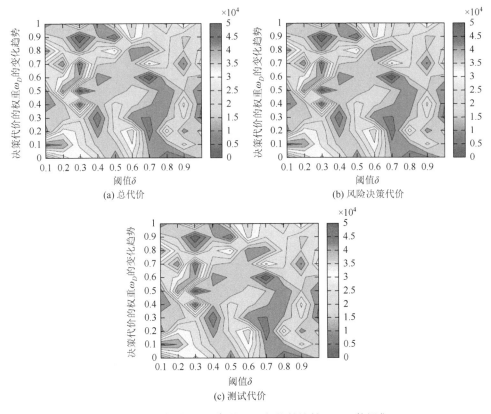

图 4.11　不同权重 ω_D 和阈值 δ 下代价的比较（Zoo 数据集）

　　通过对图 4.8～图 4.11 的考察，可以得到如下结论：①在以上任意 4 组数据集中，总代价、风险决策代价和测试代价呈现的图像分布大体相同。该现象表明，当给定 δ 和 ω_D 后，若某一约简的总代价大于其他约简，则可以断定该约简的测试代价或风险决策代价也高于其他约简。类似地，若某一约简的总代价小于其他约简，则可以断定该约简的测试代价或风险决策代价也低于其他约简。该结果表明，本章提出的最小代价准则约简避免了较低总代价却包含较高风险决策代价或测试代价的尴尬。②考虑阈值 δ 对代价的影响，从图 4.8～图 4.11 中可以看出，当 δ 取值过大或过小时，决策系统的代价往往更高。例如，Ionosphere 数据集中，当阈值 δ 的值小于 0.25 或大于 0.85 时，总代价更大；Wdbc 数据集中，阈值 δ 的值小于 0.3 时总代价更大。从图 4.8～图 4.11 中也可以发现，对上面的 4 组数据集而言，当阈值 δ 的值在 0.5 附近时，决策信息系统获取的总代价相对较小。③对不同数据集而言，代价权重对总代价的影响也不同。例如，Adult 数据集中，权重 ω_D 小于 0.2 的总代价、风险决策代价和测试代价分别小于权重 ω_D 在 [0.65, 0.9] 上的代价；Wdbc 数据集中，权重 ω_D 为 0.7 的代价则高于 ω_D 为 0.6 时的代价。④从中庸思想角度看，在决策问题中次优也是一个比较好的选择。因此，在本实验中，当 ω_D 和 δ 的取值介于中线附近时（即 $\omega_D = 0.5$，$\delta = 0.5$），决策者获得的代价比较合适。

综上所述，本章在信息融合模型中同时考虑测试代价和风险决策代价，进而提出了代价敏感多粒度粗糙集模型。通过对比分析已有经典的粗糙集模型与本章所提模型的关系可以发现，本章所提模型是经典粗糙集模型的有益泛化。与此同时，通过在真实态势认知场景中的分析，本章所提模型能够在态势评估工作中发挥重要的作用。此外，为了体现代价敏感多粒度粗糙集模型的语义，本章受香农信息熵的启发，提出了基于条件信息熵的测试代价序列，这也为如何解决公共数据集中测试代价指标问题提供了行之有效的方案。在信息粒度约简方面，本章将信息粒度约简转化为优化问题，通过设计适应性函数求得满足不同实际需求的约简。此外，本章将所提出的混合代价敏感多粒度粗糙集模型成功地应用到兵棋推演战场场景的态势评估中。

参 考 文 献

[1]　张钹，张玲. 问题求解理论及应用[M]. 北京：清华大学，1990.

[2]　Qian Y H，Liang J Y，Dang C Y. Incomplete multigranulation rough set [J]. IEEE Transactions on Systems，Man and Cybernetics，Part A，2010，40（2）：420-431.

[3]　Qian Y H，Liang J Y，Yao Y Y，et al. MGRS：A multigranulation rough set[J]. Information Sciences，2010，180（6）：949-970.

[4]　Yang X B，Song X N，Dou H L，et al. Multigranulation rough set：From crisp to fuzzy case [J]. Annals Fuzzy Mathematics Information，2011，1（1）：55-70.

[5]　Xu W H，Wang Q R，Zhang X T. Multigranulation fuzzy rough sets in a fuzzy tolerance approximation space [J]. International Journal of Fuzzy Systems，2011，14：246-259.

[6]　Yang X B，Qi Y S，Yu H L，et al. Updating multigranulation rough approximations with increasing of granular structures [J]. Knowledge-Based Systems，2014，64：59-69.

[7]　Yang X B，Qi Y S，Song X N，et al. Test cost sensitive multigranulation rough set：Model and minimal cost selection [J]. Information Sciences，2013，250：184-199.

[8]　Turney P D. Types of cost in inductive concept learning [C]. Proceedings of the Cost-Sensitive Learning Workshop，Stanford，2000：1-7.

[9]　Hunt E B，Marin J，Stone P J. Experiments in Induction [M]. New York：Academic Press，1966.

[10]　Yang Q，Ling C，Pan R. Test-cost sensitive classification on data with missing values [J]. IEEE Transactions on Knowledge and Data Engineering，2006，18（5）：626-638.

[11]　Chai X Y，Deng L，Yang Q. Test-cost sensitive naive Bayes classification [C]. Proceedings of the 4th IEEE International Conference on Data Mining，Brighton，2004.

[12]　Min F，Liu Q H. A hierarchical model for test-cost-sensitive decision systems [J]. Information Sciences，2009，179：2442-2452.

[13]　Min F，He H P，Qian Y H，et al. Test-cost-sensitive attribute reduction [J]. Information Sciences，2011，181（22）：

4928-4942.

[14] Min F，Zhu W. Attribute reduction of data with error ranges and test costs [J]. Information Sciences，2012，211：48-67.

[15] Min F，Hu Q H，Zhu W. Feature selection with test cost constraint [J]. International Journal of Approximate Reasoning，2014，55（1）：167-179.

[16] Yao Y Y. Probabilistic approaches to rough sets [J]. Expert Systems，2003，20（5）：287-297.

[17] Yao Y Y，Wong S K M，Lingras P. A decision-theoretic rough set model [C]. Proceedings of the 5th International Symposium on Methodologies for Intelligent Systems，New York，1990：17-25.

[18] 张静，鞠恒荣，杨习贝，等. 柔性多粒化决策理论粗糙集模型[J]. 南京师范大学学报（自然科学版），2017，40（1）：48-54.

[19] Yao Y Y，Wong S K M. A decision theoretic framework for approximating concepts [J]. International Journal of Man-Machine Studies，1992，37（6）：793-809.

[20] Jia X Y，Tang Z M，Liao W H，et al. On an optimization representation of decision-theoretic rough set model [J]. International Journal of Approximate Reasoning，2014，55（1）：156-166.

[21] Pawlak Z. Rough set theory and its applications to data analysis [J]. Cybernetics and Systems，1998，29（7）：661-688.

[22] Ziarko W. Variable precision rough set model [J]. Journal of Computer and System Sciences，1993，46（1）：39-59.

[23] Hu X，Cercone N. Learning in relational databases：A rough set approach [J]. Computational Intelligence，1995，11（2）：323-338.

[24] Qian Y H，Liang J Y，Pedrycz W，et al. Positive approximation：An accelerator for attribute reduction in rough set theory [J]. Artificial Intelligence，2010，174（9/10）：597-618.

[25] Qian Y H，Liang J Y，Pedrycz W，et al. An efficient accelerator for attribute reduction from incomplete data in rough set framework [J]. Pattern Recognition，2011，44（8）：1658-1670.

[26] Wang G Y，Yu H，Yang D C. Decision table reduction based on conditional information entropy [J]. Chinese Journal of Computer，2002，25（7）：759-766.

[27] Yao Y Y，Zhao Y. Attribute reduction in decision-theoretic rough set models [J]. Information Sciences，2008，178（17）：3356-3373.

[28] Jia X Y，Liao W H，Tang Z M，et al. Minimum cost attribute reduction in decision-theoretic rough set models [J]. Information Sciences，2013，219：151-167.

[29] Jia X Y，Shang L，Zhou B，et al. Generalized attribute reduct in rough set theory [J]. Knowledge-Based Systems，2016，91：204-218.

第5章 多粒度知识空间的动态更新模型

5.1 引　言

张钹和张铃[1]指出:"人类智能的一个公认特点,就是人们能从极不相同的粒度上观察和分析同一问题。人们不仅能在不同粒度的世界上进行问题求解,而且能够很快地从一个粒度世界跳到另一个粒度世界,往返自如、毫无困难。这种处理不同粒度世界的能力,正是人类问题求解的强有力的表现"。这段话的前部分指的是人类的多粒化认知能力,而后部分指的是人类的动态粒度认知能力。

动态更新是数据挖掘研究的一个重要问题。特别是在当下数据信息急速膨胀发展的时代下,如何从不断增长的数据中获取有用的信息成为一件棘手的事情。在粗糙集理论的研究过程中,数据集的动态更新问题主要侧重于以下几个研究重点。

(1) 属性(特征)的动态更新。例如,Chan[2]提出了一种增量方法用于更新传统 Pawlak 粗糙近似集;Li 等[3]基于特征关系粗糙集提出一种增量学习方法;Zhang 等[4]在集值信息系统中比较了增量和非增量两种方式计算粗糙近似集的异同。

(2) 对象的动态更新。例如,Liu 等[5]提出了一种增量算法用于解决论域不断增长时的知识获取;当一群对象增加到决策表时,Liang 等[6]基于信息熵提出了群增量粗糙特征选择算法。

(3) 对象属性值的动态更新。Chen 等[7-9]针对属性值的粗细提出了一种增量算法,并将其泛化到不完备有序决策系统中;Wang 等[10]针对不断变化的属性值提出了一种属性约简算法。

如前面所述,在单粒化粗糙集模型基础上发展起来的多粒化粗糙集模型已经得到众多学者的认可,并不断充实和完善。例如,Yang 等[11, 12]和 Xu 等[13]分别提出了多粒化模糊粗糙集模型。此类粗糙集模型用一族模糊二元关系代替了单个模糊关系。研究多粒化环境下的数据动态更新问题引起了研究人员的关注[14]。本章将研究多粒化模糊粗糙集模型下的数据动态更新问题。

5.2　多粒化模糊粗糙集

1. 模糊粗糙集

令 U 为论域，U 上的模糊集可以表示为 $F(U)$，定义在 U 上的一个二元模糊关系是一个映射 $\Re$：$U \times U \rightarrow [0, 1]$。

若对于任意的 $x \in U$，都有 $\Re(x, x) = 1$，则称二元关系 $\Re$ 是自反的；若对于任意的 $x, y \in U$，都有 $\Re(x, y) = \Re(y, x)$，则称二元关系 $\Re$ 是对称的；若对于任意的 $x, y, z \in U$，都有 $\min(\Re(x, y), \Re(y, z)) \leqslant \Re(x, z)$，则称二元关系 $\Re$ 是传递的。不失一般性，本节假设下面所用的二元关系至少满足自反性。

定义 5.1　令 U 为论域，$\Re$ 为 U 上的一个二元模糊关系，F 是 U 上的一个模糊子集，F 的模糊粗糙下近似集与模糊粗糙上近似集分别记为 $\underline{\Re}(F)$ 和 $\overline{\Re}(F)$，且对于任意的 $x \in U$，x 在 $\underline{\Re}(F)$ 和 $\overline{\Re}(F)$ 中的模糊隶属度分别为

$$\underline{\Re}(F)(x) = \wedge_{y \in U}(1 - \Re(x, y) \vee F(y)) \tag{5.1}$$

$$\overline{\Re}(F)(x) = \vee_{y \in U}(\Re(x, y) \wedge F(y)) \tag{5.2}$$

式中，$\vee$ 与 $\wedge$ 分别表示最大运算符和最小运算符。

2. 多粒化模糊粗糙集

定义 5.1 所示的模糊粗糙集模型是单粒化粗糙集模型，即仅基于一个二元关系。若考虑一族二元模糊关系 $\Re_1, \Re_2, \cdots, \Re_m$，则可以构建多粒化模糊粗糙集模型。与 Qian 等[15, 16]提出的多粒化粗糙集模型类似，多粒化模糊粗糙集也有乐观和悲观两种基本形式。

定义 5.2　令 U 为论域，$\Re_1, \Re_2, \cdots, \Re_m$ 为论域上的一族二元模糊关系，$\forall F \in F(U)$，F 的乐观多粒化模糊粗糙下近似集与上近似集可以分别表示为 $\underline{\sum_{i=1}^m \Re_i}^O(F)$ 和 $\overline{\sum_{i=1}^m \Re_i}^O(F)$，对于任意的 $x \in U$，x 在 $\underline{\sum_{i=1}^m \Re_i}^O(F)$ 和 $\overline{\sum_{i=1}^m \Re_i}^O(F)$ 的模糊隶属度分别定义为

$$\underline{\sum_{i=1}^m \Re_i}^O(F)(x) = \vee_{i=1}^m \underline{\Re_i}(F)(x) \tag{5.3}$$

$$\overline{\sum_{i=1}^m \Re_i}^O(F)(x) = \wedge_{i=1}^m \overline{\Re_i}(F)(x) \tag{5.4}$$

定义 5.3　令 U 为论域，$\Re_1, \Re_2, \cdots, \Re_m$ 为论域上的一族二元模糊关系，

$\forall F \in F(U)$，F 的悲观多粒化模糊粗糙下近似集与上近似集可以分别表示为 $\underline{\sum_{i=1}^{m} \mathfrak{R}_i}^{P}$ (F) 和 $\overline{\sum_{i=1}^{m} \mathfrak{R}_i}^{P}(F)$，对于任意的 $x \in U$，x 在 $\underline{\sum_{i=1}^{m} \mathfrak{R}_i}^{P}(F)$ 和 $\overline{\sum_{i=1}^{m} \mathfrak{R}_i}^{P}(F)$ 中的模糊隶属度分别为

$$\underline{\sum_{i=1}^{m} \mathfrak{R}_i}^{P}(F)(x) = \wedge_{i=1}^{m} \underline{\mathfrak{R}_i}(F)(x) \tag{5.5}$$

$$\overline{\sum_{i=1}^{m} \mathfrak{R}_i}^{P}(F)(x) = \vee_{i=1}^{m} \overline{\mathfrak{R}_i}(F)(x) \tag{5.6}$$

定理 5.1　令 U 为论域，$\mathfrak{R}_1, \mathfrak{R}_2, \cdots, \mathfrak{R}_m$ 为论域上的一族二元模糊关系，F 和 F' 是 U 上的两个模糊子集，乐观多粒化模糊粗糙集有以下性质。

（1）$\underline{\sum_{i=1}^{m} \mathfrak{R}_i}^{O}(F) \subseteq F \subseteq \overline{\sum_{i=1}^{m} \mathfrak{R}_i}^{O}(F)$。

（2）$\underline{\sum_{i=1}^{m} \mathfrak{R}_i}^{O}(\varnothing) = \overline{\sum_{i=1}^{m} \mathfrak{R}_i}^{O}(\varnothing) = \varnothing$，$\underline{\sum_{i=1}^{m} \mathfrak{R}_i}^{O}(U) = \overline{\sum_{i=1}^{m} \mathfrak{R}_i}^{O}(U) = U$。

（3）$\underline{\sum_{i=1}^{m} \mathfrak{R}_i}^{O}(F) = \bigcup_{i=1}^{m} \underline{\mathfrak{R}_i}(F)$，$\overline{\sum_{i=1}^{m} \mathfrak{R}_i}^{O}(F) = \bigcap_{i=1}^{m} \overline{\mathfrak{R}_i}(F)$。

（4）$F \subseteq F' \Rightarrow \underline{\sum_{i=1}^{m} \mathfrak{R}_i}^{O}(F) \subseteq \underline{\sum_{i=1}^{m} \mathfrak{R}_i}^{O}(F') \Rightarrow \overline{\sum_{i=1}^{m} \mathfrak{R}_i}^{O}(F) \subseteq \overline{\sum_{i=1}^{m} \mathfrak{R}_i}^{O}(F')$。

（5）$\underline{\sum_{i=1}^{m} \mathfrak{R}_i}^{O}(\sim F) = \sim \overline{\sum_{i=1}^{m} \mathfrak{R}_i}^{O}(F)$，$\overline{\sum_{i=1}^{m} \mathfrak{R}_i}^{O}(\sim F) = \sim \underline{\sum_{i=1}^{m} \mathfrak{R}_i}^{O}(F)$。

定理 5.2　令 U 为论域，$\mathfrak{R}_1, \mathfrak{R}_2, \cdots, \mathfrak{R}_m$ 为论域上的一族二元模糊关系，$F_1, F_2, \cdots, F_n$ 是 U 上的一族模糊子集，乐观多粒化模糊粗糙集有以下性质。

（1）$\underline{\sum_{i=1}^{m} \mathfrak{R}_i}^{O}(\bigcap_{j=1}^{n} F_j) = \bigcup_{i=1}^{m}(\bigcap_{j=1}^{n} \underline{\mathfrak{R}_i}(F_j))$，$\overline{\sum_{i=1}^{m} \mathfrak{R}_i}^{O}(\bigcup_{j=1}^{n} F_j) = \bigcap_{i=1}^{m}(\bigcup_{j=1}^{n} \overline{\mathfrak{R}_i}(F_j))$。

（2）$\underline{\sum_{i=1}^{m} \mathfrak{R}_i}^{O}(\bigcap_{j=1}^{n} F_j) = \bigcap_{j=1}^{n}(\underline{\sum_{i=1}^{m} \mathfrak{R}_i}^{O}(F_j))$，$\overline{\sum_{i=1}^{m} \mathfrak{R}_i}^{O}(\bigcup_{j=1}^{n} F_j) = \bigcup_{j=1}^{n}(\overline{\sum_{i=1}^{m} \mathfrak{R}_i}^{O}(F_j))$。

（3）$\underline{\sum_{i=1}^{m} \mathfrak{R}_i}^{O}(\bigcup_{j=1}^{n} F_j) \supseteq \bigcup_{j=1}^{n}(\underline{\sum_{i=1}^{m} \mathfrak{R}_i}^{O}(F_j))$，$\overline{\sum_{i=1}^{m} \mathfrak{R}_i}^{O}(\bigcap_{j=1}^{n} F_j) \subseteq \bigcap_{j=1}^{n}(\overline{\sum_{i=1}^{m} \mathfrak{R}_i}^{O}(F_j))$。

定理 5.3　令 U 为论域，$\mathfrak{R}_1, \mathfrak{R}_2, \cdots, \mathfrak{R}_m$ 为论域上的一族二元模糊关系，F 和 F' 是 U 上的两个模糊子集，悲观多粒化模糊粗糙集有以下性质。

（1）$\underline{\sum_{i=1}^{m} \mathfrak{R}_i}^{P}(F) \subseteq F \subseteq \overline{\sum_{i=1}^{m} \mathfrak{R}_i}^{P}(F)$。

（2）$\underline{\sum_{i=1}^{m} \mathfrak{R}_i}^{P}(\varnothing) = \overline{\sum_{i=1}^{m} \mathfrak{R}_i}^{P}(\varnothing) = \varnothing$，$\underline{\sum_{i=1}^{m} \mathfrak{R}_i}^{P}(U) = \overline{\sum_{i=1}^{m} \mathfrak{R}_i}^{P}(U) = U$。

（3）$\underline{\sum_{i=1}^{m} \mathfrak{R}_i}^{P}(F) = \bigcap_{i=1}^{m} \underline{\mathfrak{R}_i}(F)$，$\overline{\sum_{i=1}^{m} \mathfrak{R}_i}^{O}(F) = \bigcup_{i=1}^{m} \overline{\mathfrak{R}_i}(F)$。

（4）$F \subseteq F' \Rightarrow \underline{\sum_{i=1}^{m} \mathfrak{R}_i}^{P}(F) \subseteq \underline{\sum_{i=1}^{m} \mathfrak{R}_i}^{P}(F') \Rightarrow \overline{\sum_{i=1}^{m} \mathfrak{R}_i}^{P}(F) \subseteq \overline{\sum_{i=1}^{m} \mathfrak{R}_i}^{P}(F')$。

（5）$\underline{\sum_{i=1}^{m} \Re_i}^{P}(\sim F) = \sim \overline{\sum_{i=1}^{m} \Re_i}^{P}(F)$，$\overline{\sum_{i=1}^{m} \Re_i}^{P}(\sim F) = \sim \underline{\sum_{i=1}^{m} \Re_i}^{P}(F)$。

定理 5.4　令 U 为论域，$\Re_1, \Re_2, \cdots, \Re_m$ 为论域上的一族二元模糊关系，$F_1, F_2, \cdots, F_n$ 是 U 上的一族模糊子集，悲观多粒化模糊粗糙集有以下性质。

（1）$\underline{\sum_{i=1}^{m} \Re_i}^{P}(\bigcap_{j=1}^{n} F_j) = \bigcap_{j=1}^{n}(\bigcap_{j=1}^{n} \underline{\Re_i}(F_j))$，$\overline{\sum_{i=1}^{m} \Re_i}^{P}(\bigcup_{j=1}^{n} F_j) = \bigcup_{i=1}^{m}(\bigcup_{j=1}^{n} \overline{\Re_i}(F_j))$。

（2）$\underline{\sum_{i=1}^{m} \Re_i}^{P}(\bigcap_{j=1}^{n} F_j) = \bigcap_{j=1}^{n}(\underline{\sum_{i=1}^{m} \Re_i}^{P}(F_j))$，$\overline{\sum_{i=1}^{m} \Re_i}^{P}(\bigcup_{j=1}^{n} F_j) = \bigcup_{j=1}^{n}(\overline{\sum_{i=1}^{m} \Re_i}^{P}(F_j))$。

（3）$\underline{\sum_{i=1}^{m} \Re_i}^{P}(\bigcup_{j=1}^{n} F_j) \supseteq \bigcup_{j=1}^{n}(\underline{\sum_{i=1}^{m} \Re_i}^{P}(F_j))$，$\underline{\sum_{i=1}^{m} \Re_i}^{P}(\bigcap_{j=1}^{n} F_j) \subseteq \bigcap_{j=1}^{n}(\overline{\sum_{i=1}^{m} \Re_i}^{P}(F_j))$。

定义 5.4　令 DS $= <U, \mathcal{AT} \cup D>$ 为决策信息系统，$\Re_1, \Re_2, \cdots, \Re_m$ 为论域上的一族二元模糊关系，$\{X_1, \cdots, X_n\}$ 是由决策类 D 诱导出的划分，基于乐观、悲观多粒化模糊粗糙集的近似质量可以分别定义为

$$\gamma^O(\mathcal{AT}, D) = |\cup \{\underline{\sum_{i=1}^{m} \Re_i}^{O}(X_j): 1 \leqslant j \leqslant n\}|/(|U|) \qquad (5.7)$$

$$\gamma^P(\mathcal{AT}, D) = |\cup \{\underline{\sum_{i=1}^{m} \Re_i}^{P}(X_j): 1 \leqslant j \leqslant n\}|/(|U|) \qquad (5.8)$$

式中，$|\bullet|$ 表示集合的基数。

3. 多粒化模糊粗糙集的求解方法

由式（5.3）可知，对象属于乐观多粒化模糊下近似集的隶属度是一族模糊下近似集隶属度的最大值；由式（5.5）可知，对象属于悲观多粒化模糊下近似集的隶属度是一族模糊下近似集隶属度的最小值。据此，可以设计如下所示的算法求解乐观和悲观多粒化模糊粗糙近似集。

在算法 5.1 中，计算模糊关系的时间复杂度为 $O(|U|^2 \cdot m)$；步骤 3 计算每个对象隶属于模糊下近似集、上近似集的隶属度，其时间复杂度为 $O(|U| \cdot m)$。因此，算法 5.1 的时间复杂度为 $O(|U|^2 \cdot m)$。

算法 5.1　乐观和悲观多粒化模糊粗糙近似集的求解算法

输入：决策信息系统 DS $= <U, \mathcal{AT} \cup D>$。

输出：$\underline{\sum_{i=1}^{m} \Re_i}^{O}(F)$，$\overline{\sum_{i=1}^{m} \Re_i}^{O}(F)$，$\underline{\sum_{i=1}^{m} \Re_i}^{P}(F)$，$\overline{\sum_{i=1}^{m} \Re_i}^{P}(F)$。

步骤 1：计算模糊二元关系，即 $\Re_1, \Re_2, \cdots, \Re_m$。

步骤 2：对于任意的 $x \in U$，令

$\underline{\sum_{i=1}^{m} \Re_i}^{O}(F)(x) = 0$，$\underline{\sum_{i=1}^{m} \Re_i}^{P}(F)(x) = 0$，$\overline{\sum_{i=1}^{m} \Re_i}^{O}(F)(x) = 0$，$\overline{\sum_{i=1}^{m} \Re_i}^{P}(F)(x) = 0$。

步骤 3：对于任意的 $x \in U$，分别计算 $\underline{\Re_i}(F)(x)$，$\overline{\Re_i}(F)(x)$，i 从 1 循环到 m。

步骤 4：对于任意的 $x \in U$，i 从 1 循环到 m。进行如下运算：

$$\underline{\sum_{i=1}^{m} \Re_i}^{O}(F)(x) = \max\{\underline{\sum_{i=1}^{m} \Re_i}^{O}(F)(x), \ \underline{\Re_i}(F)(x)\}$$

$$\overline{\sum_{i=1}^{m} \Re_i}^{O}(F)(x) = \min\{\overline{\sum_{i=1}^{m} \Re_i}^{O}(F)(x), \ \overline{\Re_i}(F)(x)\}$$

$$\underline{\sum_{i=1}^{m} \Re_i}^{P}(F)(x) = \min\{\underline{\sum_{i=1}^{m} \Re_i}^{P}(F)(x), \ \underline{\Re_i}(F)(x)\}$$

$$\overline{\sum_{i=1}^{m} \Re_i}^{P}(F)(x) = \max\{\overline{\sum_{i=1}^{m} \Re_i}^{P}(F)(x), \ \overline{\Re_i}(F)(x)\}$$

步骤 5：返回得到 $\underline{\sum_{i=1}^{m} \Re_i}^{O}(F)$，$\overline{\sum_{i=1}^{m} \Re_i}^{O}(F)$，$\underline{\sum_{i=1}^{m} \Re_i}^{P}(F)$，$\overline{\sum_{i=1}^{m} \Re_i}^{P}(F)$。

5.3　多粒化模糊粗糙近似集的动态更新

本节将研究多粒化模糊框架下的粗糙集近似更新问题，首先给出属性动态变化时求解多粒化模糊粗糙集的朴素算法。

1. 朴素算法

显然在算法 5.2 中，当新加入一族属性后，需要对数据集重新扫描，求得对象在每个属性上的下近似隶度度、上近似隶属度。算法 5.2 的计算过程是基于算法 5.1 的，因此其时间复杂度为 $O(|U|^2 \cdot (m+l))$。在实际工程应用中，所需要处理的数据集中的对象和属性个数往往非常多，这种扫描机制计算的时空代价是非常昂贵的。在数据集的动态更新过程中若能充分地利用已有的计算结果将有助于降低计算时间。

算法 5.2　增加一族属性，多粒化模糊粗糙近似集求解的朴素算法（naive algorithm to update multi-granulation fuzzy rough set，NAUMGFRS）

输入：①决策信息系统 DS = $<U, \mathcal{AT} \cup D>$；
　　　②新增加的属性集合 $\{a_{m+1}, a_{m+2}, \cdots, a_{m+l}\}$。
输出：$\underline{\sum_{i=1}^{m+l} \Re_i}^{O}(F)$，$\overline{\sum_{i=1}^{m+l} \Re_i}^{O}(F)$，$\underline{\sum_{i=1}^{m+l} \Re_i}^{P}(F)$，$\overline{\sum_{i=1}^{m+l} \Re_i}^{P}(F)$。
步骤 1：将属性集合更新为 $\{a_1, a_2, \cdots, a_m, a_{m+1}, a_{m+2}, \cdots, a_{m+l}\}$。
步骤 2：根据算法 5.1 计算乐观和悲观多粒化模糊粗糙近似集。

---

2. 加速算法

定理 5.5　令 U 为论域，$\Re_1, \Re_2, \cdots, \Re_m$ 为论域上的一族二元模糊关系，$\forall F \in F(U)$，可以得到如下结论：

$$\underline{\sum_{i=1}^{m} \Re_i}^{O}(F) = \underline{\sum_{i=1}^{m-1} \Re_i}^{O}(F) \cup \underline{\Re_m}(F) \tag{5.9}$$

$$\overline{\sum_{i=1}^{m} \Re_i}^{O}(F) = \overline{\sum_{i=1}^{m-1} \Re_i}^{O}(F) \cap \overline{\Re_m}(F) \tag{5.10}$$

$$\underline{\sum_{i=1}^{m} \Re_i}^{P}(F) = \underline{\sum_{i=1}^{m-1} \Re_i}^{P}(F) \cap \underline{\Re_m}(F) \tag{5.11}$$

$$\overline{\sum_{i=1}^{m} \mathfrak{R}_i}^{P}(F) = \overline{\sum_{i=1}^{m-1} \mathfrak{R}_i}^{P}(F) \cup \overline{\mathfrak{R}_m}(F) \tag{5.12}$$

证明 根据定义 5.2 和定义 5.3，定理 5.5 易证。

根据定理 5.5，可以利用原始近似隶属度设计一种加速算法以实现动态更新，具体算法流程见算法 5.3。

在算法 5.3 中，对于任意的属性 a_j，其计算 $\underline{\mathfrak{R}_j}(F)(x)$ 和 $\overline{\mathfrak{R}_j}(F)(x)$ 的时间复杂度为 $O(|U|^2)$；更新多粒度模糊粗糙近似集的时间复杂度为 $O(|U|)$，步骤 2 的时间复杂度为 $O(|U|^2 \cdot l)$。综上所述，算法 5.3 的时间复杂度为 $O(|U|^2 \cdot l)$。与算法 5.2 相比，算法 5.3 减小了时间复杂度。

算法 5.3 增加一族属性，多粒化模糊粗糙近似集求解的加速算法（fast algorithm to update multi-granulation fuzzy rough set，FAUMGFRS）

输入：①决策信息系统 DS = <U, $\mathcal{AT} \cup D$>;
　　　②已存在的多粒化模糊粗糙近似集

　　$\underline{\sum_{i=1}^{m} \mathfrak{R}_i}^{O}(F)$, $\overline{\sum_{i=1}^{m} \mathfrak{R}_i}^{O}(F)$, $\underline{\sum_{i=1}^{m} \mathfrak{R}_i}^{P}(F)$, $\overline{\sum_{i=1}^{m} \mathfrak{R}_i}^{P}(F)$;

　　　③新增加的属性集合 $\{a_{m+1}, a_{m+2}, \cdots, a_{m+l}\}$。

输出：$\underline{\sum_{i=1}^{m+l} \mathfrak{R}_i}^{O}(F)$, $\overline{\sum_{i=1}^{m+l} \mathfrak{R}_i}^{O}(F)$, $\underline{\sum_{i=1}^{m+l} \mathfrak{R}_i}^{P}(F)$, $\overline{\sum_{i=1}^{m+l} \mathfrak{R}_i}^{P}(F)$。

步骤 1：令 $\underline{\sum_{i=1}^{m+l} \mathfrak{R}_i}^{O}(F) = \underline{\sum_{i=1}^{m} \mathfrak{R}_i}^{O}(F)$, $\overline{\sum_{i=1}^{m+l} \mathfrak{R}_i}^{O}(F) = \overline{\sum_{i=1}^{m} \mathfrak{R}_i}^{O}(F)$

$\underline{\sum_{i=1}^{m+l} \mathfrak{R}_i}^{P}(F) = \underline{\sum_{i=1}^{m} \mathfrak{R}_i}^{P}(F)$, $\overline{\sum_{i=1}^{m+l} \mathfrak{R}_i}^{P}(F) = \overline{\sum_{i=1}^{m} \mathfrak{R}_i}^{P}(F)$。

步骤 2：对于任意的 $x \in U$，j 从 $m+1$ 循环到 $m+l$，进行如下运算。

计算 $\underline{\mathfrak{R}_j}(F)(x)$, $\overline{\mathfrak{R}_j}(F)(x)$

$\underline{\sum_{i=1}^{m+l} \mathfrak{R}_i}^{O}(F)(x) = \max\{\underline{\sum_{i=1}^{m+l} \mathfrak{R}_i}^{O}(F)(x), \underline{\mathfrak{R}_j}(F)(x)\}$

$\overline{\sum_{i=1}^{m+l} \mathfrak{R}_i}^{O}(F)(x) = \min\{\overline{\sum_{i=1}^{m+l} \mathfrak{R}_i}^{O}(F)(x), \overline{\mathfrak{R}_j}(F)(x)\}$

$\underline{\sum_{i=1}^{m+l} \mathfrak{R}_i}^{P}(F)(x) = \min\{\underline{\sum_{i=1}^{m+l} \mathfrak{R}_i}^{P}(F)(x), \underline{\mathfrak{R}_j}(F)(x)\}$

$\overline{\sum_{i=1}^{m+l} \mathfrak{R}_i}^{P}(F)(x) = \max\{\overline{\sum_{i=1}^{m+l} \mathfrak{R}_i}^{P}(F)(x), \overline{\mathfrak{R}_j}(F)(x)\}$

步骤 3：返回 $\underline{\sum_{i=1}^{m+l} \mathfrak{R}_i}^{O}(F)$, $\overline{\sum_{i=1}^{m+l} \mathfrak{R}_i}^{O}(F)$, $\underline{\sum_{i=1}^{m+l} \mathfrak{R}_i}^{P}(F)$, $\overline{\sum_{i=1}^{m+l} \mathfrak{R}_i}^{P}(F)$。

5.4　粒结构选择的动态更新

1. 朴素算法

属性约简是粗糙集理论中的一个重要问题[17-21]。在经典粗糙集理论中，约简是保持原数据集分类能力不发生变化的最小属性子集。在原有的信息系统中可以求得相应的约简，当属性集合动态变化时，约简也必然会发生变化。因此本节将讨论数据集中属性动态变化时，如何高效地求得约简。首先给出约简的相关定义。

定义 5.5　令 DS = $<U, \mathcal{AT} \cup D>$ 为决策信息系统,在乐观多粒化模糊粗糙集模型中,对于任意的属性子集 A,A 为决策系统的约简当且仅当满足以下两个条件:

(1) $\gamma^{\rho}(A, D) = \gamma^{\rho}(\mathcal{AT}, D)$;

(2) $\forall B \subset \mathcal{AT}$,$\gamma^{\rho}(B, D) \neq \gamma^{\rho}(\mathcal{AT}, D)$。

值得注意的是,本章我们假设每个属性对应一个模糊粒结构,所以定义 5.5 中的约简定义等同于本章的粒结构选择的定义。与定义 5.5 类似,可以定义悲观多粒化模糊粗糙集模型下的约简,本节在此不再赘述。根据定理 5.5,随着属性的单调增加,多粒度模糊粗糙下近似集、上近似集也单调变化,因此可定义如下的属性重要度。

$$\text{Sig}_{\text{in}}(a, \mathcal{AT}, D) = \gamma^{\rho}(\mathcal{AT}, D) - \gamma^{\rho}(\mathcal{AT} - \{a\}, D)$$

$\text{Sig}_{\text{in}}(a, \mathcal{AT}, D)$ 反映了从属性集合 $\mathcal{AT}$ 中删除属性 a 后近似质量的变化程度,相应地可以定义增加属性后近似质量的变化程度:

$$\text{Sig}_{\text{out}}(a, A, D) = \gamma^{\rho}(A \cup \{a\}, D) - \gamma^{\rho}(A, D)$$

式中,$\forall a \in \mathcal{AT} - A$。

根据如上定义的属性重要度,可以利用贪心思想设计出如下的属性约简算法(算法 5.4)。

算法 5.4　粒结构选择算法

输入:决策系统 DS = $<U, \mathcal{AT} \cup D>$;

输出:一个约简 red。

步骤 1:对于任意的属性 $a \in \mathcal{AT}$,计算其属性重要度 $\text{Sig}_{\text{in}}(a, \mathcal{AT}, D)$。

步骤 2:若属性 b 满足 $\text{Sig}_{\text{in}}(b, \mathcal{AT}, D) = \max\{\text{Sig}_{\text{in}}(a, \mathcal{AT}, D): \forall a \in \mathcal{AT}\}$,那么 red←$b$。

步骤 3:当 $\gamma^{\rho}(\text{red}, D) \neq \gamma^{\rho}(\mathcal{AT}, D)$ 时,进行如下循环,否则转步骤 4。

对于任意的 $a \in \mathcal{AT} - \text{red}$,计算 $\text{Sig}_{\text{out}}(a, \text{red}, D)$;

若 $\text{Sig}_{\text{out}}(b, \text{red}, D) = \max\{\text{Sig}_{\text{out}}(a, \text{red}, D): \forall a \in \mathcal{AT} - \text{red}\}$,则 red = red $\cup \{b\}$。

步骤 4:返回 red。

当增加一族属性集合时,人们最直接的想法就是将新进的属性集合并入原有数据集中重新构成一个新的数据系统,然后重新计算算法中需要的属性重要度。根据这一求解思路,可以设计如下的朴素算法(算法 5.5)。

算法 5.5　增加一族属性的粒结构选择朴素算法(naive forward greedy granular structure selection algorithm,NFGGSS)

输入:①决策信息系统 DS = $<U, \mathcal{AT} \cup D>$;

②新增加的属性集合 $\{a_{m+1}, a_{m+2}, \cdots, a_{m+l}\}$。

输出:一个约简 red。

步骤 1:令属性集合为 $\{a_1, a_2, \cdots, a_m, a_{m+1}, a_{m+2}, \cdots, a_{m+l}\}$。

步骤 2:运用算法 5.4 计算约简。

---

2. 加速算法

在上面近似集动态更新过程中，原有的近似集结果对于加速算法起到了帮助作用，在属性约简的加速算法中，也构想利用原有的约简，从而压缩需要计算的数据规模。

定理 5.6　令 DS = <U, $\mathcal{AT} \cup D$>为决策信息系统，其中 $\mathcal{AT} = \{a_1, a_2, \cdots, a_m\}$，red 为决策信息系统的一个约简。假设 a_{m+1} 为新增加的属性，那么可以得到如下结论：$\gamma^O(\mathcal{AT} \cup \{a_{m+1}\}, D) = \gamma^O(\text{red} \cup \{a_{m+1}\}, D)$。

证明　由定义 5.4 可知，$\gamma^O(\mathcal{AT}, D) = |\cup \{\underline{\sum_{i=1}^m \Re_i}^O (X_j)\colon 1 \leqslant j \leqslant n\}|/(|U|)$。同时，由于 red 为决策信息系统的一个约简，根据定义 5.5 可得 $\gamma^O(\text{red}, D) = \gamma^O(\mathcal{AT}, D)$，即 $|\cup \{\underline{\sum_{i=1}^m \Re_i}^O (X_j)\colon 1 \leqslant j \leqslant n\}|/(|U|) = |\cup \{\underline{\sum_{i=1}^{|\text{red}|} \Re_i}^O (X_j)\colon 1 \leqslant j \leqslant n\}|/(|U|)$，进而可得 $\cup \{\underline{\sum_{i=1}^m \Re_i}^O (X_j)\colon 1 \leqslant j \leqslant n\} = \cup \{\underline{\sum_{i=1}^{|\text{red}|} \Re_i}^O (X_j)\colon 1 \leqslant j \leqslant n\}$。根据定理 5.5 有 $\underline{\sum_{i=1}^{m+1} \Re_i}^O (X_j) = \underline{\sum_{i=1}^m \Re_i}^O (X_j) \cup \underline{\Re_{m+1}} (X_j)$，因此：

$$\gamma^O(\mathcal{AT} \cup \{a_{m+1}\}, D) = |\cup \{\underline{\sum_{i=1}^{m+1} \Re_i}^O (X_j)\colon 1 \leqslant j \leqslant n\}|/(|U|)$$

$$= |\cup \{\underline{\sum_{i=1}^m \Re_i}^O (X_j) \cup \underline{\Re_{m+1}} (X_j)\colon 1 \leqslant j \leqslant n\}|/(|U|)$$

$$= |(\cup \{\underline{\sum_{i=1}^m \Re_i}^O (X_j)\colon 1 \leqslant j \leqslant n\}) \cup (\cup \{\underline{\Re_{m+1}} (X_j)\colon 1 \leqslant j \leqslant n\})|/(|U|)$$

$$= |(\cup \{\underline{\sum_{i=1}^{|\text{red}|} \Re_i}^O (X_j)\colon 1 \leqslant j \leqslant n\}) \cup (\cup \{\underline{\Re_{m+1}} (X_j)\colon 1 \leqslant j \leqslant n\})|/(|U|)$$

$$= |\cup \{\underline{\sum_{i=1}^{|\text{red}|} \Re_i}^O (X_j) \cup \underline{\Re_{m+1}} (X_j)\colon 1 \leqslant j \leqslant n\}|/(|U|)$$

$$= \gamma^O(\text{red} \cup \{a_{m+1}\}, D)$$

根据定理 5.6 的理论结果，可对属性约简算法进行改进设计得到如下的加速算法（算法 5.6）。

算法 5.6　增加一族属性的粒结构选择加速算法（fast forward greedy granular structure selection algorithm，FFGGSS）

输入：①决策系统 DS = <U, $\mathcal{AT} \cup D$>；
　　　②原有系统得到的约简 red；
　　　③新增加的属性集合 $\{a_{m+1}, a_{m+2}, \cdots, a_{m+l}\}$。
输出：一个约简 red。
步骤 1：令属性集合为 red $\cup \{a_{m+1}, a_{m+2}, \cdots, a_{m+l}\}$
步骤 2：运用算法 5.4 计算约简。

5.5　实　验　分　析

为了对比分析文章中涉及的朴素算法和加速算法，本节选取了 UCI 数据集中的 6 组数据进行分析，这 6 组数据集的描述如表 5.1 所示。

表 5.1　6 组数据集的描述

序号	数据集	样本数	条件属性数	决策类
1	Contraceptive	1473	9	3
2	Wdbc	569	30	4
3	Car	1728	6	4
4	Solar Flare	1389	9	2
5	MONK's Problems	1711	6	2
6	Tic-Tac-Toe Endgame	958	8	2

1. 近似集求解时间对比

　　在本组实验中，将每个数据集中的样本分成 20 组，每一组的样本数是前一组样本数的 1 倍。图 5.1 表示随着样本数量的不断增大，利用算法 5.2 和算法 5.3 求解多粒化模糊粗糙集的计算时间。图 5.1 中的每一个子图表示在一个数据集上的运行结果，横坐标表示论域数量，纵坐标表示计算时间。

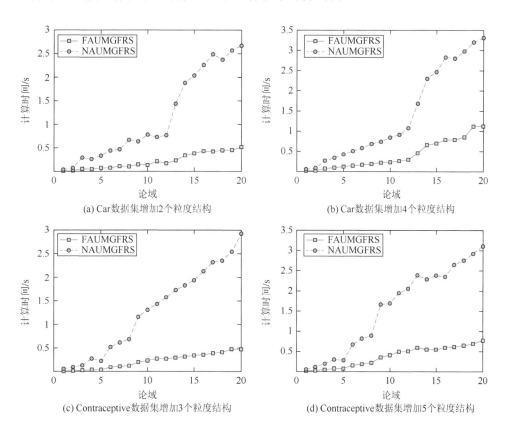

(a) Car 数据集增加 2 个粒度结构　　　　(b) Car 数据集增加 4 个粒度结构

(c) Contraceptive 数据集增加 3 个粒度结构　　(d) Contraceptive 数据集增加 5 个粒度结构

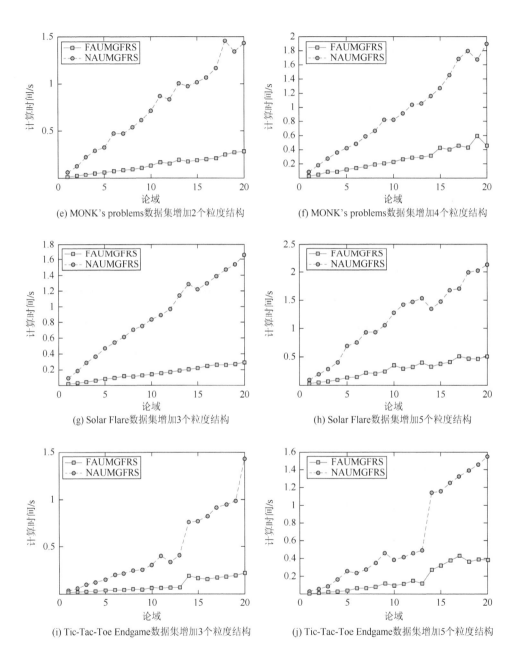

(e) MONK's problems数据集增加2个粒度结构

(f) MONK's problems数据集增加4个粒度结构

(g) Solar Flare数据集增加3个粒度结构

(h) Solar Flare数据集增加5个粒度结构

(i) Tic-Tac-Toe Endgame数据集增加3个粒度结构

(j) Tic-Tac-Toe Endgame数据集增加5个粒度结构

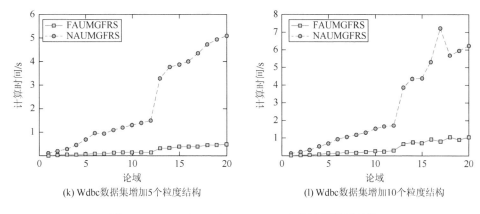

(k) Wdbc数据集增加5个粒度结构　　　　　(l) Wdbc数据集增加10个粒度结构

图 5.1　NAUMGFRS 与 FAUMGFRS 的时间消耗对比

根据图 5.1 所示的实验结果，可以发现，随着论域的不断增大，利用算法 5.2 与算法 5.3 求解多粒化模糊粗糙集约简所需要的计算时间都呈增长趋势。但显然，算法 5.3 的更新机制相较于算法 5.2 来说，所需要消耗的时间更少，说明算法 5.3 的效率高于算法 5.2。并且随着样本数量的不断增大，算法 5.3 所需要的计算时间增长幅度也远远小于算法 5.2 所需要的计算时间增长幅度。

2. 约简求解对比

与上面的实验类似，在本组实验中，依然将每个数据集中的样本分成 20 组，每一组的样本数是前一组样本数的 1 倍。图 5.2 表示随着论域的不断增大，利用算法 5.5 和算法 5.6 求解多粒化模糊粗糙集约简的计算时间。图 5.2 中的每一个子图表示在一个数据集上的运行结果，横坐标表示论域，纵坐标表示计算时间。

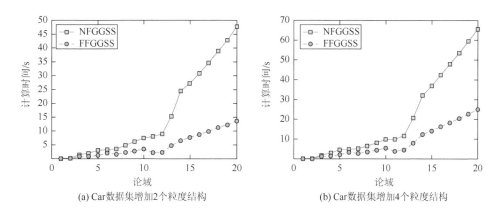

(a) Car数据集增加2个粒度结构　　　　　　(b) Car数据集增加4个粒度结构

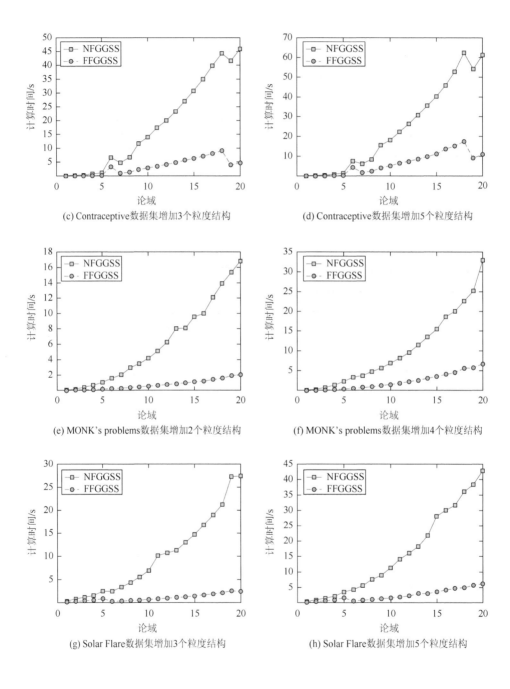

(c) Contraceptive数据集增加3个粒度结构

(d) Contraceptive数据集增加5个粒度结构

(e) MONK's problems数据集增加2个粒度结构

(f) MONK's problems数据集增加4个粒度结构

(g) Solar Flare数据集增加3个粒度结构

(h) Solar Flare数据集增加5个粒度结构

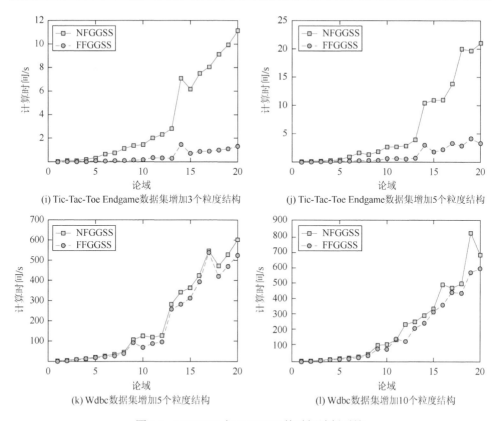

(i) Tic-Tac-Toe Endgame数据集增加3个粒度结构　　　　(j) Tic-Tac-Toe Endgame数据集增加5个粒度结构

(k) Wdbc数据集增加5个粒度结构　　　　　　　　(l) Wdbc数据集增加10个粒度结构

图 5.2　NFGGSS 与 FFGGSS 的时间消耗对比

　　根据图 5.2 所示的实验结果，可以发现，随着论域的不断增大，利用算法 5.5 和算法 5.6 计算约简，所需要的计算时间都呈增长趋势。但显然，算法 5.6 的更新机制相较于算法 5.5 来说，所需要的计算时间更少，说明算法 5.6 的效率要高于算法 5.5。并且随着论域的不断增大，算法 5.6 所需要的计算时间增长幅度也远远小于算法 5.5 所需要的计算时间增长幅度。

　　综上所述，本章以数据动态更新为背景，围绕模糊环境下的多粒化粗糙化模型，给出了近似集动态更新的朴素算法和加速算法。在粒结构选择过程中，本章提出了朴素算法和加速算法。实验结果显示本章提出的加速算法大大提高了动态更新算法的运行效率，降低了计算时间。

　　在本章研究工作的基础上，下一步的研究重点将集中在以下几方面：

　　（1）在多源信息环境下的多粒化模糊粗糙集的数据建模；

　　（2）设计模糊环境下的多粒化粗糙集分类器；

　　（3）如何进一步提升本章提出的加速算法的运行效率或者设计更加高效的加速算法并与已经出现的更新算法进行对比分析将是我们研究的重点；

（4）在多粒化模糊环境下对对象更新和对象值的更新也是接下来研究考虑的一个方面。

参 考 文 献

[1]　张钹，张玲. 问题求解理论及应用[M]. 北京：清华大学，1990.

[2]　Chan C C. A rough set approach to attribute generalization in data mining [J]. Information Sciences，1998，107（1-4）：169-176.

[3]　Li T R，Ruan D，Geert W，et al. A rough sets based characteristic relation approach for dynamic attribute generalization in data mining [J]. Knowledge-Based Systems，2007，20（5）：485-494.

[4]　Zhang J B，Li T R，Ruan D，et al. Rough sets based matrix approaches with dynamic attribute variation in set-valued information systems [J]. International Journal of Approximate Reasoning，2012，53（4）：620-635.

[5]　Liu D，Li T R，Ruan D，et al. An incremental approach for inducing knowledge from dynamic information systems[J]. Fundamenta Informaticae，2009，94（2）：245-260.

[6]　Liang J Y，Wang F，Dang C Y，et al. A group incremental approach to feature selection applying rough set technique [J]. IEEE Transactions on Knowledge and Data Engineering，2012，26：294-308.

[7]　Chen H M，Li T R，Qiao S J，et al. A rough set based dynamic maintenance approach for approximations in coarsening and refining attribute values [J]. International Journal of Intelligent Systems，2010，25（10）：1005-1026.

[8]　Chen H M，Li T R，Ruan D. Dynamic maintenance of approximations under a rough-set based variable precision limited tolerance relation [J]. Multiple-Valued Logic and Soft Computing，2012，18：577-598.

[9]　Chen H M，Li T R，Ruan D，et al. A rough-set based incremental approach for updating approximations under dynamic maintenance environments [J]. IEEE Transactions on Knowledge and Data Engineering，2013，25（2）：274-284.

[10]　Wang F，Liang J Y，Dang C Y，et al. Attribute reduction for dynamic data sets [J]. Applied Soft Computing，2013，13（1）：676-689.

[11]　Yang X B，Song X N，Dou H L，et al. Multi-granulation rough set：From crisp to fuzzy case [J]. Annals Fuzzy Mathematics Information，2011，1（1）：55-70.

[12]　Yang X B，Yang J Y. Incomplete Information System and Rough Set Theory：Model and Attribute Reductions [M]. Berlin：Science Press & Springer，2012.

[13]　Xu W H，Wang Q R，Zhang X T. Multi-granulation fuzzy rough sets in a fuzzy tolerance approximation space [J]. International Journal of Fuzzy Systems，2011，14：246-259.

[14]　Yang X B，Qi Y，Yu H L，et al. Updating multigranulation rough approximations with increasing of granular structures [J]. Knowledge-Based Systems，2014，64：59-69.

[15]　Qian Y H，Liang J Y，Yao Y Y，et al. MGRS：A multi-granulation rough set [J]. Information Sciences，2010，180（6）：949-970.

[16]　Qian Y H，Liang J Y，Dang C Y. Incomplete multigranulation rough set [J]. IEEE Transactions on Systems，Man and Cybernetics，Part A，2010，40（2）：420-431.

[17]　Wu W Z，Zhang M，Li H Z，et al. Knowledge reduction in random information systems via Dempster-Shafer theory of evidence [J]. Information Sciences，2005，174（3/4）：143-164.

[18]　Kryszkiewicz M. Comparative study of alternative type of knowledge reduction in inconsistent systems [J].

International Journal of Intelligent Systems，2001，16（1）：105-120.

[19]　Li D Y，Zhang B，Leung Y. On knowledge reduction in inconsistent decision information systems [J]. International Journal of Uncertainty，Fuzziness and Knowledge-Based Systems，2004，12（5）：651-672.

[20]　Mi J S，Wu W Z，Zhang W X. Comparative studies of knowledge reductions in inconsistent systems [J]. Fuzzy Systems and Mathematics，2003，17（3）：54-60.

[21]　Skowron A. Extracting laws from decision tables：A rough set approach [J]. Computational Intelligence，1995，11（2）：371-388.

第6章　多粒度知识空间中决策粒层的选择模型

前面几章从不确定性度量的角度出发，通过建立相关模型研究了多粒度空间中模糊概念的近似描述问题。但是，在实际问题中，对不确定性概念的近似描述需要综合考虑在该多粒度空间中的代价（误分类代价和多粒度知识空间的构建成本），即需要在实际问题的决策代价和测试代价之间取得一种平衡，即如何定义最优代价知识空间仍是当前的一个研究问题。在三支决策模型基础上提出的序贯三支决策模型，本质上是一种渐进式问题处理模型。本章基于三支决策理论讨论多粒度知识空间中的模糊概念的决策代价变化规律；研究模糊概念在分层递阶的多粒度知识空间中测试代价的表达形式，并给出一种基于启发式函数的渐进式粒度寻优算法。实验结果表明临时的最优粒度在约束条件下具有较高的决策质量。

6.1　引　　言

结合概率粗糙集和决策理论，Yao[1, 2]从决策风险的角度提出了 3WD。近年来，3WD 吸引了许多研究者的关注[3-7]，并被成功地应用于许多领域，包括分类[6]、聚类[7, 8]、垃圾邮件过滤[9]、决策分析[10]及信息融合[11]。通过引入贝叶斯风险最小理论，3WD 可以计算出相应的阈值，从而将一个论域划分为三个不相交的区域，并在三个区域关联不同的行为和决策。为了利用 3WD 处理目标概念为模糊时的情形，Sun 等[12]在粗糙模糊集模型的基础上提出了三支决策粗糙模糊集（three-way decisions with rough fuzzy sets，3WDRFS）模型，并通过信用卡案例验证了该模型的有效性。基于粒计算理论，Yao 和 Deng[13]进一步提出了 S3WD 理论。从多粒度的角度来说，随着信息系统中属性或信息的增加，S3WD 中等价类将逐渐变小。S3WD 本质上是一种渐进式问题求解模型，通过由粗到细的切换粒度，实现问题的逐步求解。Zhang 等[14]从两类错误和两类代价的角度建立了一种新的三支决策粗糙集模型，进一步完善了三支决策理论。Yang 等[15]提出了一种统一的序贯三支决策模型及在该模型框架下的多粒度增量式算法。Li 等[16, 17]通过建立一种代价敏感的三支决策模型解决了图像处理中的神经网络层次优化问题。Hao 等[18]提出了一种用于多尺度信息表的序贯三支决策模型，并建立了动态多尺度决策表中的最优尺度选择算法。为了实现渐进式的最优尺度的选择和属性约简，She 等[19]

提出了一种局部规则提取算法，本质上运用了序贯三支决策的思想。

在现实的决策分析中，S3WD 为求解复杂问题提供了一种模拟人类的多粒度思维。Yao 和 Zhao[20]讨论了决策粗糙集模型中的三个标准（单调性、普遍性和代价），并指出语义的解释值得进一步研究。在 S3WD 模型中，对于决策域来说，无论从定量还是定性的角度出发，随着知识空间的变化其不再具有单调性。如何选择最优的知识空间进行决策分析是机器学习[21]和数据挖掘[22]中一个比较重要的问题。代价敏感学习是机器学习领域中的一种新方法，它主要考虑在分类中，当不同的分类错误导致不同的惩罚力度时如何训练分类器。在三支决策模型中，测试代价和决策代价是三个决策域（正域、负域和边界域）中主要存在的两种代价。一方面，决策代价是一种错误分类代价，分析决策代价在一定程度上有助于提高分类质量。从三支决策的角度来说，经典粗糙集的决策代价仅来自于边界域，而粗糙模糊集中的决策代价不仅来自于边界域，而且还来自于正域和负域，这是因为正域和负域中对象的隶属度并不完全等于 1 或 0。另一方面，测试代价通常指获取属性值所需要的代价，如时间和金钱。通过同时考虑决策代价和测试代价，以分类总代价为目标函数，Min 等[23, 24]将属性约简转化为粒度优化问题。Zhao 和 Zhu[25]提出了一种基于置信度的覆盖粗糙集模型，从多粒度的角度选择最优粒度，并证明了该粒度上的求解效果比固定粒度上更有效。Yang 等[26]从多种类型代价的角度考虑，提出了统一的框架来研究决策粗糙集模型。虽然，这些研究都从代价的角度研究了多粒度空间中不确定性知识的优化问题，但是，仍然存在以下缺点：①缺乏对 S3WD 模型中决策代价的分析，即缺乏分层递阶的知识空间下刻画目标概念的决策代价变化规律。②在实际的应用中，测试代价通常包含很多因素，如时间、金钱、技术等，这些因素的量纲不相同，所以很难将它们综合起来评估，导致评估结果不够准确客观。③当前的粒计算中关于代价敏感的研究仅把决策域总代价作为目标函数，并不符合实际的应用情况。例如，以医疗系统为例，人们在进行检测一项疾病时通常会从自身的经济状况出发，如果一个人经济状况很好，他通常会选择那些非常精确的项目，而不太会考虑价格。如果一个人经济状况一般，他可能会选择一些相对便宜且较精确的项目进行检查，这是生活中比较普遍的方式。因此，从一组最优方案中选取最符合用户偏好和需求的方案在实际问题中是非常可取的。④缺乏在约束条件下渐进式选择知识空间做临时决策的机制。针对以上问题，从代价的角度，本章基于序贯三支粗糙模糊集模型提出一种最优知识空间选择机制。

本章首先提出一种序贯三支决策粗糙模糊集模型，讨论分层递阶的多粒度知识空间中的决策粗糙模糊集及三个决策域（正域、负域和边界域）的决策代价变化规律。其次，从代价的角度出发，研究模糊概念在多粒度知识空间中测试代价的表达形式，并构建结合决策代价和测试代价的启发式函数，在此基础上提出一种渐进式知识空间优化机制。最后，通过实验验证了该机制的有效性。

6.2　不确定性概念的序贯三支决策模型

通过最小化总的决策风险，Sun 等[12]在决策粗糙集的基础上建立了 3WDRFS 模型。3WDRFS 模型不仅为概率粗糙模糊集的参数设置提供了可解释的方法，而且还提供了有效处理模糊目标概念的方法。

定义 6.1（三支决策粗糙模糊集）[12]　设一个信息系统 $S = (U, C \cup D, V, f)$，$R \subseteq C$，X 是 U 上的一个模糊集。令 $A = \{a_P, a_B, a_N\}$ 表示行为集合，其中，a_P、a_B 和 a_N 分别表示接受、拒绝和延迟决策三种决策行为。λ_{PP}、λ_{BP}、λ_{NP} 分别表示当对象 x 属于目标概念 X 时采取行动 a_P、a_B、a_N 所产生的损失函数。λ_{PN}、λ_{BN}、λ_{NN} 分别表示当对象 x 不属于目标概念 X 时采取行动 a_P、a_B、a_N 所产生的损失函数。因此，分别采取行为的风险损失为

$$\Re(a_P \,|\, [x]) = \lambda_{PP} \overline{\mu}([x]) + \lambda_{PN} (1 - \overline{\mu}([x])) \tag{6.1}$$

$$\Re(a_B \,|\, [x]) = \lambda_{BP} \overline{\mu}([x]) + \lambda_{BN} (1 - \overline{\mu}([x])) \tag{6.2}$$

$$\Re(a_N \,|\, [x]) = \lambda_{NP} \overline{\mu}([x]) + \lambda_{NN} (1 - \overline{\mu}([x])) \tag{6.3}$$

式中，$\overline{\mu}([x])$ 表示由 U/R 诱导的等价类 $[x]$ 属于 X 的隶属度，其定义如下：

$$\overline{\mu}([x]) = \frac{\sum\limits_{y \subseteq [x]} \mu(y)}{|[x]|} \tag{6.4}$$

从概率统计的角度来说，$\overline{\mu}([x])$ 可以理解为对象 $x \in [x]$ 属于 X 的概率。$1 - \overline{\mu}([x])$ 为由等价关系 U/R 诱导的等价类 $[x]$ 不属于 X 的隶属度。

按照贝叶斯准则，可以得到下面的最小风险决策规则：

（P）若 $\Re(a_P \,|\, [x]) \leqslant \Re(a_N \,|\, [x])$ 且 $\Re(a_P \,|\, [x]) \leqslant \Re(a_B \,|\, [x])$，则 $x \in \mathrm{POS}(X)$；

（B）若 $\Re(a_B \,|\, [x]) \leqslant \Re(a_N \,|\, [x])$ 且 $\Re(a_B \,|\, [x]) \leqslant \Re(a_P \,|\, [x])$，则 $x \in \mathrm{BND}(X)$；

（N）若 $\Re(a_N \,|\, [x]) \leqslant \Re(a_B \,|\, [x])$ 且 $\Re(a_N \,|\, [x]) \leqslant \Re(a_P \,|\, [x])$，则 $x \in \mathrm{NEG}(X)$。

显然，以上准则只与损失函数和 $\overline{\mu}([x])$ 有关。另外，类似于 3WD 模型，$0 \leqslant \lambda_{PP} \leqslant \lambda_{BP} \leqslant \lambda_{NP} \leqslant 1$ 和 $0 \leqslant \lambda_{NN} \leqslant \lambda_{BN} \leqslant \lambda_{PN} \leqslant 1$ 为构建 3WDRFS 模型的两个合理假设，则决策规则可以写为

（P1）$\overline{\mu}([x]) \geqslant \dfrac{(\lambda_{PN} - \lambda_{BN})}{(\lambda_{PN} - \lambda_{BN}) + (\lambda_{BP} - \lambda_{PP})}$ 和 $\overline{\mu}([x]) \geqslant \dfrac{(\lambda_{PN} - \lambda_{NN})}{(\lambda_{PN} - \lambda_{NN}) + (\lambda_{NP} - \lambda_{PP})}$。

（B1）$\overline{\mu}([x]) \leqslant \dfrac{(\lambda_{PN} - \lambda_{BN})}{(\lambda_{PN} - \lambda_{BN}) + (\lambda_{BP} - \lambda_{PP})}$ 和 $\overline{\mu}([x]) \geqslant \dfrac{(\lambda_{BN} - \lambda_{NN})}{(\lambda_{BN} - \lambda_{NN}) + (\lambda_{NP} - \lambda_{BP})}$。

（N1）　$\bar{\mu}([x]) \leqslant \dfrac{(\lambda_{PN} - \lambda_{NN})}{(\lambda_{PN} - \lambda_{NN}) + (\lambda_{NP} - \lambda_{PP})}$ 和 $\bar{\mu}([x]) \leqslant \dfrac{(\lambda_{BN} - \lambda_{NN})}{(\lambda_{BN} - \lambda_{NN}) + (\lambda_{NP} - \lambda_{BP})}$ 。

基于规则（P1）、（B1）和（N1），为了进一步得到更详细的决策规则，假设

$$\alpha = \frac{(\lambda_{PN} - \lambda_{BN})}{(\lambda_{PN} - \lambda_{BN}) + (\lambda_{BP} - \lambda_{PP})} = \left(1 + \frac{\lambda_{BP} - \lambda_{PP}}{\lambda_{PN} - \lambda_{BN}}\right)^{-1} \tag{6.5}$$

$$\beta = \frac{(\lambda_{BN} - \lambda_{NN})}{(\lambda_{BN} - \lambda_{NN}) + (\lambda_{NP} - \lambda_{BP})} = \left(1 + \frac{\lambda_{NP} - \lambda_{BP}}{\lambda_{BN} - \lambda_{NN}}\right)^{-1} \tag{6.6}$$

$$\gamma = \frac{(\lambda_{PN} - \lambda_{NN})}{(\lambda_{PN} - \lambda_{NN}) + (\lambda_{NP} - \lambda_{PP})} = \left(1 + \frac{\lambda_{NP} - \lambda_{PP}}{\lambda_{PN} - \lambda_{NN}}\right)^{-1} \tag{6.7}$$

对于规则（B1），可得 $\beta \leqslant \alpha$ ，则

$$\frac{\lambda_{BP} - \lambda_{PP}}{\lambda_{PN} - \lambda_{BN}} < \frac{\lambda_{NP} - \lambda_{BP}}{\lambda_{BN} - \lambda_{NN}} \tag{6.8}$$

此外，由于

$$\frac{b}{a} > \frac{d}{c} \Rightarrow \frac{b}{a} > \frac{b+d}{a+c} > \frac{d}{c} \quad (a,b,c,d > 0) \tag{6.9}$$

可得

$$\frac{\lambda_{BP} - \lambda_{PP}}{\lambda_{PN} - \lambda_{BN}} < \frac{\lambda_{NP} - \lambda_{PP}}{\lambda_{PN} - \lambda_{NN}} < \frac{\lambda_{NP} - \lambda_{BP}}{\lambda_{BN} - \lambda_{NN}} \tag{6.10}$$

因此，$0 \leqslant \beta \leqslant \gamma \leqslant \alpha \leqslant 1$ ，可得如下决策规则：

（P2）若 $\bar{\mu}([x]) \geqslant \alpha$ ，则 $x \in \text{POS}_R^{(\alpha,\beta)}(X)$ 。

（B2）若 $\beta < \bar{\mu}([x]) < \alpha$ ，则 $x \in \text{BND}_R^{(\alpha,\beta)}(X)$ 。

（N2）若 $\bar{\mu}([x]) \leqslant \beta$ ，则 $x \in \text{NEG}_R^{(\alpha,\beta)}(X)$ 。

在本章中，为了简化，假设正确分类代价为 0，即 $\lambda_{NN} = \lambda_{PP} = 0$，那么在 3WDRFS 模型中，有

$$\alpha = \frac{\lambda_{PN} - \lambda_{BN}}{\lambda_{PN} - \lambda_{BN} + \lambda_{BP}} \tag{6.11}$$

$$\beta = \frac{\lambda_{BN}}{\lambda_{BN} + \lambda_{NP} - \lambda_{BP}} \tag{6.12}$$

不同于经典粗糙集模型，从 3WDRFS 模型的三个决策域得到的规则（P2）、（B2）和（N2）具有不确定性。通过上面的分析，三个决策域的决策代价可以定义如下：

$$\mathrm{DC}(\mathrm{NEG}_R^{(\alpha,\beta)}(X)) = \sum_{x \in \mathrm{NEG}_R^{(\alpha,\beta)}(X)} \bar{\mu}([x])\lambda_{\mathrm{NP}} \tag{6.13}$$

$$\mathrm{DC}(\mathrm{BND}_R^{(\alpha,\beta)}(X)) = \sum_{x \in \mathrm{BND}_R^{(\alpha,\beta)}(X)} \bar{\mu}([x])\lambda_{\mathrm{BP}} + (1 - \bar{\mu}([x]))\lambda_{\mathrm{BN}} \tag{6.14}$$

$$\mathrm{DC}(\mathrm{POS}_R^{(\alpha,\beta)}(X)) = \sum_{x \in \mathrm{POS}_R^{(\alpha,\beta)}(X)} (1 - \bar{\mu}([x]))\lambda_{\mathrm{PN}} \tag{6.15}$$

总决策代价 $\mathrm{DC}_R^{(\alpha,\beta)}(X)$ 来源于三个域，定义如下：

$$\begin{aligned} \mathrm{DC}_R^{(\alpha,\beta)}(X) &= \mathrm{DC}(\mathrm{NEG}_R^{(\alpha,\beta)}(X)) + \mathrm{DC}(\mathrm{POS}_R^{(\alpha,\beta)}(X)) + \mathrm{DC}(\mathrm{BND}_R^{(\alpha,\beta)}(X)) \\ &= \sum_{x \in \mathrm{NEG}_R^{(\alpha,\beta)}(X)} \bar{\mu}([x])\lambda_{\mathrm{NP}} + \sum_{x \in \mathrm{POS}_R^{(\alpha,\beta)}(X)} \bar{\mu}([x])\lambda_{\mathrm{PN}} \\ &\quad + \sum_{x \in \mathrm{BND}_R^{(\alpha,\beta)}(X)} (\bar{\mu}([x])\lambda_{\mathrm{BP}} + (1 - \bar{\mu}([x]))\lambda_{\mathrm{BN}}) \end{aligned} \tag{6.16}$$

$\mathrm{DC}(\mathrm{POS}_R^{(\alpha,\beta)}(X))$、$\mathrm{DC}(\mathrm{BND}_R^{(\alpha,\beta)}(X))$ 和 $\mathrm{DC}(\mathrm{NEG}_R^{(\alpha,\beta)}(X))$ 分别表示获得规则（P2）、（B2）和（N2）时的决策代价。基于 3WDRFS 模型，本章提出粗糙模糊集的序贯三支决策（sequential three-way decisions with rough fuzzy sets，S3WDRFS）模型。

定义 6.2（序贯三支决策粗糙模糊集） 设一个信息系统 $S = (U, C \cup D, V, f)$，$R_1 \subseteq R_2 \subseteq \cdots \subseteq R_M \subseteq C$，$X$ 是 U 上的一个模糊集，则序贯三支决策模糊集模型可以表示为 $\mathrm{GS} = (\mathrm{GL}_1, \mathrm{GL}_2, \cdots, \mathrm{GL}_M)$，其中，$\mathrm{GL}_i = (U, C_i \cup D, V_i, f_i)$，$i = 1, 2, \cdots, M$。$\mathrm{GL}_i$ 表示第 i 个知识空间（由等价关系 U/R_i 诱导），GS 表示一个层次粒结构。

对于属性集序列 $(R_1, R_2, \cdots, R_M)$，可以得到 S3WDRFS 模型对应的决策代价序列 $\mathrm{DC} = (\mathrm{DC}_{R_1}^{(\alpha,\beta)}(X), \mathrm{DC}_{R_2}^{(\alpha,\beta)}(X), \cdots, \mathrm{DC}_{R_M}^{(\alpha,\beta)}(X))$。

一个属性集序列可以构建一个层次粒结构。对于不同的问题，可以根据属性重要度或其他启发式函数对属性进行排序，从而构造不同的层次粒结构。

图 6.1 展示了 S3WDRFS 模型中决策代价的计算过程，其中，虚线框表示序贯三支决策概率粗糙集（sequential three-way decisions with probabilistic rough sets，S3WDPRS）模型的决策代价计算过程。当目标概念为清晰的概念时（所有的对象对目标概念的隶属度为 0 或 1），S3WDRFS 模型退化为 S3WDPRS 模型，S3WDPRS 模型为 S3WDRFS 模型的特殊情况。因此，由图 6.1 可知，相比 S3WDPRS 模型而言，S3WDRFS 模型更具有普遍性和实用性。

当 $\alpha = \beta = 0.5$ 时，S3WDRFS 模型退化为 0.5 序贯三支决策粗糙模糊集（0.5-S3WDRFS）模型，则三个决策域定义如下：

$$\mathrm{POS}_{R_i}^{0.5}(X) = \{x \in U \mid \bar{\mu}([x]) > 0.5\} = \underline{R_i}^{0.5}(X) \tag{6.17}$$

$$\mathrm{BND}_{R_i}^{0.5}(X) = \{x \in U \mid \bar{\mu}([x]) = 0.5\} = \overline{R_i}^{0.5}(X) - \underline{R_i}^{0.5}(X) \tag{6.18}$$

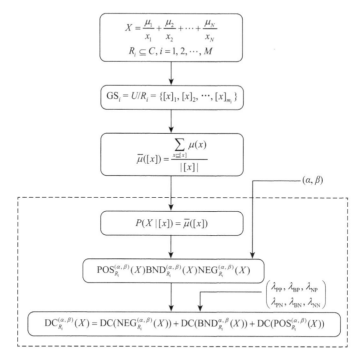

图 6.1　S3WDRFS 模型中决策代价的计算过程

$$\mathrm{NEG}_{R_i}^{0.5}(X) = \{x \in U \mid \overline{\mu}([x]) < 0.5\} = U - \overline{R_i}^{0.5}(X) \qquad （6.19）$$

类似地，当 $\alpha = 1$ 和 $\beta = 0$ 时，S3WDRFS 模型退化为（1，0）序贯三支决策粗糙模糊集（（1，0）S3WDRFS）模型，则三个决策域定义如下：

$$\mathrm{POS}_{R_i}^{(1,0)}(X) = \{x \in U \mid \overline{\mu}([x]) = 1\} = \underline{R_i}^{(1,0)}(X) \qquad （6.20）$$

$$\mathrm{BND}_{R_i}^{(1,0)}(X) = \{x \in U \mid 0 < \overline{\mu}([x]) < 1\} = \overline{R_i}^{(1,0)}(X) - \underline{R_i}^{(1,0)}(X) \qquad （6.21）$$

$$\mathrm{NEG}_{R_i}^{(1,0)}(X) = \{x \in U \mid \overline{\mu}([x]) = 0\} = U - \overline{R_i}^{(1,0)}(X) \qquad （6.22）$$

6.3　不确定性概念的多粒度决策代价分析

在 S3WDRFS 模型中，正域和负域中的对象具有不确定性，即这些对象的隶属度并不完全等于 1 或 0，使得每个粒层的决策代价来自于三个域。随着知识空间的细化，正域和负域中对象可能会发生重新分类，导致三个域发生变化。因此，每个知识空间上的决策代价也会随之发生变化。本章将分析多粒度知识空间中 S3WDRFS 模型中决策代价的变化规律。

为了简化，假设 $\lambda_{pp} = \lambda_{NN} = 0$ 且 $\dfrac{\lambda_{BP}}{\lambda_{NP}} + \dfrac{\lambda_{BN}}{\lambda_{PN}} \leqslant 1$，则 $\alpha = \dfrac{\lambda_{PN} - \lambda_{BN}}{\lambda_{PN} - \lambda_{BN} - \lambda_{BP}}$，$\beta =$

$\dfrac{\lambda_{BN}}{\lambda_{BN} + \lambda_{NP} - \lambda_{BP}}$。

定理 6.1　设一个信息系统 $S = (U, C \cup D, V, f)$，$R_1 \subseteq R_2 \subseteq \cdots \subseteq R_M \subseteq C$，$X$ 是 U 上的一个模糊集，则 $\mathrm{DC}_{R_i}^{(\alpha,\beta)}(X) \geqslant \mathrm{DC}_{R_{i+1}}^{(\alpha,\beta)}(X)$，其中 $i = 1, 2, \cdots, M-1$。

证明　假设 U 是一个非空论域，$U / R_i = \{p_1, p_2, \cdots, p_l\}$，$U / R_{i+1} = \{q_1, q_2, \cdots, q_m\}$ 是 U 上的两个知识空间。由于 $R_i \subseteq R_{i+1}$，故 $U / R_{i+1} \preceq U / R_i$。为了简单化，假设仅有一个信息粒 $p_1 (p_1 \in U / R_i)$ 细分为两个更细的信息粒 $q_1, q_2 (q_1, q_2 \in U / R_{i+1})$（其他复杂情形均可转化为这种情形，这里不再重复），则 $p_1 = q_1 \cup q_2$，$p_2 = q_3$，$p_3 = q_4, \cdots, p_l = q_m (m = l + 1)$，即 $U / R_{i+1} = \{q_1, q_2, p_2, p_3, \cdots, p_l\}$。

（1）假设 $\bar{\mu}(p_1) \leqslant \beta$，即 $p_1 \subseteq \mathrm{NEG}_{R_i}^{(\alpha,\beta)}(X)$，下面分三种情况进行证明。

情况 1：$\bar{\mu}(q_1) \leqslant \beta$ 和 $\bar{\mu}(q_2) \leqslant \beta$。

由情况 1 可知，$q_1 \subseteq \mathrm{NEG}_{R_{i+1}}^{(\alpha,\beta)}(X)$ 和 $q_2 \subseteq \mathrm{NEG}_{R_{i+1}}^{(\alpha,\beta)}(X)$，可得

$$\begin{aligned}
\Delta\mathrm{DC}_{R_i - R_{i+1}} &= \mathrm{DC}_{R_i}^{(\alpha,\beta)}(X) - \mathrm{DC}_{R_{i+1}}^{(\alpha,\beta)}(X) \\
&= \mathrm{DC}(\mathrm{NEG}_{R_i}^{(\alpha,\beta)}(X)) - \mathrm{DC}(\mathrm{NEG}_{R_{i+1}}^{(\alpha,\beta)}(X)) \\
&= \bar{\mu}(p_1)|p_1|\lambda_{NP} - \bar{\mu}(q_1)|q_1|\lambda_{NP} - \bar{\mu}(q_2)|q_2|\lambda_{NP} \\
&= \left(\sum_{x_i \in p_1} \mu(x_i) - \sum_{x_i \in q_1} \mu(x_i) - \sum_{x_i \in q_2} \mu(x_i) \right) \lambda_{NP}
\end{aligned}$$

由于 $\displaystyle\sum_{x_i \in p_1} \mu(x_i) = \sum_{x_i \in q_1} \mu(x_i) + \sum_{x_i \in q_2} \mu(x_i)$，所以 $\Delta\mathrm{DC}_{R_i - R_{i+1}} = 0$。因此，$\mathrm{DC}_{R_i}^{(\alpha,\beta)}(X) = \mathrm{DC}_{R_{i+1}}^{(\alpha,\beta)}(X)$。

情况 2：$\bar{\mu}(q_1) \geqslant \alpha$ 和 $\bar{\mu}(q_2) \leqslant \beta$。

由情况 2 可知，$q_1 \subseteq \mathrm{POS}_{R_{i+1}}^{(\alpha,\beta)}(X)$ 和 $q_2 \subseteq \mathrm{NEG}_{R_{i+1}}^{(\alpha,\beta)}(X)$。图 6.2（a）为 S3WDRFS 模型的负域中等价类发生细分的一种情形。

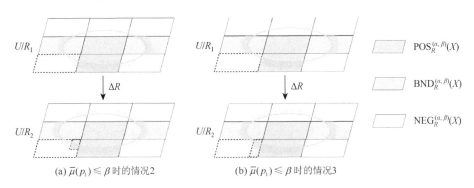

(a) $\bar{\mu}(p_1) \leqslant \beta$ 时的情况 2　　　　　(b) $\bar{\mu}(p_1) \leqslant \beta$ 时的情况 3

图 6.2　S3WDRFS 模型的负域中等价类发生细分情形

可得

$$\Delta \mathrm{DC}_{R_i - R_{i+1}} = \mathrm{DC}_{R_i}^{(\alpha,\beta)}(X) - \mathrm{DC}_{R_{i+1}}^{(\alpha,\beta)}(X)$$
$$= \overline{\mu}(p_1) \mid p_1 \mid \lambda_{\mathrm{NP}} - \overline{\mu}(q_2) \mid q_2 \mid \lambda_{\mathrm{NP}} - (1 - \overline{\mu}(q_1) \mid q_1 \mid) \lambda_{\mathrm{PN}}$$
$$= \mid q_1 \mid (\overline{\mu}(q_1)(\lambda_{\mathrm{NP}} + \lambda_{\mathrm{PN}}) - \lambda_{\mathrm{PN}})$$

由于 $\overline{\mu}(q_1) \geqslant \alpha = \dfrac{\lambda_{\mathrm{PN}} - \lambda_{\mathrm{BN}}}{\lambda_{\mathrm{PN}} - \lambda_{\mathrm{BN}} - \lambda_{\mathrm{BP}}}$ 及 $\dfrac{\lambda_{\mathrm{BP}}}{\lambda_{\mathrm{NP}}} + \dfrac{\lambda_{\mathrm{BN}}}{\lambda_{\mathrm{PN}}} \leqslant 1$，所以 $\dfrac{\lambda_{\mathrm{PN}} - \lambda_{\mathrm{BN}}}{\lambda_{\mathrm{PN}} - \lambda_{\mathrm{BN}} - \lambda_{\mathrm{BP}}} \geqslant$

$\dfrac{\lambda_{\mathrm{PN}}}{\lambda_{\mathrm{NP}} + \lambda_{\mathrm{PN}}}$，$\Delta \mathrm{DC}_{R_i - R_{i+1}} \geqslant 0$。因此，$\mathrm{DC}_{R_i}^{(\alpha,\beta)}(X) \geqslant \mathrm{DC}_{R_{i+1}}^{(\alpha,\beta)}(X)$。

情况 3：$\beta < \overline{\mu}(q_1) < \alpha$ 和 $\overline{\mu}(q_2) \leqslant \beta$。

由情况 3 可知，$q_1 \subseteq \mathrm{BND}_{R_{i+1}}^{(\alpha,\beta)}(X)$ 和 $q_2 \subseteq \mathrm{NEG}_{R_{i+1}}^{(\alpha,\beta)}(X)$。图 6.2（b）为 S3WDRFS 模型负域中等价类发生细分的另一种情形，可得

$$\Delta \mathrm{DC}_{R_i - R_{i+1}} = \mathrm{DC}_{R_i}^{(\alpha,\beta)}(X) - \mathrm{DC}_{R_{i+1}}^{(\alpha,\beta)}(X)$$
$$= \overline{\mu}(p_1) \mid p_1 \mid \lambda_{\mathrm{NP}} - \overline{\mu}(q_2) \mid q_2 \mid \lambda_{\mathrm{NP}} - \overline{\mu}(q_1) \mid q_1 \mid \lambda_{\mathrm{BP}} - (1 - \overline{\mu}(q_1) \mid q_1 \mid) \lambda_{\mathrm{BN}}$$
$$= \mid q_1 \mid (\overline{\mu}(q_1)(\lambda_{\mathrm{NP}} + \lambda_{\mathrm{BN}}) - \lambda_{\mathrm{BN}})$$

由于 $\beta < \overline{\mu}(q_1) < \alpha$ 和 $\beta = \dfrac{\lambda_{\mathrm{BN}}}{\lambda_{\mathrm{BN}} + \lambda_{\mathrm{NP}} - \lambda_{\mathrm{BP}}}$，所以 $\Delta \mathrm{DC}_{R_i - R_{i+1}} \geqslant 0$。因此，

$\mathrm{DC}_{R_i}^{(\alpha,\beta)}(X) \geqslant \mathrm{DC}_{R_{i+1}}^{(\alpha,\beta)}(X)$。

（2）假设 $\overline{\mu}(p_1) \geqslant \alpha$，即 $p_1 \subseteq \mathrm{POS}_{R_i}^{(\alpha,\beta)}(X)$，下面分三种情况进行证明。

情况 1：$\overline{\mu}(q_1) \geqslant \alpha$ 和 $\overline{\mu}(q_2) \geqslant \alpha$。

由情况 1 可知，$q_1 \subseteq \mathrm{POS}_{R_{i+1}}^{(\alpha,\beta)}(X)$ 和 $q_2 \subseteq \mathrm{POS}_{R_{i+1}}^{(\alpha,\beta)}(X)$，可得

$$\Delta \mathrm{DC}_{R_i - R_{i+1}} = \mathrm{DC}_{R_i}^{(\alpha,\beta)}(X) - \mathrm{DC}_{R_{i+1}}^{(\alpha,\beta)}(X)$$
$$= \mathrm{DC}(\mathrm{POS}_{R_i}^{(\alpha,\beta)}(X)) - \mathrm{DC}(\mathrm{POS}_{R_{i+1}}^{(\alpha,\beta)}(X))$$
$$= (1 - \overline{\mu}(p_1)) \mid p_1 \mid \lambda_{\mathrm{NP}} - (1 - \overline{\mu}(q_1)) \mid q_1 \mid \lambda_{\mathrm{PN}} - (1 - \overline{\mu}(q_2) \mid q_2 \mid) \lambda_{\mathrm{PN}}$$
$$= \left(\mid p_1 \mid - \mid q_1 \mid + \mid q_2 \mid + \sum_{x_i \in q_1} \mu(x_i) + \sum_{x_i \in q_2} \mu(x_i) - \sum_{x_i \in p_1} \mu(x_i) \right) \lambda_{\mathrm{PN}}$$

由于 $\displaystyle\sum_{x_i \in p_1} \mu(x_i) = \sum_{x_i \in q_1} \mu(x_i) + \sum_{x_i \in q_2} \mu(x_i)$ 和 $\mid p_1 \mid = \mid q_1 \mid + \mid q_2 \mid$，所以 $\Delta \mathrm{DC}_{R_i - R_{i+1}}(X) = 0$。因此，$\mathrm{DC}_{R_i}^{(\alpha,\beta)}(X) = \mathrm{DC}_{R_{i+1}}^{(\alpha,\beta)}(X)$。

情况 2：$\overline{\mu}(q_1) \geqslant \alpha$ 和 $\overline{\mu}(q_2) \leqslant \beta$。

由情况 2 可得，$q_1 \subseteq \mathrm{POS}_{R_{i+1}}^{(\alpha,\beta)}(X)$ 和 $q_2 \subseteq \mathrm{NEG}_{R_{i+1}}^{(\alpha,\beta)}(X)$。图 6.3（a）为 S3WDRFS 模型的正域中等价类发生细分的一种情形。

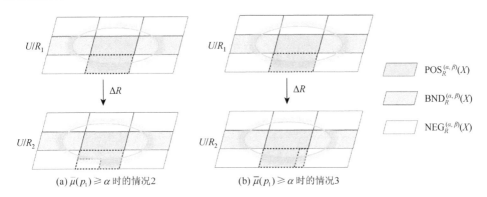

(a) $\bar{\mu}(p_1) \geqslant \alpha$ 时的情况2　　　　　　　　(b) $\bar{\mu}(p_1) \geqslant \alpha$ 时的情况3

图 6.3　S3WDRFS 模型的正域中等价类发生细分情形

可知

$$\Delta DC_{R_i-R_{i+1}} = DC_{R_i}^{(\alpha,\beta)}(X) - DC_{R_{i+1}}^{(\alpha,\beta)}(X)$$
$$= (1-\bar{\mu}(p_1))\,|\,p_1\,|\,\lambda_{PN} - (1-\bar{\mu}(q_1))\,|\,q_1\,|\,\lambda_{PN} - \bar{\mu}(q_2)\,|\,q_2\,|\,\lambda_{NP}$$
$$= |\,q_2\,|\,(\lambda_{PN} - \bar{\mu}(q_2)(\lambda_{NP} + \lambda_{PN}))$$

由于 $\bar{\mu}(q_2) \leqslant \beta = \dfrac{\lambda_{BN}}{\lambda_{BN} + \lambda_{NP} - \lambda_{BP}}$ 及 $\dfrac{\lambda_{BP}}{\lambda_{NP}} + \dfrac{\lambda_{BN}}{\lambda_{PN}} \leqslant 1$ ，所以 $\dfrac{\lambda_{BN}}{\lambda_{BN} + \lambda_{NP} - \lambda_{BP}} \leqslant$

$\dfrac{\lambda_{PN}}{\lambda_{NP} + \lambda_{PN}}$ ， $\Delta DC_{R_i-R_{i+1}}(X) \geqslant 0$ 。因此， $DC_{R_i}^{(\alpha,\beta)}(X) \geqslant DC_{R_{i+1}}^{(\alpha,\beta)}(X)$ 。

情况3： $\beta < \bar{\mu}(q_1) < \alpha$ 和 $\bar{\mu}(q_2) \geqslant \alpha$ 。

由情况 3 可知， $q_1 \subseteq BND_{R_{i+1}}^{(\alpha,\beta)}(X)$ 和 $q_2 \subseteq POS_{R_{i+1}}^{(\alpha,\beta)}(X)$ 。图 6.3（b）为 S3WDRFS 模型的正域中等价类发生细分的另一种情形，可得

$$\Delta DC_{R_i-R_{i+1}} = DC_{R_i}^{(\alpha,\beta)}(X) - DC_{R_{i+1}}^{(\alpha,\beta)}(X)$$
$$= (1-\bar{\mu}(p_1))\,|\,p_1\,|\,\lambda_{PN} - (1-\bar{\mu}(q_2))\,|\,q_2\,|\,\lambda_{PN} - \bar{\mu}(q_1)\,|\,q_1\,|\,\lambda_{BP}$$
$$- (1-\bar{\mu}(q_1))\,|\,q_1\,|\,\lambda_{BN}$$
$$= |\,q_1\,|\,(\lambda_{PN} - \lambda_{NP} - \bar{\mu}(q_1)(\lambda_{PN} + \lambda_{BP} - \lambda_{BN}))$$

由于 $\beta < \bar{\mu}(q_1) < \alpha$ 和 $\alpha = \dfrac{\lambda_{PN} - \lambda_{BN}}{\lambda_{PN} - \lambda_{BN} - \lambda_{BP}}$ ，所以 $\Delta DC_{R_i-R_{i+1}} \geqslant 0$ 。因此，

$DC_{R_i}^{(\alpha,\beta)}(X) \geqslant DC_{R_{i+1}}^{(\alpha,\beta)}(X)$ 。

（3）假设 $\beta < \bar{\mu}(q_1) < \alpha$ ，即 $p_1 \subseteq BND_{R_i}^{(\alpha,\beta)}(X)$ ，下面分四种情况进行证明。

情况1： $\beta < \bar{\mu}(q_1) < \alpha$ 和 $\beta < \bar{\mu}(q_2) < \alpha$ 。

由情况 1 可知， $q_1 \subseteq BND_{R_{i+1}}^{(\alpha,\beta)}(X)$ 和 $q_2 \subseteq BND_{R_{i+1}}^{(\alpha,\beta)}(X)$ ，可得

$$\Delta DC_{R_i-R_{i+1}} = DC_{R_i}^{(\alpha,\beta)}(X) - DC_{R_{i+1}}^{(\alpha,\beta)}(X)$$
$$= DC(BND_{R_i}^{(\alpha,\beta)}(X)) - DC(BND_{R_{i+1}}^{(\alpha,\beta)}(X))$$

　　类似于（1）和（2）的情况 1，由于 $\beta < \overline{\mu}(q_1) < \alpha$，所以 $\Delta\mathrm{DC}_{R_i - R_{i+1}} = 0$。因此，$\mathrm{DC}_{R_i}^{(\alpha,\beta)}(X) = \mathrm{DC}_{R_{i+1}}^{(\alpha,\beta)}(X)$。

　　情况 2：$\overline{\mu}(q_1) \geqslant \alpha$ 和 $\overline{\mu}(q_2) \leqslant \beta$。

　　由情况 2 可知，$q_1 \subseteq \mathrm{POS}_{R_{i+1}}^{(\alpha,\beta)}(X)$ 和 $q_2 \subseteq \mathrm{NEG}_{R_{i+1}}^{(\alpha,\beta)}(X)$。图 6.4（a）为 S3WDRFS 模型的边界域中等价类发生细分的一种情况。

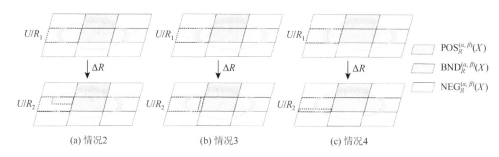

(a) 情况2　　　　　　　　(b) 情况3　　　　　　　　(c) 情况4

图 6.4　S3WDRFS 模型的边界域中等价类发生细分情形

可得

$$
\begin{aligned}
\Delta\mathrm{DC}_{R_i - R_{i+1}} &= \mathrm{DC}_{R_i}^{(\alpha,\beta)}(X) - \mathrm{DC}_{R_{i+1}}^{(\alpha,\beta)}(X) \\
&= |q_1|\,(\overline{\mu}(q_1)(\lambda_{\mathrm{BP}} - \lambda_{\mathrm{BN}} + \lambda_{\mathrm{PN}}) + \lambda_{\mathrm{BN}} - \lambda_{\mathrm{PN}}) \\
&\quad - |q_2|\,(\overline{\mu}(q_2)(\lambda_{\mathrm{BP}} - \lambda_{\mathrm{BN}} - \lambda_{\mathrm{NP}}) + \lambda_{\mathrm{BN}})
\end{aligned}
$$

由于 $\overline{\mu}(q_1) \geqslant \alpha$，$\overline{\mu}(q_2) \leqslant \beta$ 和 $\alpha = \dfrac{\lambda_{\mathrm{PN}} - \lambda_{\mathrm{BN}}}{\lambda_{\mathrm{PN}} - \lambda_{\mathrm{BN}} - \lambda_{\mathrm{BP}}}$，$\beta = \dfrac{\lambda_{\mathrm{BN}}}{\lambda_{\mathrm{BN}} + \lambda_{\mathrm{NP}} - \lambda_{\mathrm{BP}}}$，所以 $\Delta\mathrm{DC}_{R_i - R_{i+1}}(X) \geqslant 0$。因此，$\mathrm{DC}_{R_i}^{(\alpha,\beta)}(X) \geqslant \mathrm{DC}_{R_{i+1}}^{(\alpha,\beta)}(X)$。

　　情况 3：$\beta < \overline{\mu}(q_1) < \alpha$ 和 $\overline{\mu}(q_2) \geqslant \alpha$。

　　由情况 3 可知，$q_1 \subseteq \mathrm{BND}_{R_{i+1}}^{(\alpha,\beta)}(X)$ 和 $q_2 \subseteq \mathrm{POS}_{R_{i+1}}^{(\alpha,\beta)}(X)$。图 6.4（b）为 S3WDRFS 模型的边界域中等价类发生细分的一种情形，可得

$$
\begin{aligned}
\Delta\mathrm{DC}_{R_i - R_{i+1}} &= \mathrm{DC}_{R_i}^{(\alpha,\beta)}(X) - \mathrm{DC}_{R_{i+1}}^{(\alpha,\beta)}(X) \\
&= |q_2|\,(\overline{\mu}(q_2)(\lambda_{\mathrm{BP}} - \lambda_{\mathrm{BN}}) + \lambda_{\mathrm{BN}}) - |q_2|\,(1 - \overline{\mu}(q_2))\lambda_{\mathrm{PN}} \\
&= |q_2|\,(\overline{\mu}(q_2)(\lambda_{\mathrm{PN}} - \lambda_{\mathrm{BN}} + \lambda_{\mathrm{BP}}) - (\lambda_{\mathrm{PN}} - \lambda_{\mathrm{BN}}))
\end{aligned}
$$

由于 $\overline{\mu}(q_2) \geqslant \alpha$ 和 $\alpha = \dfrac{\lambda_{\mathrm{PN}} - \lambda_{\mathrm{BN}}}{\lambda_{\mathrm{PN}} - \lambda_{\mathrm{BN}} - \lambda_{\mathrm{BP}}}$，所以 $\Delta\mathrm{DC}_{R_i - R_{i+1}}(X) \geqslant 0$。因此，$\mathrm{DC}_{R_i}^{(\alpha,\beta)}(X) \geqslant \mathrm{DC}_{R_{i+1}}^{(\alpha,\beta)}(X)$。

　　情况 4：$\beta < \overline{\mu}(q_1) < \alpha$ 和 $\overline{\mu}(q_2) \leqslant \beta$。

　　由情况 4 可知，$q_1 \subseteq \mathrm{BND}_{R_{i+1}}^{(\alpha,\beta)}(X)$ 和 $q_2 \subseteq \mathrm{NEG}_{R_{i+1}}^{(\alpha,\beta)}(X)$。图 6.4（c）为 S3WDRFS 模型的边界域中等价类发生细分的一种情形，可得

$$\Delta \mathrm{DC}_{R_i - R_{i+1}} = \mathrm{DC}_{R_i}^{(\alpha,\beta)}(X) - \mathrm{DC}_{R_{i+1}}^{(\alpha,\beta)}(X)$$

$$= |q_2|(\overline{\mu}(q_2)(\lambda_{\mathrm{BP}} - \lambda_{\mathrm{BN}}) + \lambda_{\mathrm{BN}}) - |q_2|\overline{\mu}(q_2)\lambda_{\mathrm{NP}}$$

$$= |q_2|(\lambda_{\mathrm{BN}} - \overline{\mu}(q_2)(\lambda_{\mathrm{BN}} + \lambda_{\mathrm{NP}} - \lambda_{\mathrm{BP}}))$$

由于 $\overline{\mu}(q_2) \leqslant \beta$ 和 $\beta = \dfrac{\lambda_{\mathrm{BN}}}{\lambda_{\mathrm{BN}} + \lambda_{\mathrm{NP}} - \lambda_{\mathrm{BP}}}$，所以 $\Delta \mathrm{DC}_{R_i - R_{i+1}}(X) \geqslant 0$。因此，$\mathrm{DC}_{R_i}^{(\alpha,\beta)}(X) \geqslant \mathrm{DC}_{R_{i+1}}^{(\alpha,\beta)}(X)$。

定理 6.1 表明知识空间刻画模糊概念的决策代价随着粒度的细化呈单调递减的趋势，这个结果符合人的认知习惯。通过第 3 章中定理 3.2 可知，在分层递阶的多粒度知识空间中，知识空间之间的模糊知识距离越大，粒度差异越大。由定理 6.1 可知，由于决策代价随着知识空间的细化而具有单调性，因此，在分层递阶的多粒度知识空间中，不仅知识空间之间模糊知识距离与粒度差异呈正相关，而且它们之间的决策代价差异也与粒度差异呈正相关。由此可知，模糊知识距离在一定程度上可以刻画两个知识空间之间的决策代价的差异大小。本节通过模糊知识距离度量模型，建立了分层递阶的多粒度知识空间中模糊概念的不确定性度量与代价度量之间的联系。

三个域的决策代价的计算和分析对于降低 S3WDRFS 模型中决策风险非常重要。但是，在 S3WDRFS 模型中，三个域的决策代价随着知识空间的变化不一定具有单调性。为了简化，本章仅以边界域为例，分析它对应的决策代价的变化规律。

定理 6.2　设一个信息系统 $S = (U, C \cup D, V, f)$，$R_1 \subseteq R_2 \subseteq \cdots \subseteq R_M \subseteq C$，$X$ 是 U 上的一个模糊集，仅有 $\mathrm{NEG}_{R_i}^{(\alpha,\beta)}(X)$ 中的信息粒通过 $\Delta R = R_i - R_{i+1}(i = 1, 2, \cdots, M-1)$ 发生细分，则 $\mathrm{DC}(\mathrm{BND}_{R_i}^{(\alpha,\beta)}(X)) \leqslant \mathrm{DC}(\mathrm{BND}_{R_{i+1}}^{(\alpha,\beta)}(X))$。

证明　假设 $U = \{x_1, x_2, \cdots, x_N\}$ 是一个非空论域，$U/R_i = \{p_1, p_2, \cdots, p_l\}$，$U/R_{l+1} = \{q_1, q_2, \cdots, q_m\}$ 是 U 上的两个知识空间。由于 $R_i \subseteq R_{i+1}$，故 $U/R_{i+1} \preceq U/R_i$。为了简单化，假设仅有一个信息粒 $p_1(p_1 \in U/R_i)$ 细分为两个更细的信息粒 q_1, q_2 $(q_1, q_2 \in U/R_{i+1})$（其他复杂情形均可转化为这种情形，这里不再重复），则 $p_1 = q_1 \cup q_2, p_2 = q_3, p_3 = q_4, \cdots, p_l = q_m (m = l+1)$，即 $U/R_{l+1} = \{q_1, q_2, p_2, p_3, \cdots, p_l\}$。

由于 $p_1 \subseteq \mathrm{NEG}_{R_i}^{(\alpha,\beta)}(X)$，即 $\overline{\mu}(p_1) \leqslant \beta$，下面分三种情况进行证明。

情况 1：$\overline{\mu}(q_1) \leqslant \beta$ 和 $\overline{\mu}(q_2) \leqslant \beta$。

由情况 1 可知，$q_1 \subseteq \mathrm{NEG}_{R_{i+1}}^{(\alpha,\beta)}(X)$ 和 $q_2 \subseteq \mathrm{NEG}_{R_{i+1}}^{(\alpha,\beta)}(X)$，则 $\mathrm{BND}_{R_i}^{(\alpha,\beta)}(X) = \mathrm{BND}_{R_{i+1}}^{(\alpha,\beta)}(X)$。由假设条件可得

$$\mathrm{DC}(\mathrm{BND}_{R_i}^{(\alpha,\beta)}(X)) = \mathrm{DC}(\mathrm{BND}_{R_{i+1}}^{(\alpha,\beta)}(X))$$

情况 2：$\overline{\mu}(q_1) \geqslant \alpha$ 和 $\overline{\mu}(q_2) \leqslant \beta$。

由情况 2 可知，$q_1 \subseteq \mathrm{POS}_{R_{i+1}}^{(\alpha,\beta)}(X)$ 和 $q_2 \subseteq \mathrm{NEG}_{R_{i+1}}^{(\alpha,\beta)}(X)$，则 $\mathrm{BND}_{R_i}^{(\alpha,\beta)}(X) = \mathrm{BND}_{R_{i+1}}^{(\alpha,\beta)}(X)$。由假设条件可得

$$\mathrm{DC(BND}_{R_i}^{(\alpha,\beta)}(X)) = \mathrm{DC(BND}_{R_{i+1}}^{(\alpha,\beta)}(X))$$

情况 3：$\beta < \overline{\mu}(q_1) < \alpha$ 和 $\overline{\mu}(q_2) \leqslant \beta$。

由情况 3 可知，$q_1 \subseteq \mathrm{BND}_{R_{i+1}}^{(\alpha,\beta)}(X)$ 和 $q_2 \subseteq \mathrm{NEG}_{R_{i+1}}^{(\alpha,\beta)}(X)$，则 $\mathrm{BND}_{R_{i+1}}^{(\alpha,\beta)}(X) = \mathrm{BND}_{R_i}^{(\alpha,\beta)}(X) \bigcup q_1$，以及 $\mathrm{DC(BND}_{R_{i+1}}^{(\alpha,\beta)}(X)) = \mathrm{DC(BND}_{R_i}^{(\alpha,\beta)}(X)) + \mathrm{DC}(q_1)$，所以 $\mathrm{DC}(\mathrm{BND}_{R_i}^{(\alpha,\beta)}(X)) < \mathrm{DC(BND}_{R_{i+1}}^{(\alpha,\beta)}(X))$。

定理 6.3　设一个信息系统 $S = (U, C \bigcup D, V, f)$，$R_1 \subseteq R_2 \subseteq \cdots \subseteq R_M \subseteq C$，$X$ 是 U 上的一个模糊集，仅有 $\mathrm{POS}_{R_i}^{(\alpha,\beta)}(X)$ 中的信息粒通过 $\Delta R = R_i - R_{i+1}(i=1,2,\cdots,M-1)$ 发生细分，则 $\mathrm{DC(BND}_{R_i}^{(\alpha,\beta)}(X)) \leqslant \mathrm{DC(BND}_{R_{i+1}}^{(\alpha,\beta)}(X))$。

与定理 6.2 相似，定理 6.3 很容易证明。结合定理 6.2 和定理 6.3 可知，在 S3WDRFS 模型中，当仅有正域或负域中的信息粒随着知识空间的细化发生细分时，边界域的决策代价将会增加，这个结果并不符合人类认知的习惯。

定理 6.4　设一个信息系统 $S = (U, C \bigcup D, V, f)$，$R_1 \subseteq R_2 \subseteq \cdots \subseteq R_M \subseteq C$，$X$ 是 U 上的一个模糊集，仅有 $\mathrm{BND}_{R_i}^{(\alpha,\beta)}(X)$ 中的信息粒通过 $\Delta R = R_i - R_{i+1}(i=1,2,\cdots,M-1)$ 发生细分，则 $\mathrm{DC(BND}_{R_i}^{(\alpha,\beta)}(X)) \geqslant \mathrm{DC(BND}_{R_{i+1}}^{(\alpha,\beta)}(X))$。

证明　假设 $U = \{x_1, x_2, \cdots, x_N\}$ 是一个非空论域，$U/R_i = \{p_1, p_2, \cdots, p_l\}$，$U/R_{i+1} = \{q_1, q_2, \cdots, q_m\}$ 是 U 上的两个知识空间。由于 $R_i \subseteq R_{i+1}$，故 $U/R_{i+1} \preceq U/R_i$。为了简单化，假设仅有一个信息粒 $p_1(p_1 \in U/R_i)$ 细分为两个更细的信息粒 q_1, q_2 $(q_1, q_2 \in U/R_{i+1})$（其他复杂情形均可以转化为这种情形，这里不再重复），则 $p_1 = q_1 \bigcup q_2, p_2 = q_3, p_3 = q_4, \cdots, p_l = q_m(m = l+1)$，即 $U/R_{i+1} = \{q_1, q_2, p_2, p_3, \cdots, p_l\}$。

由于 $p_1 \subseteq \mathrm{NEG}_{R_i}^{(\alpha,\beta)}(X)$，即 $\overline{\mu}(p_1) \leqslant \beta$，下面分四种情况进行证明。

情况 1：$\beta < \overline{\mu}(q_1) < \alpha$ 和 $\beta < \overline{\mu}(q_2) < \alpha$。

由情况 1 可知，$q_1 \subseteq \mathrm{BND}_{R_{i+1}}^{(\alpha,\beta)}(X)$ 和 $q_2 \subseteq \mathrm{BND}_{R_{i+1}}^{(\alpha,\beta)}(X)$，则 $\mathrm{BND}_{R_{i+1}}^{(\alpha,\beta)}(X) = \mathrm{BND}_{R_i}^{(\alpha,\beta)}(X)$。由假设条件可得

$$\mathrm{DC(BND}_{R_i}^{(\alpha,\beta)}(X)) = \mathrm{DC(BND}_{R_{i+1}}^{(\alpha,\beta)}(X))$$

情况 2：$\overline{\mu}(q_1) \geqslant \alpha$ 和 $\overline{\mu}(q_2) \leqslant \beta$。

由情况 2 可知，$q_1 \subseteq \mathrm{POS}_{R_{i+1}}^{(\alpha,\beta)}(X)$ 和 $q_2 \subseteq \mathrm{NEG}_{R_{i+1}}^{(\alpha,\beta)}(X)$，则

$$\Delta \mathrm{DC}_{\mathrm{BND}} = \mathrm{DC(BND}_{R_i}^{(\alpha,\beta)}(X)) - \mathrm{DC(BND}_{R_{i+1}}^{(\alpha,\beta)}(X))$$
$$= \overline{\mu}(p_1)|p_1|\lambda_{\mathrm{BP}} + (1 - \overline{\mu}(p_1))|p_1|\lambda_{\mathrm{BN}} > 0$$

因此，$\mathrm{DC(BND}_{R_i}^{(\alpha,\beta)}(X)) > \mathrm{DC(BND}_{R_{i+1}}^{(\alpha,\beta)}(X))$。

情况 3：$\beta < \overline{\mu}(q_1) < \alpha$ 和 $\overline{\mu}(q_2) \geqslant \alpha$。

由情况 3 可知，$q_1 \subseteq \mathrm{BND}_{R_{i+1}}^{(\alpha,\beta)}(X)$ 和 $q_2 \subseteq \mathrm{POS}_{R_{i+1}}^{(\alpha,\beta)}(X)$，则

$$\Delta \mathrm{DC}_{\mathrm{BND}} = \mathrm{DC(BND}_{R_i}^{(\alpha,\beta)}(X)) - \mathrm{DC(BND}_{R_{i+1}}^{(\alpha,\beta)}(X))$$
$$= \overline{\mu}(p_1)|p_1|\lambda_{\mathrm{BP}} + (1 - \overline{\mu}(p_1))|p_1|\lambda_{\mathrm{BN}} - \overline{\mu}(q_1)|q_1|\lambda_{\mathrm{BP}} - (1 - \overline{\mu}(q_1))|q_1|\lambda_{\mathrm{BN}}$$
$$= \sum_{x_i \in p_1} \mu(x_i)\lambda_{\mathrm{BP}} + |p_1|\lambda_{\mathrm{BN}} - \sum_{x_i \in p_1} \mu(x_i)\lambda_{\mathrm{BN}} - \sum_{x_i \in q_1} \mu(x_i)\lambda_{\mathrm{BP}} - |q_1|\lambda_{\mathrm{BN}} + \sum_{x_i \in q_1} \mu(x_i)\lambda_{\mathrm{BN}}$$

由于 $\sum_{x_i \in p_1} \mu(x_i) = \sum_{x_i \in q_1} \mu(x_i) + \sum_{x_i \in q_2} \mu(x_i)$，则 $\Delta \mathrm{DC_{BND}} = |q_2|(\overline{\mu}(q_2)(\lambda_{\mathrm{BP}} - \lambda_{\mathrm{BN}}) + \lambda_{\mathrm{BN}})$，

故 $\Delta \mathrm{DC_{BND}} > 0$。因此，$\mathrm{DC}(\mathrm{BND}_{R_i}^{(\alpha,\beta)}(X)) > \mathrm{DC}(\mathrm{BND}_{R_{i+1}}^{(\alpha,\beta)}(X))$。

情况 4：$\beta < \overline{\mu}(q_1) < \alpha$ 和 $\overline{\mu}(q_2) \leqslant \beta$。

由情况 4 可知，$q_1 \subseteq \mathrm{BND}_{R_{i+1}}^{(\alpha,\beta)}(X)$ 和 $q_2 \subseteq \mathrm{NEG}_{R_{i+1}}^{(\alpha,\beta)}(X)$，则

$$\Delta \mathrm{DC_{BND}} = \mathrm{DC}(\mathrm{BND}_{R_i}^{(\alpha,\beta)}(X)) - \mathrm{DC}(\mathrm{BND}_{R_{i+1}}^{(\alpha,\beta)}(X))$$
$$= |q_2|(\overline{\mu}(q_2)(\lambda_{\mathrm{BP}} - \lambda_{\mathrm{BN}}) + \lambda_{\mathrm{BN}}) > 0$$

因此，$\mathrm{DC}(\mathrm{BND}_{R_i}^{(\alpha,\beta)}(X)) > \mathrm{DC}(\mathrm{BND}_{R_{i+1}}^{(\alpha,\beta)}(X))$。

定理 6.4 表明，在 S3WDRFS 模型中，当仅有边界域中的信息粒随着知识空间的细化发生细分时，边界域的决策代价将会减少，这个结果符合人类认知的习惯。

例 6.1 表 6.1 为希腊工业发展银行提供的关于评估公司贷款的经验数据。详细的评判标准可以参考文献[27]，$U = \{x_1, x_2, \cdots, x_{39}\}$ 代表 39 家公司组成的集合，条件属性 $C = \{A_1, A_2, \cdots, A_{12}\}$ 分别代表 12 家评估公司的评估值，D_1、D_2 和 D_3 分别代表拒绝借贷、不确定和同意借贷三种决策状态。

表 6.1　破产风险的模糊评估

公司	A_1	A_2	A_3	A_4	A_5	A_6	A_7	A_8	A_9	A_{10}	A_{11}	A_{12}	D_1	D_2	D_3
x_1	2	2	2	2	1	3	5	3	5	4	2	4	0.1	0.3	0.7
x_2	4	5	2	3	3	3	5	4	5	5	4	5	0	0	1
x_3	3	5	1	1	2	2	5	3	5	5	3	5	0.1	0.3	0.8
$\vdots$	$\vdots$	$\vdots$	$\vdots$	$\vdots$	$\vdots$	$\vdots$	$\vdots$	$\vdots$	$\vdots$	$\vdots$	$\vdots$	$\vdots$	$\vdots$	$\vdots$	$\vdots$
x_{38}	1	1	3	1	1	1	1	1	4	3	1	3	0.9	0.3	0.2
x_{39}	2	1	1	1	1	1	1	1	2	1	1	2	1	0	0

假设 $\mathrm{GS} = (\mathrm{GL}_1, \mathrm{GL}_2, \cdots, \mathrm{GL}_5)$ 是由 5 个知识空间组成的层次粒结构，其中 $\mathrm{GL}_i = (U, C_i \cup D, V_i, f_i)$，$i = 1, 2, \cdots, 5$。$R_i$ 代表一个条件属性集，$R_1 \subseteq R_2 \subseteq \cdots \subseteq R_5 \subseteq C$。假设 $\lambda_{\mathrm{PP}} = 0$，$\lambda_{\mathrm{PN}} = 10$，$\lambda_{\mathrm{BP}} = 2$，$\lambda_{\mathrm{NP}} = 14$，$\lambda_{\mathrm{BN}} = 4$ 和 $\lambda_{\mathrm{NN}} = 0$，可得 $\alpha = 0.75$，$\beta = 0.25$，分别计算目标概念 D_1、D_2、D_3 对应的总决策代价和三个域的决策代价变化趋势。

图 6.5 包含三个子图，横坐标包含了 $\mathrm{GL}_1 \sim \mathrm{GL}_5$ 的 5 个粒层，纵坐标代表决策代价，图 6.5 列出了随着知识空间细化，总决策代价和三个域的决策代价变化趋势。通过图 6.5 的结果，可以得到以下结论：

（1）每个粒层的决策代价主要来自于边界域；

（2）随着粒层的细化，D_1、D_2、D_3 对应的总决策代价逐渐降低，然而三个域的决策代价并不呈现单调性。

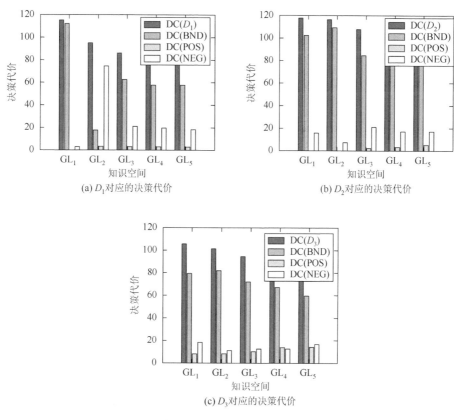

(a) D_1对应的决策代价　　　　　　　　(b) D_2对应的决策代价

(c) D_3对应的决策代价

图 6.5　决策代价变化趋势图

这个结论很容易理解，由于较粗粒度的知识空间中等价类随着属性增加会发生细分，而这些等价类可能来自于不同的决策域，这样同时使得细分后的知识空间中三个域的决策代价增加或减少。另外，通过定理 6.1 可知，总决策代价随着知识空间细化而减少，因此，三个域中减少的决策代价一定大于或等于增加的决策代价。

6.4　最优决策粒层选择方法

通过 6.3 节的讨论可知，在 S3WDRFS 模型中，决策代价随着知识空间的细化呈单调递减的趋势。在实际应用的粒度优化过程中，不仅需要考虑决策代价，还应该考虑测试代价。从粗糙集的角度来说，在较细粒度的知识空间上可以更精确地刻画一个模糊概念，而且具有更小的决策代价，但是，由于需要获取更多的属性信息，因此相应的测试代价会更高。因此，决策代价和测试代价随着知识空间细化的变化趋势相反。从代价敏感的角度出发，有必要研究如何寻找决策代价和测试代价之间的一个平衡点，这个问题可以转化成一个最小化总代价的优化问题。

1. 测试代价的启发式函数

一方面，测试代价中包含的许多因素（时间、金钱、技术等）很难准确和客观地评估；另一方面，由于每个因素具有不同的量纲，无法将这些因素整合起来。这些方面在一定程度上影响了决策结果。因此，为了得到更加客观的测试代价，有必要通过数据驱动的方式来评估代价。总体来说，一个属性越重要，那么它包含的信息含量越多，它的测试代价将越高，这与实际情况相符合。

由第 2 章分析可知，$\text{EMKD}_1(U/R,\delta)$ 是一个信息度量，可以用于度量一个知识空间中的信息含量，其中 U/R 表示一个由属性 R 产生的知识空间。$\text{EMKD}_1(U/R,\delta)$ 越高，包含的信息含量越高，那么处理一个知识空间所花费的代价也就越高。相反，$\text{EMKD}_1(U/R,\delta)$ 越低，包含的信息含量越低，那么处理一个知识空间所花费的代价也就越低。下面将引入粒度处理代价和粒度构建代价的概念。

定义 6.3　设一个信息系统 $S=(U,C\cup D,V,f)$，$r\in C$，X 是 U 上的一个模糊集，r 的属性重要度可以定义为

$$\text{Sig}(r,C,D)=\text{DC}_{C-\{r\}}^{(\alpha,\beta)}(X)-\text{DC}_{C}^{(\alpha,\beta)}(X) \qquad (6.23)$$

定义 6.4　设一个信息系统 $S=(U,C\cup D,V,f)$，$R_1\subseteq R_2\subseteq\cdots\subseteq R_M\subseteq C$，$X$ 是 U 上的一个模糊集。假设 $\text{GS}=(\text{GL}_1,\text{GL}_2,\cdots,\text{GL}_M)$ 是一个层次粒结构，其中 $\text{GL}_i=(U,C_i\cup D,V_i,f_i)$，$i=1,2,\cdots,M$。对于 GS 中第 i 个知识空间 GL_i，在该粒层上做决策的测试代价可以定义如下：

$$\text{TC}_{\text{GL}_i}=\text{TC}_{\text{GL}_i}^{P}+\text{TC}_{\text{GL}_i}^{C} \qquad (6.24)$$

式中，$\text{TC}_{\text{GL}_i}^{P}=\xi\times\text{EMKD}_1(\text{GL}_i,\delta)$ 表示在 GS 中的第 i 层上的粒度处理代价，ξ 是一个可调因子。$\text{TC}_{\text{GL}_i}^{C}=\sum\text{Sig}(r,C,D)$ 表示构建粒层 GL_i 所花费的代价。$\text{Sig}(r_j,C,D)$ 表示条件属性 r_j 的属性重要度。

在定义 6.4 中，通过式（6.24）建立了测试代价和决策代价之间的关系，即测试代价在一定程度上可以通过决策代价和信息度量进行刻画。

2. 代价敏感的知识空间优化机制

为了描述总代价，本章建立了如下的启发式函数，并通过该函数来寻找决策代价和测试代价之间的平衡点：

$$\text{Total\_}C_{\mathrm{GL}_i} = \theta \mathrm{DC}_{\mathrm{GL}_i} + (1-\theta)\mathrm{TC}_{\mathrm{GL}_i} \qquad (6.25)$$

式中，$\text{Total\_}C_{\mathrm{GL}_i}$ 代表粒层 GL_i 的总代价，$\theta \in [0,1]$ 反映了用户对决策代价和测试代价的偏好程度。式（6.25）存在一个平衡点，代表最小的总代价。

通过 6.1 节的分析可知，具有最小总代价的知识空间并不代表是代价敏感的最优知识空间。在搜索最优知识空间时，分别将用户对决策代价与测试代价的需求考虑进来会更加符合实际应用。如果将用户对决策代价与测试代价的需求分别记为 $\mathrm{DC}_{\mathrm{user}}$ 和 $\mathrm{TC}_{\mathrm{user}}$，知识空间优化的目的是寻找一个同时满足条件 $\mathrm{DC}_{\mathrm{GL}_i} \leqslant \mathrm{DC}_{\mathrm{user}}$ 和 $\mathrm{TC}_{\mathrm{GL}_i} \leqslant \mathrm{TC}_{\mathrm{user}}$ 的知识空间 GL_i，然后在这个知识空间上进行问题求解。图 6.6 为本章提出的代价敏感的知识空间优化机制。其中，知识空间 GL_r 满足用户对决策代价的需求，但是不满足用户对测试代价的需求；知识空间 GL_s 满足用户对测试代价的需求，但是不满足用户对决策代价的需求；知识空间 GL_t 同时满足用户对决策代价和测试代价的需求。这种优化机制可以转化为

$$\arg\min \text{Total\_}C_{\mathrm{GL}_i}$$

$$\text{s.t.} \quad \mathrm{DC}_{\mathrm{GL}_i} \leqslant \mathrm{DC}_{\mathrm{user}} \qquad (6.26)$$

$$\mathrm{TC}_{\mathrm{GL}_i} \leqslant \mathrm{TC}_{\mathrm{user}}$$

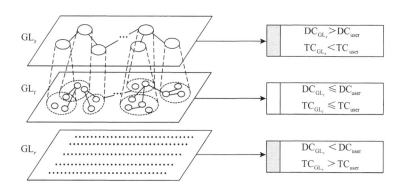

图 6.6　满足用户需求的代价敏感的知识空间优化机制

3. 代价敏感的渐进式最优决策粒层选择算法

在医疗系统中，为了检测某种疾病，患者常常需要在医生的建议下检测多种项目。但是，由于实际生活中存在的约束条件，如时间、经济能力和环境，患者仅能够承担某些项目的检测。从渐进式求解的角度来说，医生通常根据当前的状况给患者选择一个相对合适的项目组合并根据检测结果做决策。当约束条件得到改善时，如医院的检测设备增加或患者的经济能力提高，医生可以利用新

的检测结果再进行决策。针对该类问题，为了在约束条件下获得临时的最优知识空间，基于本节中的优化机制提出了一种代价敏感的渐进式最优决策粒层选择算法（算法 6.1）。

在算法 6.1 中，步骤 3～13 是比较重要的步骤。步骤 3 需要计算 K_2 中属性重要度，因此时间复杂度为 $O(|K_2||U|^2 \log_2 |U|)$。步骤 4 按照属性重要度对属性进行升序排序，时间复杂度为 $O(|K_2|\log_2 |K_2|)$。在步骤 5～13 中，需要在循环中计算 DC_i 和 TC_i，时间复杂度分别为 $O(|K_2|^2|U|^2 \log_2 |K_2|)$ 和 $O(|K_2||U|^2 \log_2 |K_2|)$。由于 $U \gg K$，算法 6.1 时间复杂度约为

$$O(|K_2||U|^2 \log_2 |U|) + O(|K_2|^2|U|^2 \log_2 |K_2|) + O(|K_2||U|^2 \log_2 |K_2|)$$
$$= O(|K_2||U|^2 \log_2 |U|) + O(|K_2|^2|U|^2 \log_2 |K_2|)$$
$$= O(|U|^2 \log_2 |U|(2|K_2| + |K_2|^2))$$
$$= O(|K_2||U|^2 \log_2 |K_2|)$$

算法 6.1　代价敏感的渐进式最优决策粒层选择算法

输入：（1）一个信息系统·，阈值 α，β；
　　　（2）损失函数 λ_{PP}、λ_{PN}、λ_{BP}、λ_{NP}、λ_{BN} 和 λ_{NN}；
　　　（3）θ、ξ 和 $(\mathrm{DC}_{\mathrm{user}}, \mathrm{TC}_{\mathrm{user}})$；
　　　（4）属性流 F。
输出：当前最优属性集 R_{opt}。
1. 令 $R = \varnothing$、$R_{\mathrm{opt}} = \varnothing$ 和 $\mathrm{Total}\_C = \varnothing$；
2. 令 $K_1 = C$，$K_2 = C$；
3. 利用式（6.23）计算属性重要度 $\mathrm{Sig}(r, K_1, D)$，$\forall r \in K_2$；
4. 对属性按照 $\mathrm{Sig}(r, K_1, D)$ 进行升序排序，得到 $C_{\mathrm{ascend}} = \{a_1, a_2, \cdots, a_{|K_2|}\}$；
5. for $i = 1$ to $|K_2|$ do
6. 　$R = R \cup \{a_i\}$；
7. 　利用式（6.16）与式（6.24）计算 DC_i 和 TC_i；
8. 　if $\mathrm{DC}_i \leqslant \mathrm{DC}_{\mathrm{user}}$ 和 $\mathrm{TC}_i \leqslant \mathrm{TC}_{\mathrm{user}}$　then
9. 　　利用式（6.25）计算 Total_C_i；
10. 　else $\mathrm{Total}\_C_i = \varnothing$；
11. 　end if
12. 　$\mathrm{Total}\_C = \mathrm{Total}\_C \cup \{\mathrm{Total}\_C_i\}$；
13. end for
14. $\mathrm{Total}\_C_{\min} = \min(\mathrm{Total}\_C)$；
15. 通过 $\mathrm{Total}\_C_{\min}$ 搜索对应的 R_{opt} 并输出 R_{opt}；
16. while 检测到 F 中有新增加的属性集 C' 和 $(\mathrm{DC}'_{\mathrm{user}}, \mathrm{TC}'_{\mathrm{user}})$；
17. 　$\mathrm{Total}\_C = \varnothing$，$K_1 = C \cup C'$，$K_2 = C'$ 和 $\mathrm{DC} = \mathrm{DC}'_{\mathrm{user}}$，$\mathrm{TC} = \mathrm{TC}'_{\mathrm{user}}$；
18. 　跳到步骤 3；
19. end while
20. return R_{opt}。

通过算法 6.1,可以在给定的信息下搜索当前最优的知识空间。通过判断是否有新的属性或信息增加,进一步选择更细的知识空间并在上面做决策,从而获得更满意的解。算法 6.1 提供了一种在约束条件下决策粒层选择算法。下面通过例 6.2 对算法 6.1 进行进一步阐述。

例 6.2(接例 6.1) 为了简化,仅选择表 6.1 中前 6 个属性 $\{A_1, A_2, A_3, A_4, A_5, A_6\}$ 来分析算法 6.1。假设本例中只有两个决策阶段,即第一阶段的属性为 $\{A_1, A_2, A_3, A_4\}$,第二阶段的属性为 $\{A_5, A_6\}$。设 $\theta = 0.5$,$\xi = 100$,$DC_{user} = 56.5$,$TC_{user} = 20$,$DC'_{user} = 47$ 和 $TC'_{user} = 29$。

(1)根据例 6.1 和上面的条件,为了简单化,仅利用式(6.23)计算以 D_1 为目标概念时对应的属性重要度。在第一个决策阶段,$C = \{A_1, A_2, A_3, A_4\}$,在第二个决策阶段,$C = \{A_1, A_2, A_3, A_4, A_5, A_6\}$。表 6.2 列出了属性重要度的计算结果。

(2)按照两个阶段的属性重要度排序结果 $A_1 \to A_4 \to A_3 \to A_2$ 和 $A_1 \to A_4 \to A_3 \to A_2 \to A_5 \to A_6$ 依次增加属性,可以得到对应的知识空间。

(3)利用式(6.16)与式(6.24)计算 DC_i 和 TC_i,表 6.3 列出了每个知识空间对应的代价计算结果。

表 6.2 属性重要度的计算结果

属性	A_1	A_2	A_3	A_4	A_5	A_6
$Sig(r, C, D_1)$	1.8	6.6	5.5	5	3	6.7

表 6.3 每个知识空间对应的代价计算结果

属性	GL_1	GL_2	GL_3	GL_4	GL_5	GL_6
DC	58.3	56	50	49.6	46	43.5
TC	10	14.5	19.5	23.6	25	28
Total_C	34.15	35.25	34.75	36.6	35.5	35.75

综上所述,包括两个阶段:$GL_1 \to GL_4$ 和 $GL_5 \to GL_6$。在第一个阶段,总代价随着属性的增加发生变化,其中仅有 2 个知识空间 GL_2 和 GL_3 同时满足 $DC_{GL_i} \leqslant DC_{user}$ 和 $TC_{GL_i} \leqslant TC_{user}$,通过式(6.26),选择这两个知识空间中具有最低总代价的 GL_3($\{A_1, A_4, A_3\}$)作为当前做决策的最优知识空间。在第二个阶段中,新增加了两个检测项目,知识空间 GL_5 和 GL_6 同时满足 $DC_{GL_i} < DC'_{user}$,$TC_{GL_i} < TC'_{user}$,选择具有最低总代价的 GL_5($\{A_1, A_4, A_3, A_2, A_5\}$)作为第二阶段做决策的最优知识空间。

6.5　实　验　分　析

本章将在一个层次粒结构下验证 S3WDRFS 模型的决策代价和测试代价，并通过实验验证提出的代价敏感的渐进式最优决策粒层选择算法的有效性。由于本节的实验环境与第 3 章相同，这里不再阐述，此外，实验数据集及其相关信息如第 3 章中的表 3.1 所示。在本章实验中，假设 $\theta = 0.5$，$\xi = 100$。其中，$\theta = 0.5$ 表示用户对决策代价和测试代价的偏好度相同。本章假设实验中只有两个决策阶段，并采用以下三种度量来评估决策质量。

（1）正确接受率（correct acceptance rate，CAR）：

$$\text{CAR} = \frac{|\text{POS}_R^{(\alpha,\beta)}(X) \bigcap X|}{|\text{POS}_R^{(\alpha,\beta)}(X)|} \tag{6.27}$$

（2）延迟正确率（non-commitment-error，NPE）：

$$\text{NPE} = \frac{|\text{BND}_R^{(\alpha,\beta)}(X) \bigcap X|}{|\text{BND}_R^{(\alpha,\beta)}(X)|} \tag{6.28}$$

（3）正确拒绝率（correct rejection rate，CRR）：

$$\text{CRR} = \frac{|\text{NEG}_R^{(\alpha,\beta)}(X) \bigcap X|}{|\text{NEG}_R^{(\alpha,\beta)}(X)|} \tag{6.29}$$

表 6.4 列出了四个数据集对应的决策信息，其中包括决策步骤和约束条件。图 6.7 展示了四个数据集上总代价随属性增加的变化趋势，除 Concrete 数据集外，在其他数据集上，决策域的总代价开始都呈减少趋势，这是因为决策代价随着属性信息的增加逐渐减少，而测试代价随着属性信息的增加逐渐增加，在开始阶段，决策代价的减少率高于测试代价的增加率，导致在开始阶段总代价呈减少趋势。随着属性信息的增加，测试代价的增加率又高于决策代价的减少率。因此，能在层次粒结构中间找到符合约束条件的具有最低总代价的最优知识粒层（知识空间）。

表 6.4　每个数据集对应的决策信息

数据集	决策步骤	第一决策阶段约束条件	第二决策阶段约束条件
Air Quality	10	$\text{DC}_{\text{user1}} = 18000$，　$\text{TC}_{\text{user1}} = 400$	$\text{DC}_{\text{user2}} = 17000$，　$\text{TC}_{\text{user2}} = 1000$
Concrete	8	$\text{DC}_{\text{user1}} = 1600$，　$\text{TC}_{\text{user1}} = 100$	$\text{DC}_{\text{user2}} = 1500$，　$\text{TC}_{\text{user2}} = 120$
Breast Cancer	9	$\text{DC}_{\text{user1}} = 30$，　$\text{TC}_{\text{user1}} = 60$	$\text{DC}_{\text{user2}} = 20$，　$\text{TC}_{\text{user2}} = 70$
ENB2012	8	$\text{DC}_{\text{user1}} = 900$，　$\text{TC}_{\text{user1}} = 60$	$\text{DC}_{\text{user2}} = 870$，　$\text{TC}_{\text{user2}} = 70$

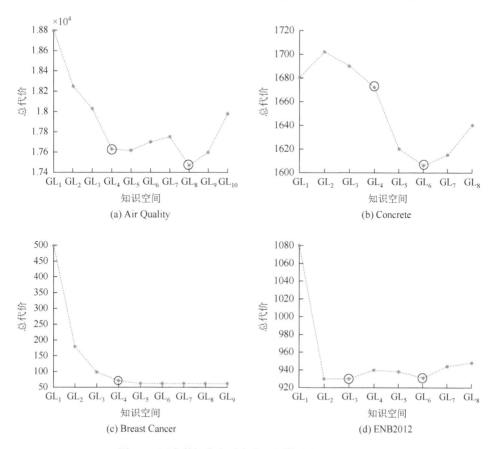

图 6.7　四个数据集上总代价随属性增加的变化趋势

基于表 6.4 的信息，通过算法 6.1 在图 6.7 中圈出了每个决策阶段的最优知识空间。由表 6.5 可知，第二决策阶段中的最优知识空间在满足约束条件下具有更低的决策代价。在图 6.7（c）中，由于第二决策阶段中没有满足约束条件的知识空间，因此，对于 Breast Cancer 数据集来说，在两个决策阶段中仅有一个最优知识空间。由于当属性增加到一定数量时，信息含量达到饱和，此时已无法对决策精度提供任何帮助，即决策代价不再降低，而获取属性对应的测试代价仍然在增加。因此，此时最终总代价也单调递增。

表 6.5　每个数据集的决策结果

数据集	第一决策阶段约束条件	第二决策阶段约束条件	决策代价	测试代价	总代价
Air Quality	GL_4	GL_8	$GL_4:17314$ $GL_8:16051$	$GL_4:349$ $GL_8:945$	$GL_4:17633$ $GL_4:17477$

数据集	第一决策阶段约束条件	第二决策阶段约束条件	决策代价	测试代价	总代价
Concrete	GL_4	GL_6	GL_4:1585 GL_6:1494	GL_4:87.8 GL_6:122.9	GL_4:1672 GL_6:1606
Breast Cancer	GL_4	GL_4	GL_4:14.8	GL_4:57.4	GL_4:72.2
ENB2012	GL_3	GL_6	GL_3:884 GL_6:864	GL_3:46 GL_6:67	GL_3:930 GL_6:931

图 6.8 列出了随着属性的增加三个决策域数量的变化趋势图。图 6.8（a）~
（c）中边界域呈现减少的趋势，但不具有单调性，而图 6.8（d）的边界域呈现增
加的趋势。这是因为图 6.8（a）~（c）的边界域中等价类趋向于细分到正域或负
域，而图 6.8（d）的正域或负域中等价类趋向于细分到边界域。

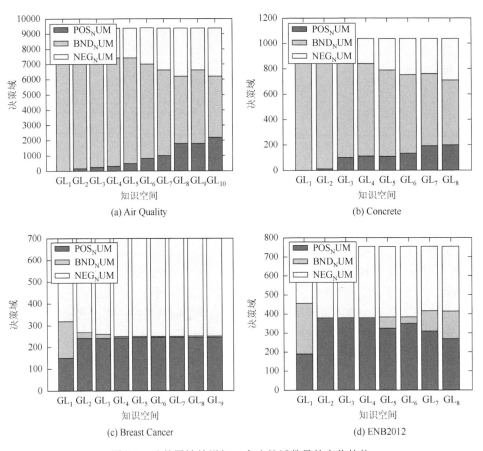

图 6.8　随着属性的增加三个决策域数量的变化趋势

图 6.9 为利用 CAR、NPE 和 CRR 计算得到的每个知识空间上的决策质量。

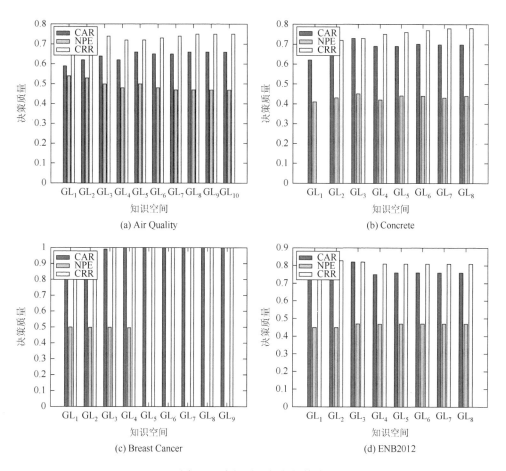

图 6.9　决策质量的变化趋势

显然，对于每个数据集而言，在每个知识空间上，CAR 和 CRR 没有明显的变化，而且都接近于 1，这意味着做出的拒绝决策和接受决策具有较高的精度。结合图 6.7 和图 6.9 可知，图 6.7 中的最优知识空间也均具有较高的 CAR 和 CRR。

参 考 文 献

[1]　Yao Y Y. Three-way decisions with probabilistic rough sets[J]. Information Science，2010，180（3）：341-353.

[2]　Yao Y Y. The superiority of three-way decisions in probabilistic rough set models[J]. Information Sciences，2011，181（6）：1080-1096.

[3]　Yao Y Y. Three-way decision and granular computing[J]. International Journal of Approximate Reasoning，2018，103：107-123.

[4]　Slowinski R，Stefanowski J. Handling Various Types of Uncertainty in the Rough Set Approach[M]. London：Springer，1994.

[5]　Li F，Hu B Q，Wang J. Stepwise optimal scale selection for multi-scale decision tables via attribute significance[J]. Knowledge-Based Systems，2017，129：4-16.

[6]　Liu D，Li T R，Liang D C. Incorporating logistic regression to decision-theoretic rough sets for classifications[J]. International Journal of Approximate Reasoning，2014，55（1）：197-210.

[7]　Yu H，Zhang C，Wang G Y. A tree-based incremental overlapping clustering method using the three-way decision theory[J]. Knowledge-Based Systems，2016，91：189-203.

[8]　Yu H，Liu Z G，Wang G Y. An automatic method to determine the number of clusters using decision-theoretic rough set[J]. International Journal of Approximate Reasoning，2014，55（1）：101-115.

[9]　Jia X Y，Zheng K，Li W，et al. Three-way decisions solution to filter spam email：An empirical study[C]. International Conference on Rough Sets and Current Trends in Computing，Berlin，2012：287-296.

[10]　Liang D C，Pedrycz W，Liu D，et al. Three-way decisions based on decision-theoretic rough sets under linguistic assessment with the aid of group decision making[J]. Applied Soft Computing，2015，29：256-269.

[11]　Huang C C，Li J H，Mei C L，et al. Three-way concept learning based on cognitive operators：An information fusion viewpoint[J]. International Journal of Approximate Reasoning，2017，83：218-242.

[12]　Sun B Z，Ma W M，Zhao H. Decision-theoretic rough fuzzy set model and application[J]. Information Sciences，2014，283：180-196.

[13]　Yao Y Y，Deng X F. Sequential three-way decisions with probabilistic rough sets[J]. Information Sciences，2010，180（3）：341-353.

[14]　Zhang Q H，Xia D Y，Wang G Y. Three-way decision model with two types of classification errors[J]. Information Sciences，2017，420：431-453.

[15]　Yang X，Li T R，Fujita H，et al. A unified model of sequential three-way decisions and multilevel incremental processing[J]. Knowledge-Based Systems，2017，134：172-188.

[16]　Li H X，Zhang L B，Zhou X Z，et al. Cost-sensitive sequential three-way decision modeling using a deep neural network[J]. International Journal of Approximate Reasoning，2017，85：68-78.

[17]　Li H X，Zhang L，Huang B，et al. Sequential three-way decision and granulation for cost-sensitive face recognition[J]. Knowledge-Based Systems，2016，91：241-251.

[18]　Hao C，Li J H，Fan M，et al. Optimal scale selection in dynamic multi-scale decision tables based on sequential three-way decisions[J]. Information Sciences，2017，415/416：213-232.

[19]　She Y H，Li J H，Yang H L. A local approach to rule induction in multi-scale decision tables[J]. Knowledge-Based Systems，2015，89：398-410.

[20]　Yao Y Y，Zhao Y. Attribute reduction in decision-theoretic rough set models[J]. Information Sciences，2008，178（17）：3356-3373.

[21]　Zhang Y，Zhou Z H. Cost-sensitive face recognition[J]. IEEE Transactions on Pattern Analysis and Machine Intelligence，2010，32（10）：1758-1769.

[22]　Domingos P. MetaCost：A general method for making classifiers cost-sensitive[C]. International Conference on Knowledge Discovery and Data Mining，New York，1999：155-164.

[23]　Min F，He H P，Qian Y H，et al. Test-cost-sensitive attribute reduction[J]. Information Sciences，2011，181（22）：4928-4942.

[24]　Min F，Zhu W. Attribute reduction of data with error ranges and test costs[J]. Information Sciences，2012，211：

48-67.

[25]　Zhao H，Zhu W. Optimal cost-sensitive granularization based on rough sets for variable costs[J]. Knowledge-Based Systems，2014，65（4）：72-82.

[26]　Yang X B，Qi Y，Yu H，et al. Want more？pay more！[C]. International Conference on Rough Sets and Current Trends in Computing，Berlin，2014：144-151.

[27]　Greco S，Matarazzo B，Slowinski R. Rough approximation by dominance relations[J]. International Journal of Intelligent Systems，2010，17（2）：153-171.

第 7 章　多粒度联合决策模型

7.1　引　　言

决策既是态势认知任务的最后一步，也是态势认知的终极目标。然而，实际管理场景中获取的数据不仅有名义型数据还有连续型数据，混合数据的大量存在给态势决策智能方法提出了更高的要求。同时，由于获取数据技术的局限性，态势认知任务中广泛地存在着从粗粒度到细粒度的认知过程。在某一信息粒度中，若不能做出确定的预判则需要在更细的粒度层对该问题进行考虑。遗憾的是，传统机器学习算法只能在某确定的信息层做出接受和拒绝两支决策。序贯三支决策为这一问题提供了新颖的解决方案[1]。

在序贯三支决策方法中，不同的粒度水平可能诱导出不同的认知结果。Yao[2]在序贯三支决策方法提出的过程中指出了粒计算的一条基本法则，即

"...examine the problem at a finer granulation level with more detailed information when there is a need or benefit for doing so"。

该基本法则指出只有在有决策需要或者决策有益的情况下，决策者才应该在更精细的粒度下进行决策。例如，在图像识别中，如果决策者的决策任务只是鉴定出图像中是否有人像，那么如果能在模糊的图像中准确地识别出目标，则没必要在高清图像中进行。虽然高清图像能够提供更清晰的信息，但是对于任务驱动的决策者来说，为了完成这个简单任务耗资获取高清图像则容易造成资源的浪费。图 7.1 是 PIE 数据库中从粗粒度到细粒度的序贯人脸图像。图 7.1 中第一个子图过于模糊，决策者无法获取任何有用的信息。相反，最后一张子图非常清晰，决策者可以轻易地做出正确的决策。可是获取此高清图像需要花费大量的资源。单从识别人脸这个任务而言，第七张子图足以完成识别任务。由此可见，如何构建、选择序贯信息粒是三支决策研究的基础。

粗粒度 ——————————————→　顺序信息粒　——————→ 细粒度

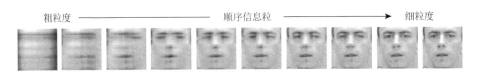

图 7.1　PIE 数据库中从粗粒度到细粒度的序贯人脸图像

　　信息粒化或信息粒的构建是粒计算的关键。从人类处理复杂信息问题的粒化认知机理来看，信息粒化的本质是构造一个合理的、具有清晰语义支持的信息粒。为此，Pedrycz 等[3, 4]提出了合理粒度准则。合理粒度准则要求信息粒在形成过程中应该满足两个条件，即合理性和特殊性。在粗糙集理论的研究中，信息粒的粗和细主要由属性子空间的大小决定。由此可见，在粗糙集中，寻找合理粒度则可以转化为寻找合理的属性子空间。如前面所述，在粗糙集理论研究过程中，属性约简已被证明是选取属性子空间的有效方法之一。从粗糙集角度看，属性约简要求在保证所有正域不发生变化的前提下删除一些冗余属性，从而简化决策信息系统。这为如何构建序贯信息粒提供了一种解决方案。

　　与此同时，如何将序贯三支决策思想应用于态势场景决策问题也是本章思考的一个方面。实际上，三支决策在分类问题中发挥着举足轻重的地位。如图 7.2所示，对于两分类问题，经典 SVM 算法可以高效地将不同的两类进行分类。然而，大多数高效的分类算法依然存在错分的可能性，特别是分类线附近的样本。三支决策便将分类线附近的样本归于边界域中。此区域中的样本在信息不充分的情况下无法判别类别标记，则可以将该样本下放到更细的一个信息粒进行判别，直至在最终信息粒上做出二分类判别。

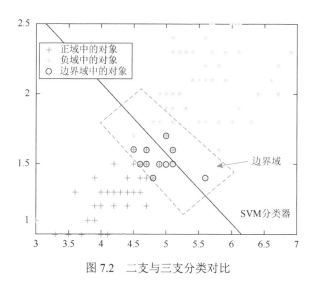

图 7.2　二支与三支分类对比

　　综上所述，本章以态势认知环境中复杂的异构数据为背景，依托合理粒度准则，以属性约简技术构建序贯信息粒。并基于此提出了基于合理空间的序贯三支分类器，形成一套完备的多粒度联合决策模型。实验结果表明，本章提出的序贯三支分类器不仅实现了粒计算的基本法则，而且分类性能也优于一些常用的分类决策方法。

7.2　相关基本概念

1. 序贯三支决策模型

三支决策的主要思想就是将整体分为三个独立的部分，对不同部分采用不同的处理方法，为复杂问题的求解提供了一种有效的策略与方法。为了实现三支决策，需要引入实体函数和阈值来获得三个独立的区域。令 U 为论域，对于论域中的任意对象 $x \in U$，令 E 表示评价函数，其中 $E(x)$ 表示对象 x 的决策状态值。借助阈值 θ 和 β，可以将正域、边界域和负域形式化地表示为

$$\mathrm{POS}(E) = \{x \in U : E(x) \geqslant \theta\} \tag{7.1}$$

$$\mathrm{NEG}(E) = \{x \in U : E(x) \leqslant \beta\} \tag{7.2}$$

$$\mathrm{BND}(E) = \{x \in U : \beta < E(x) < \theta\} \tag{7.3}$$

现有对于粗糙集和三支决策的研究主要集中于静态的决策信息系统。然而，现实决策分析中，决策者起初获得的信息往往是不充分的，获取新的有效信息需要一个过程，而人们的决策也是随着信息的更新和补充逐步给出的。令 $\mathrm{Des}_{A_k}(x)$ 表示对象 x 在信息粒 A_k 下的描述，对于 n 个粒度，可得对象 x 在不同粒度下的描述：

$$\mathrm{Des}_{A_1}(x) \prec \mathrm{Des}_{A_2}(x) \prec \mathrm{Des}_{A_k}(x) \prec \mathrm{Des}_{A_n}(x) \tag{7.4}$$

式中，$\prec$ 表示不亚于关系。

2. 邻域粗糙集及其序贯性质

态势认知数据库中广泛地存在着数值变量和符号变量。研究数值和符号变量共存的分类问题在知识发现中具有重要的应用价值。然而，传统的 Pawlak 粗糙集模型仅能处理符号型数据，对于数值型数据或连续型数据则收效甚微。1998 年，Lin[5] 率先将邻域系统与粗糙集理论相结合提出了邻域粗糙集的基本模型。Hu 等[6, 7] 从混合数据粒度计算的角度重新定义和解释了邻域粗糙集模型。

定义 7.1　令 S 为一个决策系统，对于 $\forall x_i \in U$，$B \subseteq \mathcal{AT}$，对象 x_i 基于属性子空间 B 的邻域则可以定义为

$$\delta_B(x_i) = \{x_j \mid x_j \in U, \Delta_B(x_i, x_j) \leqslant \delta\} \tag{7.5}$$

式中，Δ_B 为基于属性子空间 B 上对象 x_i 和 x_j 之间的距离函数，且 Δ 满足如下性质：

（1）$\Delta(x_i, x_j) \geqslant 0$；

（2）$\Delta(x_i, x_j) = 0$ 当且仅当 $x_i = x_j$；

（3）$\Delta(x_i, x_j) = \Delta(x_j, x_i)$；

（4）$\Delta(x_i, x_k) \leqslant \Delta(x_i, x_j) + \Delta(x_j, x_k)$。

在机器学习和数据挖掘中，距离的计算方法有很多种，在实际应用中需要根据实际项目的特性选取合适的距离函数。本章介绍几种常用的距离计算函数。

1）闵可夫斯基距离

闵可夫斯基距离（Minkowski distance）是衡量样本之间距离的一种非常常见的方法。闵可夫斯基距离不是一种距离，而是一组距离的定义。令 $f(x_j, a_i)$ 表示对象 x_j 在属性 a_i 上的属性值，且 $x_j \in U$，$a_i \in \mathcal{AT}$。那么闵可夫斯基距离可以定义为

$$\Delta_B^P(x_i, x_j) = \left(\sum_{l=1}^{|B|} | f(x_i, a_i) - f(x_j, a_i) |^P \right)^{1/T} \tag{7.6}$$

式中，T 为变参数。当 $T = 1$ 时，闵可夫斯基距离即为曼哈顿距离（Manhattan distance）；当 $T = 2$ 时，闵可夫斯基距离即为欧氏距离（Euclidean distance）；当 $T = \infty$ 时，闵可夫斯基距离即为切比雪夫距离（Chebychev distance）。根据变参数的不同，闵可夫斯基距离可以表示一类的距离。在这三种距离函数中，欧氏距离被广泛地应用。当 $T = 2$ 时，式（7.6）可以简写

$$\Delta_B^E(x_i, x_j) = \sqrt{\sum_{l=1}^{|B|} (f(x_i, a_i) - f(x_j, a_i))^2} \tag{7.7}$$

根据欧氏距离，可得任意两两对象之间的距离如下：

$$\Delta_B = \begin{bmatrix} \Delta_{11} & \Delta_{12} & \cdots & \Delta_{1j} & \cdots & \Delta_{1(m-1)} & \Delta_{1m} \\ \Delta_{21} & \Delta_{22} & \cdots & \Delta_{2j} & \cdots & \Delta_{2(m-1)} & \Delta_{2m} \\ \vdots & \vdots & & \vdots & & \vdots & \vdots \\ \Delta_{i1} & \Delta_{i2} & \cdots & \Delta_{ij} & \cdots & \Delta_{i(m-1)} & \Delta_{im} \\ \vdots & \vdots & & \vdots & & \vdots & \vdots \\ \Delta_{(m-1)1} & \Delta_{(m-1)2} & \cdots & \Delta_{(m-1)j} & \cdots & \Delta_{(m-1)(m-1)} & \Delta_{(m-1)m} \\ \Delta_{m1} & \Delta_{m2} & \cdots & \Delta_{mj} & \cdots & \Delta_{m(m-1)} & \Delta_{mm} \end{bmatrix} \tag{7.8}$$

式中，Δ_{ij} 为距离 $\Delta_B^E(x_i, x_j)$ 的缩写。显然 Δ_{ij} 的值为大于等于 0 的实数。为了使距离在同一维度下，可以采用数据标准化技术对距离进行标准化处理。数据标准化是将数据按比例缩放，使之落入一个小的特定区间。令 $\Delta_{i\cdot}^{max}$ 与 $\Delta_{i\cdot}^{min}$ 表示对象 x_i 和任意对象之间距离的最大值与最小值。那么可以按如下公式将 Δ_{ij} 的值落入区间 $[y_{min}, y_{max}]$ 中。

$$\Delta_{ij}' = (y_{max} - y_{min}) \times \frac{\Delta_{ij} - \Delta_{i\cdot}^{min}}{\Delta_{i\cdot}^{max} - \Delta_{i\cdot}^{min}} + y_{min} \tag{7.9}$$

其中最典型的标准化处理就是将数据统一映射到 $[0,1]$ 区间上，即 $y_{min} = 0$，$y_{max} = 1$。

2）径向基函数核距离

与欧氏距离不同，径向基函数（radial basis function，RBF）核又称为高斯核，是一种常用的核函数。对于任意的对象 x_i 和 x_j，RBF 核距离的定义为

$$K(x_i, x_j) = \exp\left(-\frac{\sum_{l=1}^{|B|} (f(x_i, a_l) - f(x_j, a_l))^2}{2\sigma^2}\right) \tag{7.10}$$

式中，σ 为一个自由参数。因为 RBF 核距离的值随距离减小而减小，并介于 0（极限）和 1 之间，所以它是一种现成的相似性度量表示法。为此可将距离函数定义为

$$\Delta_B^R(x_i, x_j) = 1 - K(x_i, x_j) \tag{7.11}$$

基于某一具体的邻域距离函数可以定义如下邻域粗糙集。

定义 7.2　令 S 为一个决策系统，对于 $\forall X \subseteq U$，$B \subseteq \mathcal{AT}$，对象 x_i 基于属性子空间 B 的邻域表示为 $\delta_B(x_i)$，那么基于邻域的下近似集、上近似集则可以定义为

$$\underline{B}_\delta(X) = \{x_i \in U : \delta_B(x_i) \subseteq X\} \tag{7.12}$$

$$\overline{B}_\delta(X) = \{x_i \in U : \delta_B(x_i) \cap X \neq \varnothing\} \tag{7.13}$$

近似质量是粗糙集理论中常用的分类度量尺度之一。在邻域粗糙集模型中，对于决策属性 D 的划分可以表示为 $\{X_1, X_2, \cdots, X_l\}$，则近似质量可以表示为

$$\gamma_B^\delta(D) = \frac{|\mathrm{POS}_B^\delta(D)|}{|U|} \tag{7.14}$$

式中，$\mathrm{POS}_B^\delta(D) = \bigcup_{j=1}^{j=l} \mathrm{POS}_B^\delta(X_j) = \bigcup_{j=1}^{j=l} \underline{B}_\delta(X_j)$。

性质 7.1　令 S 为一个决策系统，$B_1, B_2 \subseteq C$，$B_1, B_2 \subseteq C$，δ_1 和 δ_2 为两个非负数并且 $\delta_1 \geqslant \delta_2$，基于同一个距离函数 Δ 有

Type 1 单调性：$\forall x_i \in U, \delta_1(x) \supseteq \delta_2(x), \underline{B}_{\delta_1}(X) \subseteq \underline{B}_{\delta_2}(X), \gamma_B^{\delta_1}(D) \leqslant \gamma_B^{\delta_2}(D)$

Type 2 单调性：$\forall X \subseteq U, \delta_{B_1}(x) \supseteq \delta_{B_2}(x), \underline{B_1}_\delta(X) \subseteq \underline{B_2}_\delta(X), \gamma_{B_1}^\delta(D) \leqslant \gamma_{B_2}^\delta(D)$

性质 7.1 展示了邻域粗糙集两个非常重要的单调性质。与此同时，这两种单调性质也反映了两种不同的粒化机制。Type 1 将参数 δ 作为粒化尺度，即随着 δ 值不断变大，对任意对象 x_i 邻域的刻画就从细粒度渐变为粗粒度。Type 2 则将属性子空间的大小作为粒化尺度，即随着属性越来越多，邻域粗糙下近似集则越来越大。这意味着对任意目标的下近似刻画则越来越细。由此可见，性质 7.1 表明在基于邻域粗糙集的分类学习中不仅需要考虑参数 δ 对粒化的影响，而且需要考察不同层次的属性子空间。

3. 合理粒度准则

从人类处理复杂问题粒化认知机理的角度来看，信息粒化的本质是要构造一

个合理的、具有清晰语义支持的信息粒,加拿大阿尔伯塔大学 Pedrycz 和 Homenda 认为一个合理的粒度需要满足如下两个要求[4]。

合理性:即要求所构造的信息粒应尽可能多地包含原始数据,由此所形成的信息粒就越能保持住原始数据的特征。

特殊性:即要求所构造的信息粒具备清晰的语义解释且需要尽可能地精细。也就是说,所构造的信息粒越细其特殊性越高,那么其所包含的语义就越清晰。

实际上,如上所述的合理性和特殊性是矛盾性的要求。图 7.3 为模拟一个年龄的区间信息粒。图 7.3 中的区间[1, 130]基本涵盖了人类记录所能达到的年龄。图 7.3 展示了区间上的两种情况。例如,信息粒 $A = [1,130]$ 包含了所有的年龄阶段,由此区间 A 达到了合理性要求。然而区间 A 缺乏特殊性,在制定社会服务和教育等政策时该信息发挥的作用非常有限。另外,信息粒 $B = 75$ 非常特殊然而信息粒 B 却只包含了年龄轴上的一点,对决策者传递的信息也非常有限。综合合理性和特殊性要求,图 7.3 中的信息粒 C 包含了年龄轴上多数样本,因此更适合作为决策所需的信息粒。

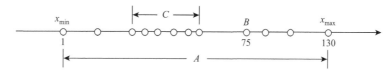

图 7.3　模拟一个年龄的区间信息粒

7.3　基于序贯三支策略的决策方法

1. S3WC 框架

对分类问题[8-10]而言,首先可以将经典的决策系统扩展为一个分类系统,即将论域中的对象分成两个不相交的部分。其中带有决策标记的样本集合称为训练集合,缺失决策标记的样本称为测试集合,该类对象的决策标记用 N/A 表示。显然 $U = U_{\text{train}} \bigcup U_{\text{test}}$。

在粒计算理论[11-14]中,多个信息粒可以由单个信息粒构成。现考虑一系列属性子集 $\{B_1, B_2, \cdots, B_n\}$,其满足如下条件:

$$B_1 \subset B_2 \subset \cdots \subset B_n \subseteq C \tag{7.15}$$

根据邻域粗糙集[6]的相关定义,那么 $\forall x \in U_{\text{train}}$,易得

$$\delta_{B_1}(x) \supset \delta_{B_2}(x) \supset \cdots \supset \delta_{B_{n-1}}(x) \supset \delta_{B_n}(x) \tag{7.16}$$

$$\text{POS}_{B_1}^{\delta}(X) \subset \text{POS}_{B_2}^{\delta}(X) \subset \cdots \subset \text{POS}_{B_{n-1}}^{\delta}(X) \subset \text{POS}_{B_n}^{\delta}(X) \tag{7.17}$$

$$\mathrm{BND}_{B_1}^{\delta}(X) \supset \mathrm{BND}_{B_2}^{\delta}(X) \supset \cdots \supset \mathrm{BND}_{B_{n-1}}^{\delta}(X) \supset \mathrm{BND}_{B_n}^{\delta}(X) \qquad (7.18)$$

$$\mathrm{NEG}_{B_1}^{\delta}(X) \subset \mathrm{NEG}_{B_2}^{\delta}(X) \subset \cdots \subset \mathrm{NEG}_{B_{n-1}}^{\delta}(X) \subset \mathrm{NEG}_{B_n}^{\delta}(X) \qquad (7.19)$$

定义 7.3　令 $\mathrm{CS} = (U = U_{\mathrm{train}} \bigcup U_{\mathrm{test}}, \mathcal{AT} = C \bigcup D, V, f)$ 为分类系统，$B_1 \subset B_2 \subset \cdots \subset B_i \subset \cdots \subset B_n \subseteq C$。对于 $\forall x \in U_{\mathrm{train}}$，$\delta_B(x_i)$ 表示对象 x_i 基于属性子空间 B 的邻域。对于某一决策类 X，其基于邻域粗糙集的划分表示为 $\pi_{B_i}^{\delta}(X)$，那么第 i 个信息粒结构 grs_i 和多粒度粒结构 GrS 可以定义为

$$\mathrm{grs}_i = (\subset, B_i, \delta_{B_i}(x), \pi_{B_i}^{\delta}(X)) \qquad (7.20)$$

$$\mathrm{GrS} = (\mathrm{grs}_1, \mathrm{grs}_2, \cdots, \mathrm{grs}_i, \cdots, \mathrm{grs}_n) \qquad (7.21)$$

式中，$\pi_{B_i}^{\delta}(X) = \{\mathrm{POS}_{B_i}^{\delta}(X), \mathrm{BND}_{B_i}^{\delta}(X), \mathrm{NEG}_{B_i}^{\delta}(X)\}$。

在分类系统中，假设条件属性的个数为 n，即 $|C| = n$，那么在全序集中多粒度结构 GrS 则包含 n 个元素，即分类系统中有 n 层粒度结构。在不考虑条件属性顺序的情况下，GrS 则包含 $n \times (n-1) \times \cdots \times 2 \times 1$ 即 $n!$ 种组合形式。

利用已有的知识快速准确地决策未知标记样本的标签是分类算法的根本任务。本章受三支决策思想[15-17]的启发设计如图 7.4 所示的多粒度序贯三支分类学习框架（sequential three-way classifier，S3WC）。多粒度序贯三支分类学习框架首先由训练数据集产生多粒度信息粒结构。该多粒度信息粒结构中包含了多个从粗粒度到细粒度的信息粒[18-20]。一般而言，第一个信息粒作为分类学习的初始信息粒，其含有的信息相对其他信息粒而言比较粗糙。类似地，最后一个信息粒则被视为终止信息粒，因为其代表着最详细的数据状态。在初始信息粒状态下，根据初始属性子空间可以得到测试数据 s 与训练样本的距离，由此可得测试数据 s 的邻域。根据三支决策思想，如果 s 的邻域包含于正域中，那么将测试数据 s 标记为正标签；如果 s 的邻域包含于负域中，那么将测试数据 s 标记为负标签；否则待定测试数据 s 的标签，转到更细一层信息粒中进行判定。如此循环直到终止信息粒。若在终止信息粒中依然无法判定测试数据 s 的标签，则根据测试数据 s 邻域中的样本类别，依据少数服从多数的原则给定 s 的标签。

在上面的多粒度序贯三支分类学习框架中，关键是确定多粒度信息粒的初始信息粒和终止信息粒，即寻找适合每个对象的合理粒度，使得分类方法能够高效地实现。如图 7.5 所示，在粗糙集方法体系中，二元关系和属性子空间在信息粒的构建上发挥着基础性的作用。根据不同的实际应用，可以选择具体的二元关系，如等价关系[21]、模糊关系[22]、邻域关系[23]、优势关系等。另外，由性质 7.1 可知，属性子空间[23-25]是调节信息粒大小的尺度之一。由此可见，寻找适合每个对象合理粒度问题则可以转化为寻找每个对象的合理属性子空间。与合理粒度存在于某一区间类似，合理属性子空间也可以定义在某一区间内，而区间的下界可以称为局部属性子空间，上界可以称为全局属性子空间。

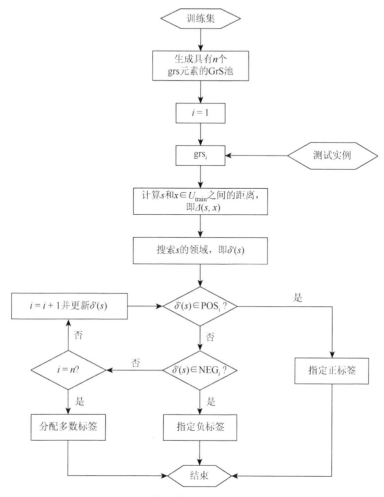

图 7.4　多粒度序贯三支分类学习框架

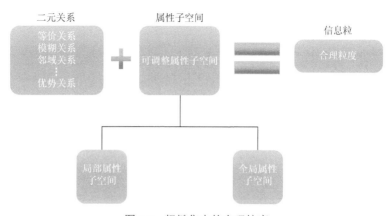

图 7.5　粗糙集中的合理粒度

　　由上讨论可知共有 $n!$ 种属性组合形式，考虑所有的属性组合也是不切实际的。为了解决这一问题，已有研究人员提出了一些方案[26, 27]。例如，就局部属性子空间而言，Yang 等[28]采取随机策略并假设第一个条件属性或前几个条件属性作为局部属性子空间。Li 等[29]根据属性重要度原则将重要度最大的条件属性作为局部属性子空间。一方面，Yang 等[28]和 Li 等[29]均将全序集作为全局属性子空间。然而，上述策略在分类问题中显得比较低效。随着大数据时代的深入，数据的维度规模越来越大，并且存在着大量的噪声数据和冗余数据，因此在分类中考虑所有的属性非常耗时。另一方面，从合理粒度的角度而言，上述的序贯策略虽满足了合理性但却缺乏特殊性。图 7.6 展示了一个序贯三支策略中区域变化的例子，其中条件属性集 $AT = \{a_1, a_2, a_3, a_4, a_5\}$。图中将 $\{a_1\}$ 作为初始属性子空间，将 $\{a_1, a_2, a_3, a_4, a_5\}$ 作为终止属性子空间。随着属性的增加，正域和负域不断增大而边界域则不断减小。从合理粒度的两个基本要求来看，第 1 粒度层或 $\{a_1\}$ 满足了特殊性，然而其由于边界域过大，包含了过多的不确定性信息，因而缺乏合理性。第 5 粒度层或 $\{a_1, a_2, a_3, a_4, a_5\}$ 包含了绝大多数的信息，满足合理性要求，但其缺乏特殊性，因为其包含了所有的属性。第 2 粒度层也不满足合理粒度的两个要求，虽然其边界域相较于第 1 粒度层有所降低，但边界域的变化幅度太低，仍然存在大量的不确定信息。从此意义上看，第 3 粒度层或第 4 粒度层更接近合理粒度的要求。

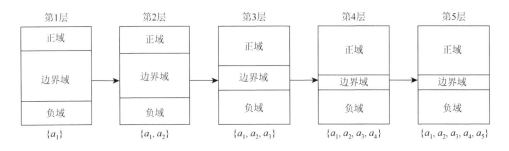

图 7.6　一个序贯三支策略中区域变化的例子

　　从上面讨论可知，合理的属性子空间能够提升确定性信息的搜索速度。属性约简是粗糙集理论研究的一个重要方面[30]。众所周知，信息处理过程中往往要面对海量的数据信息，在这些信息中数据的属性并不是同等重要的，即在信息表中会存在大量的冗余属性。属性约简能够在保持数据信息分类和决策能力不变的情况下，删除一些不相关的属性[31]。为此，本章将以合理粒度准则为依据，借助属性约简技术构建有效的序贯属性集。

2. 局部与全局属性子空间

属性约简作为高效的特征选择技术之一，在搜寻合适属性子空间方面发挥着独特的作用。与经典粗糙集模型类似，邻域粗糙集中的约简如下所示。

定义 7.4　令 S 为一个决策系统，假设 B 为条件属性集合 $\mathcal{AT}$ 的子集，B 被称为邻域粗糙集的约简当且仅当满足如下两个条件：

（1）$\mathrm{POS}_B^\delta(D) = \mathrm{POS}_C^\delta(D)$

（2）$\forall a \in B,\ \mathrm{POS}_{B-\{a\}}^\delta(D) \neq \mathrm{POS}_B^\delta(D)$

由上面可知，定义 7.4 为约简的定性化定义，根据性质 7.1，定义 7.4 还可以有定量化定义。

定义 7.5　令 S 为一个决策系统，假设 B 为条件属性集合 $\mathcal{AT}$ 的子集，B 被称为邻域粗糙集的约简当且仅当满足如下两个条件：

（1）$\gamma_B^\delta(D) = \gamma_B^\delta(D)$

（2）$\forall a \in B,\ \gamma_{B-\{a\}}^\delta(D) < \gamma_B^\delta(D)$

上面定义的约简集合不仅能够压缩原决策系统的属性规模，而且能够保证原决策系统的分类性能不发生变化。即在决策信息系统中，约简能够完全替代原属性集合。由此本章将其定义为决策信息系统的全局属性子空间。

核属性集是约简的重要组成部分，代表着决策信息系统中最重要的属性[32-34]。一般而言，决策信息系统存在多个约简集合。令 $\mathcal{B} = \{B_1, B_2, \cdots, B_k\}$ 为约简集合，那么核属性可以定义为

$$\mathrm{core} = \bigcap_{j \leq k} B_j \tag{7.22}$$

由核属性的定义可知，核属性集合为决策系统中所有约简集合的交集。这就意味着核属性集中的任意属性在属性约简过程中均不可删除，一旦删除势必造成分类性能的降低。为此本章将核属性集合定义为决策信息系统的局部属性子空间。

由于核属性集合共存于所有约简中，对于搜索约简的算法，我们应该先找到决策系统的核属性集合，然后以核属性集合为基础增加新的属性，这样可以避免对核属性重要度的重复计算。首先定义如下所示的邻域决策系统下属性的重要度。

定义 7.6　令 S 为一个决策系统，假设 B 为条件属性集合 C 的子集，$\forall a \in B$，属性 a 相对于 B 的重要度可以定义为

$$\mathrm{Sig}_{\mathrm{in}}(a, B, D) = \gamma_B^\delta(D) - \gamma_{B-\{a\}}^\delta(D) \tag{7.23}$$

$\mathrm{Sig}_{\mathrm{in}}(a, B, D)$ 用于度量属性集 B 中删除属性 a 之后近似质量的变化程度[35]。相应地，可以定义外部属性重要度如下所示。

定义 7.7　令 S 为一个决策系统，假设 B 为条件属性集合 C 的子集，$\forall a \in$

$C - B$，属性 a 相对于 B 的重要度可以定义为

$$\text{Sig}_{\text{out}}(a, B, D) = \gamma_{B \cup \{a\}}^{\delta}(D) - \gamma_B^{\delta}(D) \tag{7.24}$$

给定 $a \in B$，如果 $\text{Sig}_{\text{in}}(a, B, D) > 0$，那么 $a \in \text{core}$。因此核属性集合则可以定义为

$$\text{core} = \{a \in C : \text{Sig}_{\text{in}}(a, C, D) = \gamma_B^{\delta}(D) - \gamma_{B-(a)}^{\delta}(D) > 0\} \tag{7.25}$$

根据上面定义，启发式算法求核属性集合如算法 7.1 所示。

算法 7.1 的关键是计算每个属性的重要度，即 $\text{Sig}_{\text{in}}(a_i, B, D)$，其时间复杂度为 $O(|U|)$。由此可得核属性的时间计算复杂度为 $O(|U| \times |C|)$。

依据以上获得的核属性集合可以根据算法 7.2 得到决策信息系统的一个约简。

算法 7.1　启发式算法求核属性集合

输入：决策系统 $S = (U, \text{AT} = C \cup D, V, f)$，邻域阈值 δ。

输出：core，grs_{core}。

1. $\text{core} \leftarrow \varnothing$；
2. 令 $X = \arg\max_{X_i \in U/\text{IND}(D)}\{|X_i|\}$；
3. 计算决策系统的近似质量 $\gamma_C^{\delta}(D)$；
4. For $i = 1 : n$
5. 　计算任意属性 a_i 的重要度 $\text{Sig}^{\text{inner}}(a_i, B, D)$；
6. 　If $\text{Sig}^{\text{inner}}(a_i, B, D) > 0$，那么
7. 　　$\text{core} = \text{core} \cup \{a_i\}$；
8. 　End if
9. End For
10. 计算 $\pi_{\text{core}}^{\delta}(X)$ 和 grs_{core}。
11. 返回 core，grs_{core}。

算法 7.2　基于核属性集合的约简求解算法

输入：决策系统 $S' = (U, (C - \text{core}) \cup D, V, f)$，$\delta$，core，$\text{grs}_{\text{core}}$；

输出：reduct，$\text{GrS}_{\text{reduct}}$。

1. $\text{reduct} \leftarrow \text{core}$，$\text{GrS}_{\text{reduct}} = \text{grs}_{\text{core}}$；
2. 令 $X = \arg\max_{X_i \in U/\text{IND}(D)}\{|X_i|\}$；
3. Do
4. 　$\forall a_i \in C - \text{core}$，计算重要度 $\text{Sig}^{\text{outer}}(a_i, \text{reduct}, D)$；
5. 　选取最大的重要度及对应的属性 a_j；
6. 　$\text{reduct} \leftarrow \text{reduct} \cup \{a_j\}$。
7. 　计算 $\pi_{\text{reduct}}^{\delta}(X)$ 和 $\text{grs}_{\text{reduct}}$；
8. 　$\text{GrS}_{\text{reduct}} = [\text{GrS}_{\text{reduct}}, \text{grs}_{\text{reduct}}]$
9. 直到 $\gamma_{\text{reduct}}^{\delta}(D) = \gamma_C^{\delta}(D)$。
10. 返回 reduct 和 $\text{GrS}_{\text{reduct}}$。

与传统求约简的算法不同，算法 7.2 以核属性集合为起点，在搜索过程中选取属性重要度最大的属性增加至约简集合中，直至近似质量不再发生变化。算法 7.2 的计算时间复杂度为 $O(|C-\text{core}|^2 \times |U|)$。

3. 基于合理粒度的 S3WC 决策算法

如上面所述，本章将核属性集与约简集分别定义为局部属性子空间和全局属性子空间。在分类决策情境下，受合理粒度准则[36]的启发，三支分类决策策略可以分为两部分[37-39]。一方面，在模型训练过程中生成满足合理粒度第一条准则的信息粒区间；另一方面，在模型测试过程中，每一个测试样本都在其特殊的信息粒下进行分类。一般而言，基于合理粒度准则的分类如下所示。

定义 7.8 令 $\text{CS} = (U = U_{\text{train}} \bigcup U_{\text{test}}, \mathcal{AT} = C \cup D, V, f)$ 为一个分类系统，core 和 reduct 为由属性约简生成的两个属性子空间。由属性约简过程生成的多粒度层次结构为 $\text{CrS} = \{\text{grs}_1, \text{grs}_2, \cdots, \text{grs}_i, \cdots, \text{grs}_k\}$，其中 $\text{grs}_1 = \text{grs}_{\text{core}}$，$k = |\text{reduct} - \text{core}|$。$\forall x \in U_{\text{train}}$，$\forall s \in U_{\text{test}}$，$\Delta_{B_i}^R(s, x)$ 表示信息粒结构 grs_i 测试样本与训练样本之间的距离，$\delta'(s) = \delta(s) - \{s\}$ 表示测试样本 s 在训练集中的邻域。$\forall X \in U / \text{IND}(D)$，满足合理粒度准则的信息粒结构 grs_i 满足如下要求：

（1） $\text{grs}_i \in \text{GrS}$；

（2） grs_i 为第一个满足 $\delta'(s) \subseteq \text{POS}_{B_i}^\delta(X)$ 或 $\delta'(s) \subseteq \text{NEG}_{B_i}^\delta(X)$ 的信息粒结构。

由定义 7.8 可知，grs_i 首先满足实验合理性，因为其位于由属性约简技术生成的属性区间中，该区间具有尽量多的划分信息。特别地，其区间上界拥有和原始数据同等的分类能力。另外，对于任意一个测试样本，其所支撑的信息粒结构各不相同，这也就意味着所定义的 grs_i 满足特殊性。此外，根据粗糙集理论和属性约简技术，grs_i 同样具有清晰的语义解释。

就本章讨论而言，合理粒度的关键为合理的属性子空间，因此本章将所提算法命名为基于合理子空间的序贯三支决策（sequential three-way classifier with justifiable subspace，S3WC-JS）算法。S3WC-JS 算法的详细过程如算法 7.3 所示，其主要分为四个步骤：①根据已生成的信息粒结构初始化 X、POS、BND、NEG；②计算测试样本与训练样本之间的距离并搜索其邻域样本；③根据当前信息粒所包含的信息决策测试样本的标记；④若上述过程未分配测试样本标记，则在全局信息粒结构下根据少数服从多数原则给测试样本分配标记。

算法 7.3 基于合理子空间的序贯三支决策算法

输入：

GrS 集 $\text{GrS}_{\text{reduct}} = \{\text{grs}_1, \text{grs}_2, \cdots, \text{grs}_k\}$；

$\text{grs}_1 = \text{grs}_{\text{core}}$，$k = |\text{reduct} - \text{core}|$；

测试样本 s，阈值 δ'；

输出：测试样本 s 的标记。

1. 令 $X = \arg\max_{X_i \in U/\mathrm{IND}(D)}\{|X_i|\}$ ；

2. $\mathrm{POS} = \mathrm{POS}_{B_1}^{\delta}(X)$ ；

3. $\mathrm{BND} = \mathrm{BND}_{B_1}^{\delta}(X)$ ；

4. $\mathrm{NEG} = \mathrm{NEG}_{B_1}^{\delta}(X)$ ；

5. 计算 s 与训练样本集中对象的距离 $\varDelta_{B_1}^{R}(s, x)$ ，　$x \in U_{\mathrm{train}}$ ；

6. 根据如上距离搜索 s 的邻域；

7. $i = 1$ ；

8. While　$i \leqslant k$

9. If　$\delta'(s) \subseteq \mathrm{POS}$ ，then

10. 分配测试样本 s 正标签；break；

11. Else if　$\delta'(s) \subseteq \mathrm{NEG}$ ，then

12. 分配测试样本 s 负标签；break；

13. Else

14. $i = i + 1$ ；

15. $\mathrm{POS} = \mathrm{POS}_{B_i}^{\delta}(X)$ ；

16. $\mathrm{BND} = \mathrm{BND}_{B_i}^{\delta}(X)$ ；

17. $\mathrm{NEG} = \mathrm{NEG}_{B_i}^{\delta}(X)$ ；

18. 计算 $\varDelta_{B_i}^{R}(s, \delta'(s))$ 并更新 $\delta'(s)$ ；

19. End if

20. End if

21. End While

22. If 测试样本 s 未分配标记

23. 根据 $\delta'(s)$ 中多数对象的标记分给 s ；

24. End if

25. 测试样本 s 的标记。

　　算法 7.3 中更新测试样本的邻域是算法是否高效的关键之一。一方面，在属性约简过程中将各个信息粒结构的划分信息，即正域、负域和边界域信息进行保存，以备分类决策过程中使用。这不仅可以充分地发挥属性约简的优势，而且可以避免不必要的计算消耗。另一方面，由性质 7.1 中 Type 2 单调性可知，在某一固定的邻域阈值下，邻域随着属性子空间的单调变化而单调变化。然而，若阈值一直固定不变则造成邻域中不包含任何对象。此外，每次循环中均计算测试样本与训练样本的距离，将会消耗大量时间。因此，为了保持单调性和节约时间，在更新过程中，算法 7.3 只考虑测试样本 s 与其邻域中对象的距离。

　　在邻域类分类器中，邻域阈值的确定也是关键之一。在本章讨论的模型中共有两个邻域阈值，即 δ 和 δ' 。虽同为邻域阈值，但其两者作用并不相同。δ 存在于邻域粗糙集的构建中，而 δ' 用于决策测试样本的标记。换言之，δ' 为内部邻域阈值，δ' 为外部阈值。δ' 可以通过式（7.26）得到

$$\delta' = \min(\varDelta_{B}^{R}(s, x)) + \omega(\max(\varDelta_{B}^{R}(s, x)) - \min(\varDelta_{B}^{R}(s, x))) \qquad (7.26)$$

式中，$\varDelta_{B}^{R}$ 表示 RBF 核距离；$0 \leqslant \omega \leqslant 1$ 。

7.4　公共数据集中的实验分析

1. 实验设置及参数选取

为了进一步地验证本章所提算法的优势，本节从公共数据集中选取了 9 组数据对本章所提算法进行验证。数据集的基本信息如表 7.1 所示。本节所用数据均下载于 UCI（University of California Irvine）公共数据库（https://archive.ics.uci.edu/ml/index.php）。

表 7.1　数据集的基本信息

序号	数据集	对象数	属性数	决策分布（X_1：X_2）
1	Adult	4781	14	（3593：1188）
2	Chess（KR vs. KP）	3196	35	（1669：1527）
3	Connectionist Bench	208	60	（97：111）
4	Ionosphere	351	35	（225：126）
5	Page Blocks	5473	9	（4913：560）
6	Parkinson Speech	1208	26	（688：520）
7	Mushroom	8124	21	（3916：4208）
8	Steel Plates Faults	1941	26	（1268：673）
9	Wdbc	569	29	（212：357）

由上面讨论可知，本章所提算法涉及多个参数，如 σ、δ 和 ω。为了选取合适的参数组合，本章采用 5 折交叉验证算法，将数据集分成三部分，即训练集、验证集和测试集。训练集用于学习邻域粗糙集模型和分类决策器，验证集用于参数的选取，测试集用于评估分类决策器的性能。为了保持数据分布不发生变化，本章采用图 7.7 所示的 5 折交叉验证算法。

在 7.2 节和 7.3 节的讨论中可以发现，参数 σ、δ 是构建邻域粗糙集模型的两个最基本的要素，而参数 ω 则与分类学习密切相关。值得注意的是，参数 σ 为自由参数，因此对每个数据集而言，需先确定参数 σ 的取值区间。本章在训练集中通过近似质量的变化趋势确定参数 σ 的取值区间。对于每个数据集，我们按比例选取了 15 组 σ 值，分别为 $2^{-6}, 2^{-5}, 2^{-4}, \cdots, 2^0, 2^{0.5}, 2^1, 2^{1.5}, \cdots, 2^4$。与此同时，对于参数 δ，本章按比例选取了 20 组值，分别为 $0.05, 0.1, 0.05, \cdots, 1$。本章将计算近似质量的算法运行了 20 遍，得到如图 7.8 所示的实验结果。在图 7.8 中每个子图展示了一个数据集上近似质量 γ 随参数 σ、δ 变化而发生变化的示意图。

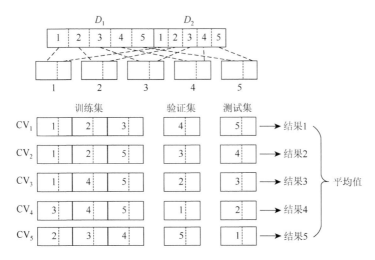

图 7.7 5 折交叉验证算法

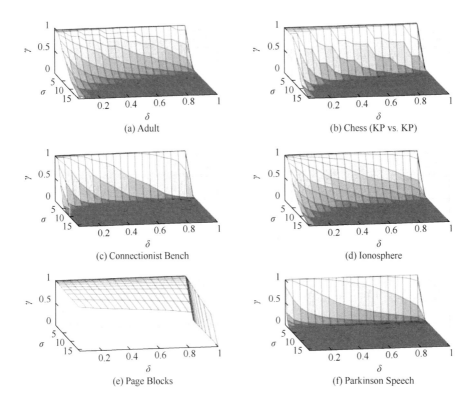

(a) Adult

(b) Chess (KP vs. KP)

(c) Connectionist Bench

(d) Ionosphere

(e) Page Blocks

(f) Parkinson Speech

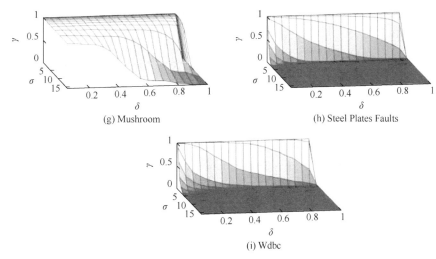

(g) Mushroom　　　　　　　　　　(h) Steel Plates Faults

(i) Wdbc

图 7.8　近似质量变化的三维图

由图 7.8 可知，不同数据集近似质量的变化趋势并不相同，为了更直观地表示近似质量值随参数变化的趋势，可将图 7.8 中的三维图按照 σ 值进行切割，如图 7.9 所示。

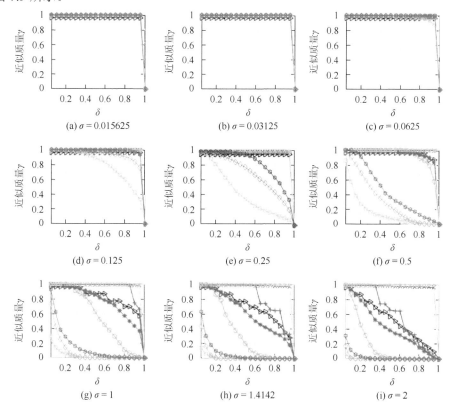

(a) $\sigma = 0.015625$　　　(b) $\sigma = 0.03125$　　　(c) $\sigma = 0.0625$

(d) $\sigma = 0.125$　　　(e) $\sigma = 0.25$　　　(f) $\sigma = 0.5$

(g) $\sigma = 1$　　　(h) $\sigma = 1.4142$　　　(i) $\sigma = 2$

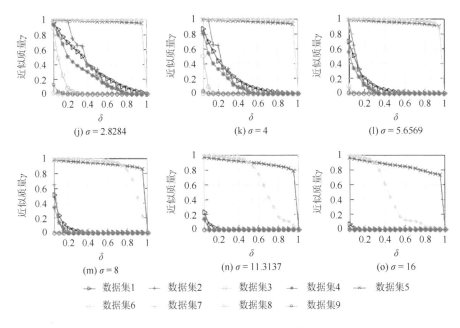

图 7.9　近似质量变化的二维切割图

　　仔细观察图 7.9 可得到如下结论：①对于任意数据集，当 $\delta=1$ 时近似质量 γ 都为 0。这是由于在此情况下，训练集中的所有对象都被纳入邻域中使得下近似集为空集。换言之，为使近似质量 γ 不为 0，δ 的取值需要小于 1。②多数情况下，当 σ 的取值过大或过小时，不管 $\delta\in(0,1)$ 取何值，近似质量都不发生变化。例如，对于任意数据集，当 $\sigma\leqslant 0.03125$ 时，近似质量 γ 的值均逼近或等于 1。另外，除了数据集 6 和数据集 7，当 $\sigma=16$ 时，其余 7 组数据集的近似质量均为 0。③对于某一固定的 σ 取值，近似质量 γ 随着 δ 的单调增加呈单调减少趋势，这一现象与性质 7.1 相吻合。然而，对于不同的 σ 值，其单调变化的趋势则不尽相同。例如，在数据集 6 中，当 $\sigma=0.125$ 时，近似质量的变化曲线向上凸起，而当 $\sigma=0.25$ 时，近似质量的变化曲线则向下凸起。

　　通过上面讨论，可以分别通过单调性与近似质量两个角度考虑参数 σ 和 δ 的取值范围。一方面，本章选取的参数 σ 区间能够保证近似质量 γ 随着 δ 值的变化呈单调变化趋势；另一方面，对于阈值 δ 而言，本章需压缩其区间使得近似质量 γ 的值不会过小（如本章设定 $\gamma>0.1$）。在如下的实验中，本章将获取的各个数据集 σ 和 δ 的区间值平均分为 10 份。与此同时，本章按比例考虑了 20 组 ω 值，分别为 $\omega=0.05,0.1,\cdots,1$。数据集中用于验证的参数值如表 7.2 所示。

表 7.2　数据集中用于验证的参数值

序号	参数	所需的参数值
1	σ	0.25, 0.3749, 0.5087, 0.6381, 0.7674, 0.8968, 1.0261, 1.1555, 1.2848, 1.4142
1	δ	0.05, 0.0889, 0.1278, 0.1667, 0.2056, 0.2444, 0.2833, 0.3222, 0.3611, 0.4
2	σ	1.1412, 1.6429, 2.1447, 2.6464, 3.1482, 3.6499, 4.1517, 4.6534, 5.1552, 5.6569
2	δ	0.05, 0.0889, 0.1278, 0.1667, 0.2056, 0.2444, 0.2833, 0.3222, 0.3611, 0.4
3	σ	0.5, 0.7587, 1.0174, 1.2761, 1.5348, 1.7936, 2.0523, 2.3110, 2.5697, 2.8284
3	δ	0.05, 0.0833, 0.1167, 0.15, 0.1833, 0.2167, 0.25, 0.2833, 0.3167, 0.35
4	σ	1, 1.3333, 1.6667, 2, 2.3333, 2.6667, 3, 3.3333, 3.6667, 4
4	δ	0.05, 0.0889, 0.1278, 0.1667, 0.2056, 0.2444, 0.2833, 0.3222, 0.3611, 0.4
5	σ	2.8284, 4.2919, 5.7554, 7.2189, 8.6824, 10.1460, 11.6095, 13.0730, 14.5365, 16
5	δ	0.05, 0.15, 0.25, 0.35, 0.45, 0.55, 0.65, 0.75, 0.85, 0.95
6	σ	0.0625, 0.1111, 0.1597, 0.2083, 0.2569, 0.3056, 0.3542, 0.4028, 0.4514, 0.5
6	δ	0.05, 0.0889, 0.1278, 0.1667, 0.2056, 0.2444, 0.2833, 0.3222, 0.3611, 0.4
7	σ	4, 5.3333, 6.6667, 8, 9.3333, 10.6667, 12, 13.3333, 14.6667, 16
7	δ	0.05, 0.1, 0.15, 0.2, 0.25, 0.3, 0.35, 0.4, 0.45, 0.5
8	σ	0.1250, 0.2222, 0.3194, 0.4167, 0.5139, 0.6111, 0.7083, 0.8056, 0.9028, 1
8	δ	0.0500, 0.1, 0.15, 0.2, 0.25, 0.3, 0.35, 0.4, 0.45, 0.5
9	σ	0.5, 0.8889, 1.2778, 1.6667, 2.0556, 2.4444, 2.8333, 3.2222, 3.6111, 4
9	δ	0.05, 0.1111, 0.1722, 0.2333, 0.2944, 0.3556, 0.4167, 0.4778, 0.5389, 0.6
—	ω	0.05, 0.1, 0.15, 0.2, 0.25, 0.3, 0.35, 0.4, 0.45, 0.5, 0.55, 0.6, 0.65, 0.7, 0.75, 0.8, 0.85, 0.9, 0.95, 1

本章采用了 5 折交叉验证算法，因此在每一折过程中，参数 σ 和 δ 用于构建邻域粗糙集，阈值 ω 用于决策过程。为了更好地在验证集上选择合适的参数组合，可以定义如下所示的验证指标：

$$vc = \gamma \times cr \qquad (7.27)$$

式中，γ 表示近似质量；cr 表示 5 折交叉验证算法在验证集上正确分类的比例。显然 $vc \in [0,1]$。表 7.3 列出了各个数据集在每一折数据上最好的 vc 值及对应的参数组合。

表 7.3　各个数据集在每一折数据上最好的 vc 值及对应的参数组合

参数值	Adult					Chess（KR vs. KP）				
5 折交叉验证算法	CV₁	CV₂	CV₃	CV₄	CV₅	CV₁	CV₂	CV₃	CV₄	CV₅
σ	1.4142	1.4142	0.25	0.25	0.25	1.1412	1.1412	1.1412	1.1412	1.1412
δ	0.05	0.05	0.05	0.05	0.05	0.05	0.05	0.05	0.05	0.05
ω	0.95	0.95	0.05	0.05	0.05	0.05	0.05	0.05	0.05	0.05
vc/%	97.78	98.53	100	98.46	97.35	98.22	99.15	100	100	100
参数值	Connectionist Bench					Ionosphere				
5 折交叉验证算法	CV₁	CV₂	CV₃	CV₄	CV₅	CV₁	CV₂	CV₃	CV₄	CV₅
σ	0.5	0.7587	0.5	0.5	0.5	1	1	1	1	1
δ	0.05	0.2167	0.05	0.05	0.05	0.05	0.05	0.05	0.05	0.05

参数值	Connectionist Bench					Ionosphere				
5 折交叉验证算法	CV_1	CV_2	CV_3	CV_4	CV_5	CV_1	CV_2	CV_3	CV_4	CV_5
ω	0.6	0.95	0.05	0.05	0.05	0.75	0.05	0.05	0.05	0.05
$vc/\%$	81.86	92.68	100	100	100	91.55	91.43	99.24	99.29	99.20
参数值	Page Blocks					Parkinson Speech				
5 折交叉验证算法	CV_1	CV_2	CV_3	CV_4	CV_5	CV_1	CV_2	CV_3	CV_4	CV_5
σ	13.073	2.8284	2.8284	2.8284	2.8284	0.1597	0.1111	0.0625	0.0625	0.0625
δ	0.05	0.15	0.05	0.05	0.05	0.05	0.1278	0.05	0.05	0.05
ω	0.85	0.2	0.05	0.05	0.05	0.9	0.95	0.05	0.05	0.05
$vc/\%$	96.20	95.77	99.43	99.56	99.57	75.70	74.71	100	100	100
参数值	Mushroom					Steel Plates Faults				
5 折交叉验证算法	CV_1	CV_2	CV_3	CV_4	CV_5	CV_1	CV_2	CV_3	CV_4	CV_5
σ	4	4	4	4	4	0.2222	0.2222	0.1250	0.1250	0.1250
δ	0.05	0.05	0.05	0.05	0.05	0.05	0.05	0.05	0.05	0.05
ω	0.05	0.05	0.05	0.05	0.05	0.9	0.95	0.05	0.05	0.05
$vc/\%$	95.21	95.37	90.55	90.59	96.25	82.11	81.83	100	100	100
参数值	Wdbc									
5 折交叉验证算法	CV_1	CV_2	CV_3	CV_4	CV_5					
σ	0.5	0.5	0.5	0.5	0.5					
δ	0.11	0.05	0.05	0.05	0.05					
ω	0.1	0.05	0.05	0.05	0.05					
$vc/\%$	96.92	97.88	100	100	100					

2. 局部和全局属性子空间的性能比较

本节首先比较不同序贯策略下属性子空间的性能。图 7.10 列出了上面所示 9 组数据集在不同序贯策略下正域、边界域和负域随属性变化而发生变化的趋势。

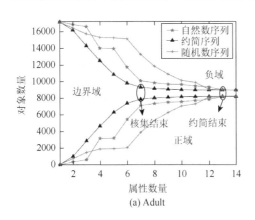

(a) Adult

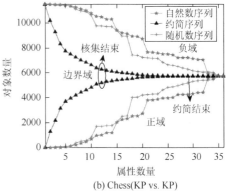

(b) Chess(KP vs. KP)

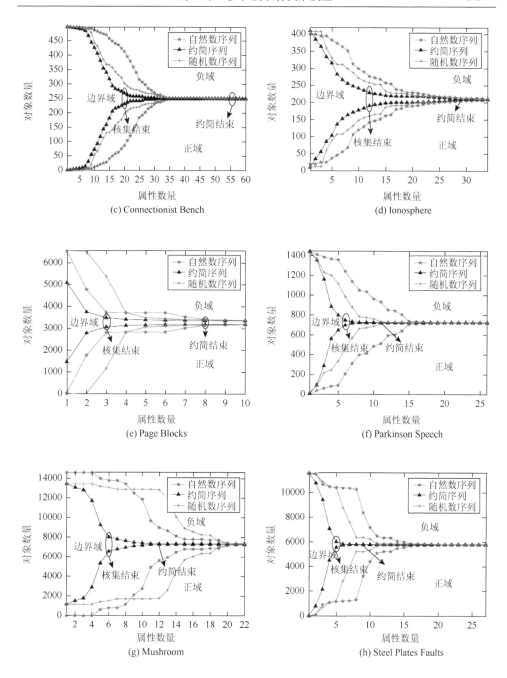

(c) Connectionist Bench

(d) Ionosphere

(e) Page Blocks

(f) Parkinson Speech

(g) Mushroom

(h) Steel Plates Faults

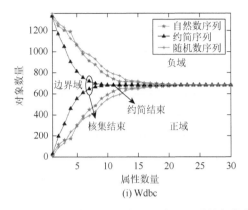

(i) Wdbc

图 7.10　各个数据集在不同序贯策略下三域的变化趋势

由于本节采用了 5 折交叉验证算法，因此对于每个数据集而言，对应 5 种不同的三域变化图。对于每个数据集，本节随机选取了其中一个三域变化图作为该数据集的代表进行展示。图 7.10 中计算所涉及的参数均对应于表 7.3 中的结果。

仔细观察图 7.10 可以得到如下结论：①对于任意数据集，无论采取何种序贯策略，随着属性的不断增加，正域和负域都在不断增大而边界域在不断减小。这一现象与性质 7.1 相吻合。②从边界域减少的速度角度看，与其他两种序贯策略相比，基于约简序贯策略的属性序列具有更好的收敛性。这是由于约简序贯策略下的属性序列中的属性是按照分类重要性进行排序的，换言之，在该序列中，具有重要度最大的属性被优先选入序列中，因此可以更快地减少边界域的大小。③考察属性子集核集和约简集合的位置可以发现，核集往往位于约简集合的左侧，这一结果表明，属性子集核集为约简的子集，并且在多数情况下为真子集。④多数情况下，属性子集核集对应的正域、边界域和负域与属性子集约简集合对应的正域、边界域和负域非常接近。并且当属性序列到达约简集合后正域、边界域和负域便不再发生变化。这一结果表明：①这一属性序列具有合理性。在属性子集核集下，多数对象被分到了确定性区域中，只有少数对象在不确定性区域中。②约简集合之外的剩余属性在减少不确定性信息方面的作用非常微弱甚至没有，因此不值得在分类中考虑此类属性。

3. 分类性能比较

本节将从分类性能的角度系统地比较本章所提算法与经典算法的优劣性。首先介绍分类学习中常用的评价指标。

对于二分类问题，可以将样本根据其真实类别与分类器决策类别的组合划分为真正例（true positive，TP）、假正例（false positive，FP）、真反例（true negative，TN）和假反例（false negative，FN）四种情形，令 TP、FP、TN、FN 分别表示其对应的样例数，分类结果的混淆矩阵如表 7.4 所示。

表 7.4　分类结果的混淆矩阵

真实情况	决策结果	
	正例	反例
正例	TP	FN
反例	FP	TN

根据混淆矩阵，查准率（Pre）、查全率（Rec）、F1 和精度（Acc）可以分别定义为

$$Pre = \frac{TP}{TP + FP} \tag{7.28}$$

$$Rec = \frac{TP}{TP + FN} \tag{7.29}$$

$$F1 = \frac{2 \times P \times R}{P + R} \tag{7.30}$$

$$Acc = \frac{TP + TN}{TP + FN + FP + TN} \tag{7.31}$$

查准率又称为准确率，缩写用 P 表示。查准率是针对决策结果而言的，它表示的是决策为正的样本中有多少是真正的正样例。查全率又称为召回率，缩写用 R 表示。查全率是针对原来的样本而言的，它表示的是样本中的正例有多少被决策正确。在一些应用中，对查准率和查全率的重视程度有所不同。F1 则是基于查准率和查全率的调和平均。精度表示的是分类正确的样本数占样本总数的比例。此处的分类正确的样本数不仅指的是正例分类正确的个数还有反例分类正确的个数。

表 7.5～表 7.8 展示了本章所提算法与一些常见分类算法在以上四个指标上的比较情况。本章选取了朴素贝叶斯分类器（BAY）、k 近邻分类器（k NN，本节设定 $k = 5$）、基于径向基函数核的支持向量机（support vector machine，SVM）分类器、Hu 等[7]提出的邻域分类器（neighborhood classifier，NEC）四种经典算法作为参照算法。为了进一步说明约简序列在分类中的优越性，本章也分别计算了基于自然数序列和随机序列的 S3WC 分类器的分类结果。

值得注意的是，Hu 等[7]提出的邻域分类器是本章所提算法的原型，因此其分类过程也涉及参数 σ、δ 和 ω 的设定。与本章阈值选取类似，针对每个数据集，通过验证集获取传统邻域分类器所需的各个参数。另外，由于上面所述的四种分类器均基于某一固定的属性子空间进行分类，因此为了公平起见，本章分别计算了这四种分类器在四种不同的属性子空间上的分类性能，即原始属性子空间（Raw）、局部属性子空间（Local）、全局属性子空间（Global）和基于 NFRS （neighborhood fuzzy rough set）模型的属性子空间。NFRS 约简方法是由 Wang 等[40]提出的一种高效属性约简算法，其算法基于模糊粗糙集，通过两个参数分别度量样本的模糊邻域和决策类的模糊邻域。该算法的主要思路与邻域粗糙集极为相似，故可以作为一种参考属性子空间各指标的最大值以加粗字体表述。①由上述评价指标的定义可知，P、R 和 F1 是密切相关的三个指标，因此可将三个指标进行综合考察。观察表 7.5～表 7.7 中的实验结果，可以得到如下结论：从 P 的实验结果可以发现，多数情况下 S3WC-JS 算法的结果好于其他分类器的结果。而从 R 的实验结果则可以发现，S3WC-JS 算法的结果相较于其他分类器而言稍微弱一些。这是由于 P 和 R 是一对矛盾的度量。一般来说，当 P 高时，R 往往偏低；而当 R 高时，P 往往偏低。例如，数据集 Chess（KP vs.KP）（序号 2），kNN 算法在 NFRS 模型下的 P 为 52.22，而 R 却为 100。在 P 上，S3WC-JS 算法的结果最优，而从 R 角度看，S3WC-JS 算法的结果并非最佳。②从 F1 的实验结果可以发现，本章所提 S3WC-JS 算法的结果多数情况下优于其他算法在 4 种属性子空间上的结果。

表 7.5　测试集上查准率 P 的比较（%）

序号	Raw				Local				Global				NFRS				S3WC		
	BAY	kNN	SVM	NEC	BAY	kNN	SVM	NEC	BAY	kNN	SVM	NEC	BAY	kNN	SVM	NEC	NS	RS	JS
1	78.51	92.40	92.18	92.99	79.02	92.04	92.54	90.17	78.00	92.11	91.54	92.15	75.15	75.27	75.62	75.15	92.86	93.37	**93.77**
2	92.26	96.63	99.75	96.37	79.32	97.25	98.85	98.85	86.69	97.98	99.81	99.74	54.02	52.22	53.91	53.91	95.24	95.27	**99.94**
3	88.27	89.21	93.75	84.37	77.71	90.07	91.63	83.14	79.19	90.40	91.58	80.56	77.50	83.80	91.92	66.37	87.31	93.75	**94.17**
4	93.71	91.26	**96.60**	93.24	91.41	91.46	96.54	91.14	93.99	90.98	96.25	92.86	83.49	91.62	94.64	88.36	95.56	95.56	96.15
5	98.32	97.81	97.72	98.29	93.72	97.22	97.32	97.58	97.50	97.79	97.90	98.29	96.57	98.03	98.00	95.41	98.54	**98.55**	98.55
6	75.71	87.72	88.14	89.89	67.50	84.02	87.91	87.29	71.12	85.23	90.56	89.41	65.79	79.27	86.76	64.50	90.78	90.78	**91.25**
7	79.09	82.28	81.89	81.27	79.06	84.16	81.80	80.17	78.96	81.90	81.89	81.00	79.03	82.98	81.89	80.20	81.70	81.84	**85.67**
8	82.49	86.55	85.76	88.34	67.53	87.29	88.81	85.24	76.99	87.20	86.89	87.77	72.10	81.39	81.48	65.40	**90.91**	90.47	87.96
9	95.61	97.57	98.61	**98.92**	94.55	97.86	98.61	98.66	95.53	97.56	98.33	**98.92**	95.27	95.99	97.02	94.72	97.00	98.89	98.92

表 7.6　测试集上查全率 R 的比较（%）

序号	Raw				Local				Global				NFRS				S3WC		
	BAY	kNN	SVM	NEC	BAY	kNN	SVM	NEC	BAY	kNN	SVM	NEC	BAY	kNN	SVM	NEC	NS	RS	JS
1	95.77	94.57	95.66	96.85	96.16	94.57	96.55	97.86	92.49	94.41	95.63	97.19	**100**	99.81	99.14	**100**	97.05	96.80	96.72
2	60.64	98.32	98.74	97.84	68.92	98.32	96.89	96.89	72.15	99.10	98.74	98.44	73.41	**100**	73.41	73.41	93.05	92.75	98.68
3	91.86	85.45	90.00	84.55	85.61	84.55	98.18	95.45	81.07	86.36	90.00	90.91	69.29	89.09	**96.36**	83.79	90.00	90.00	95.45
4	96.00	98.67	97.78	**100**	91.11	98.67	98.22	99.56	95.11	98.67	98.67	**100**	94.22	98.22	98.22	98.67	98.67	98.67	98.67
5	95.32	99.72	99.29	**99.84**	96.54	99.45	99.51	99.74	93.81	99.69	99.17	99.84	97.96	99.51	99.39	98.37	99.82	99.76	99.78

续表

序号	Raw				Local				Global				NFRS				S3WC		
	BAY	kNN	SVM	NEC	BAY	kNN	SVM	NEC	BAY	kNN	SVM	NEC	BAY	kNN	SVM	NEC	NS	RS	JS
6	43.22	81.98	86.94	88.38	51.63	81.12	86.21	88.05	48.88	79.23	88.54	89.23	60.51	80.68	88.10	78.25	89.12	89.12	**90.56**
7	**100**	99.10	**100**	99.94	99.26	92.29	**100**	**100**	99.30	98.23	**100**	**100**	**100**	94.49	**100**	98.93	98.85	99.65	**100**
8	72.81	91.42	91.73	93.93	75.88	92.28	94.88	**99.21**	80.84	92.83	92.99	98.50	88.66	87.95	90.70	98.97	92.68	93.86	98.27
9	97.20	99.44	99.44	**99.72**	96.64	99.44	99.16	99.44	95.51	99.15	98.60	**99.72**	95.79	98.31	99.16	98.88	99.15	99.15	**99.72**

表 7.7　测试集上 F1 的比较（%）

序号	Raw				Local				Global				NFRS				S3WC		
	BAY	kNN	SVM	NEC	BAY	kNN	SVM	NEC	BAY	kNN	SVM	NEC	BAY	kNN	SVM	NEC	NS	RS	JS
1	86.25	93.47	93.86	94.85	86.73	93.28	94.47	93.73	84.19	93.23	93.50	94.52	85.81	85.82	85.79	85.81	94.87	95.04	**95.21**
2	73.14	97.43	99.23	97.08	61.84	97.77	97.85	97.85	74.57	98.53	99.26	99.07	61.65	68.61	61.57	61.57	94.06	93.90	**99.29**
3	89.86	87.21	91.58	84.08	80.54	87.03	94.51	87.79	79.68	88.23	90.73	84.64	72.56	86.26	93.99	72.15	88.52	91.58	**94.78**
4	94.79	94.68	97.17	95.93	91.14	94.68	97.36	94.55	94.51	94.51	**97.41**	95.65	88.39	94.67	96.36	92.66	96.97	96.97	97.32
5	96.76	98.74	98.48	99.04	95.06	98.31	98.39	98.62	95.57	98.72	98.51	99.04	97.23	98.76	98.68	96.83	**99.16**	99.14	99.15
6	51.83	84.60	87.38	89.11	56.44	82.50	86.96	87.17	55.04	81.98	89.51	89.14	62.19	79.95	87.40	68.72	89.91	89.91	**90.89**
7	88.32	89.90	90.03	89.64	88.02	87.93	89.98	88.99	87.97	89.32	90.03	89.50	88.29	88.34	90.03	88.58	89.45	89.86	**92.28**
8	76.32	88.71	88.52	90.84	70.93	89.57	91.65	90.89	78.46	89.77	89.71	92.26	76.52	84.42	85.77	78.76	91.74	92.07	**92.30**
9	96.38	98.48	99.02	**99.31**	95.57	98.90	98.88	99.03	95.49	98.34	98.46	**99.31**	95.52	97.12	98.07	96.73	98.01	99.02	**99.31**

表 7.8　测试集上分类精度 Acc 的比较（%）

序号	Raw				Local				Global				NFRS				S3WC		
	BAY	kNN	SVM	NEC	BAY	kNN	SVM	NEC	BAY	kNN	SVM	NEC	BAY	kNN	SVM	NEC	NS	RS	JS
1	77.05	89.98	90.48	91.95	77.89	89.69	91.38	89.81	74.23	89.57	89.88	91.28	75.15	75.21	75.32	75.15	91.93	92.28	**92.60**
2	76.85	97.18	99.22	96.81	67.40	97.65	97.78	97.78	77.54	98.44	99.25	99.06	55.44	52.22	55.29	55.29	94.24	94.15	**99.28**
3	88.88	87.38	92.20	83.14	77.95	86.42	93.21	83.62	77.85	88.34	90.73	79.74	72.99	84.52	93.17	64.68	86.95	92.20	**94.15**
4	93.16	92.57	96.29	93.43	88.61	92.29	**96.57**	91.43	92.87	92.29	**96.57**	92.86	84.05	92.57	95.15	88.86	95.71	95.71	96.29
5	94.28	97.70	97.22	98.21	90.99	96.89	97.06	97.46	92.23	97.66	97.28	98.21	94.99	97.73	97.61	94.19	**98.45**	98.41	98.43
6	60.95	83.62	86.52	87.84	59.53	80.72	85.94	85.43	60.20	80.64	88.42	87.50	60.36	77.32	85.61	61.43	89.08	89.08	**89.56**
7	79.10	82.38	82.47	81.74	78.64	80.15	82.37	80.44	78.53	81.43	82.47	81.46	79.03	80.27	82.47	79.84	81.57	82.20	**84.23**
8	71.67	84.56	84.50	87.07	61.53	85.69	88.42	85.31	71.52	85.89	86.00	87.94	66.67	78.89	80.33	65.12	88.09	89.14	**89.19**
9	95.43	98.06	98.76	**99.12**	94.38	98.59	98.59	98.76	94.36	97.89	98.07	**99.12**	94.38	96.29	97.54	95.77	97.35	98.76	**99.12**

查准率和查全率可以得到相对高的 F1 值。例如，数据集 Steel Plates Faults（序号 8），S3WC-JS 算法得到的查准率和查全率并非最优值，然而在 F1 指标中，

S3WC-JS 算法得到的实验值却独享最优值。这是由于 F1 指标是查准率和查全率的综合指标。该结果表明,只考虑查准率或查全率并不可靠。

　　表 7.8 展示了测试集上分类精度 Acc 的比较。从表 7.8 中加粗字体的分布可以发现,多数情况下,S3WC-JS 算法得到的精度不仅等于或高于其他分类器得到的精度,而且优于基于自然数序列和随机序列的 S3WC 分类器的精度。此外,S3WC-JS算法得到的精度也优于基于 NFRS 属性子空间下分类器的精度。考察 Raw、Local和 Global 三个固定属性子空间上的分类精度也可以发现,越细的信息粒并不一定得到越高的分类精度。例如,数据集 Connectionist Bench(序号 3),SVM 分类器在 Local 上的分类精度 Acc 为 93.21,而相同分类器在 Global 上的分类精度 Acc却为 90.73。在此情况下,Local 比 Global 更有价值。这一实验现象再一次表明,合适的信息在分类过程中发挥着举足轻重的作用。

　　表 7.9 展示了各个数据集不同属性子空间下的平均属性个数及 S3WC 算法在三种不同的序贯策略下分类所需要的平均属性个数。与原始属性子空间相比,在获取核属性集合 core、约简集合 reduct 和 NFRS 过程中,大量存在的冗余属性被删除了。这意味着基于邻域的约简方法是一种有效选取重要属性、删除冗余属性的方法。此外,S3WC-JS 算法所需要的属性数略多于核属性集合 core 并远少于约简集合 reduct 所需要的属性数。这一结果表明,多数测试样本在 Local 附近得到正确分类,只有极少数样本需要在更细的信息层进行分类。

表 7.9　各个数据集不同属性子空间下的平均属性个数及 S3WC 算法在三种不同的序贯策略下分类所需要的平均属性个数

序号	Raw	Local	Global	NFRS	S3WC-NS	S3WC-RS	S3WC-JS
1	14	6.6	12.8	1.4	8.6859	10.0679	9.0374
2	36	12.8	28.4	2	19.9258	24.4523	13.3
3	60	8.6	11.6	5.4	15.7887	13.8079	10.8523
4	34	12	31.4	10.2	12.7998	13.0902	14.8555
5	10	2.2	5.8	3	3.3564	4.3265	2.6174
6	26	4.8	9.6	1	12.1439	11.2322	7.2448
7	21	8.25	13.5	18	15.1855	15.8137	10.9387
8	27	5	9	2.6	14.6162	13.9187	6.6123
9	30	7.8	14	7.4	8.0927	8.0880	8.1011

4. 实验结果讨论

　　综上实验讨论可以发现,一方面,属性约简在降低不确定性信息和从原始数据中删除冗余信息方面发挥着独特的作用;另一方面,通过这一过程构建的属性区间或信息区间满足了合理粒度准则中的合理性。

本章所提算法能够获得如上所述优势的原因是多方面的。本节讨论的属性约简算法在性质 7.1 中的 Type 2 单调性的指引下，将重要度大于 0 的属性筛选出来构造核属性集合，而核属性集合正是约简集合乃至原始数据的核心，其在降低不确定信息方面发挥着压舱石作用。在核属性集合确定后，约简集合中的其他属性则扮演着微调的作用，即将约简集合对应的近似质量逼近乃至等于原数据集。因此，在这一过程中，决策者获得了尽可能多的、有用的信息。

本次实验的另一发现则是依托合理粒度准则提出的 S3WC-JS 算法在分类决策学习中性能显著。在与流行分类学习算法的对比中可以发现，S3WC-JS 算法不仅可以提升分类性能，而且实现了粒计算的基本准则。这是由于在分类决策过程中，S3WC-JS 算法力争找到每个测试样本所对应的合理粒度。对于未知标签的样本而言，除非其邻域不包含在正域或负域中才需要细粒度参与分类。

7.5　S3WC-JS 在兵棋推演场景态势决策实例中的应用

本节通过一个实际态势认知场景详细地说明多粒度机制和本章所提算法的运行原理。第 4 章讨论了兵器推演场景中的态势评估问题。多粒度性是兵棋推演态势数据的显著特点（表4.5）。在态势评估任务中，本节选择第 3 层信息粒度上的 6 组信息粒为讨论对象，战场环境则作为整体粒度进行讨论。其中第 3 层信息粒度上的 6 组信息粒则需要由更细粒度层的信息进行表示。例如，敌我武器的战斗力指标则从敌我兵力部署情况、敌我常规武器性能和敌我武器系统平台性能三个子指标进行描述。实际上，敌我武器的战斗力指标可以综合考虑三个子指标，通过加权平均等方式获取唯一分数值。由此可以帮助指挥决策人员迅速地获取战场信息，做出及时的判断。

表 7.10 展示了某兵器推演场景态势认知决策系统。令 $U_{\text{train}} = \{x_1, x_2, \cdots, x_{10}\}$ 表示已知的态势场景，$U_{\text{test}} = \{x_{11}, x_{12}, x_{13}, x_{14}, x_{15}\}$ 表示未知标签的态势场景。条件属性 $\mathcal{AT} = \{a_1, a_2, \cdots, a_7\}$ 表示场景的技术指标，分别表示武器的战斗力指标、指挥决策指标、后勤保障指标、精神品质指标、科学文化指标、军事技能指标和战场环境指标。$d = \{0,1\}$ 表示每个态势场景的标签，其中 0 表示有威胁，1 表示没有威胁。依据决策属性值可得训练集上的划分为 $U / \text{IND}(d) = \{\{x_1, x_3, x_5, x_6, x_8\}, \{x_2, x_4, x_7, x_9, x_{10}\}\}$。对于未知标签的态势场景，其决策值表示为 N/A。分类决策学习的任务就是发现已有的知识并决策出未知场景的标签。

表 7.10　某兵器推演场景态势认知决策系统

U（由 U_{train} 和 U_{test} 组成）	a_1	a_2	a_3	a_4	a_5	a_6	a_7	d
x_1	0.49	0.29	0.48	0.50	0.56	0.24	0.35	0
x_2	0.47	0.55	0.48	0.50	0.58	0.71	0.75	1

U（由 U_{train} 和 U_{test} 组成）	a_1	a_2	a_3	a_4	a_5	a_6	a_7	d
x_3	0.07	0.40	0.48	0.50	0.54	0.35	0.44	0
x_4	0.33	0.56	0.48	0.50	0.33	0.78	0.80	1
x_5	0.56	0.40	0.48	0.50	0.49	0.37	0.46	0
x_6	0.59	0.49	0.48	0.50	0.52	0.45	0.36	0
x_7	0.72	0.46	0.48	0.50	0.51	0.66	0.70	1
x_8	0.23	0.32	0.48	0.50	0.55	0.25	0.35	0
x_9	0.50	0.66	0.48	0.50	0.31	0.92	0.92	1
x_{10}	0.64	0.58	0.48	0.50	0.48	0.78	0.73	1
x_{11}	0.30	0.44	0.48	0.50	0.49	0.22	0.33	N/A
x_{12}	0.10	0.49	0.48	0.50	0.41	0.67	0.21	N/A
x_{13}	0.27	0.30	0.48	0.50	0.71	0.28	0.39	N/A
x_{14}	0.30	0.51	0.48	0.50	0.42	0.61	0.34	N/A

对于序贯属性集，根据上面的讨论，本例共有 7!即 5040 种属性组合形式。其中最简单的序贯属性集为

$B_1 = \{a_1\}$；

$B_2 = \{a_1, a_2\}$；

$B_3 = \{a_1, a_2, a_3\}$；

$B_4 = \{a_1, a_2, a_3, a_4\}$；

$B_5 = \{a_1, a_2, a_3, a_4, a_5\}$；

$B_6 = \{a_1, a_2, a_3, a_4, a_5, a_6\}$；

$B_7 = \{a_1, a_2, a_3, a_4, a_5, a_6, a_7\}$。

根据上面序贯属性集可得每个粒度层的粒结构。为了不重复叙述，本节只考虑几种特殊的粒度层。

第 1 层（底层）信息粒。根据式（7.10）可得基于属性集 B_1 的距离如下：

$$
\varDelta_{B_1}^R =
\begin{bmatrix}
0.0000 & 0.0010 & 0.3531 & 0.0613 & 0.0120 & 0.0244 & 0.1224 & 0.1537 & 0.0002 & 0.0540 \\
0.0010 & 0.0000 & 0.3264 & 0.0472 & 0.0198 & 0.0349 & 0.1430 & 0.1326 & 0.0022 & 0.0689 \\
0.3531 & 0.3264 & 0.0000 & 0.1537 & 0.4472 & 0.4871 & 0.6477 & 0.0613 & 0.3665 & 0.5517 \\
0.0613 & 0.0472 & 0.1537 & 0.0000 & 0.1224 & 0.1537 & 0.3131 & 0.0244 & 0.0689 & 0.2112 \\
0.0120 & 0.0198 & 0.4472 & 0.1224 & 0.0000 & 0.0022 & 0.0613 & 0.2358 & 0.0088 & 0.0157 \\
0.0244 & 0.0349 & 0.4871 & 0.1537 & 0.0022 & 0.0000 & 0.0409 & 0.2739 & 0.0198 & 0.0062 \\
0.1224 & 0.1430 & 0.6477 & 0.3131 & 0.0613 & 0.0409 & 0.0000 & 0.4472 & 0.1126 & 0.0157 \\
0.1537 & 0.1326 & 0.0613 & 0.0244 & 0.2358 & 0.2739 & 0.4471 & 0.0000 & 0.1647 & 0.3397 \\
0.0002 & 0.0022 & 0.3665 & 0.0689 & 0.0088 & 0.0198 & 0.1126 & 0.1647 & 0.0000 & 0.0472 \\
0.0540 & 0.0689 & 0.5517 & 0.2112 & 0.0157 & 0.0062 & 0.0157 & 0.3397 & 0.0472 & 0.0000
\end{bmatrix}
$$

假设邻域阈值 $\delta = 0.3$，那么可得所有对象的邻域。

$\delta_{B_1}(x_1) = \delta_{B_1}(x_2) = \delta_{B_1}(x_5) = \delta_{B_1}(x_6) = \delta_{B_1}(x_9) = \{x_1, x_2, x_4, x_5, x_6, x_8, x_9, x_{10}\}$；

$\delta_{B_1}(x_3) = \{x_3, x_4, x_8\}$；

$\delta_{B_1}(x_4) = \{x_1, x_2, x_3, x_4, x_5, x_6, x_7, x_8, x_9, x_{10}\}$；

$\delta_{B_1}(x_7) = \{x_1, x_2, x_5, x_6, x_7, x_9, x_{10}\}$；

$\delta_{B_1}(x_8) = \{x_1, x_2, x_3, x_4, x_5, x_6, x_8, x_9\}$；

$\delta_{B_1}(x_{10}) = \{x_1, x_2, x_4, x_5, x_6, x_7, x_9, x_{10}\}$。

若考虑有威胁的决策类 $X = \{x_1, x_3, x_5, x_6, x_8\}$，根据上面对象的邻域可得 X 的正域、边界域和负域：

$\text{POS}_{B_1}^{\delta}(X) = \varnothing$；

$\text{BND}_{B_1}^{\delta}(X) = \{x_1, x_2, x_3, x_4, x_5, x_6, x_7, x_8, x_9, x_{10}\}$；

$\text{NEG}_{B_1}^{\delta}(X) = \varnothing$。

根据上面的讨论可得底层信息的粒结构为 $\text{grs}_1 = \{\subset, B_1, \delta_{B_1}(x), \pi_{B_1}^{\delta}(X)\}$。

中层信息粒。在该实例中，中层信息粒对应的属性子集为 $B_4 = \{a_1, a_2, a_3, a_4\}$。在同一邻域阈值下，训练集中所有对象的邻域则更新为

$\delta_{B_4}(x_1) = \delta_{B_4}(x_2) = \delta_{B_4}(x_5) = \{x_1, x_2, x_4, x_5, x_6, x_7, x_8, x_9, x_{10}\}$；

$\delta_{B_4}(x_3) = \{x_3, x_4, x_8\}$；

$\delta_{B_4}(x_4) = \{x_1, x_2, x_3, x_4, x_5, x_6, x_7, x_8, x_9, x_{10}\}$；

$\delta_{B_4}(x_6) = \delta_{B_4}(x_9) = \delta_{B_4}(x_{10}) = \{x_1, x_2, x_4, x_5, x_6, x_7, x_9, x_{10}\}$；

$\delta_{B_4}(x_7) = \{x_1, x_2, x_5, x_6, x_7, x_9, x_{10}\}$；

$\delta_{B_4}(x_8) = \{x_1, x_2, x_3, x_4, x_5, x_8\}$。

类似地，可得决策类 X 在中层信息粒上的正域、边界域和负域：

$\text{POS}_{B_4}^{\delta}(X) = \varnothing$；

$\text{BND}_{B_4}^{\delta}(X) = \{x_1, x_2, x_3, x_4, x_5, x_6, x_7, x_8, x_9, x_{10}\}$；

$\text{NEG}_{B_4}^{\delta}(X) = \varnothing$。

第 7 层（顶层）信息粒。在该实例中，顶层信息粒对应的属性子集为 $B_7 = \{a_1, a_2, a_3, a_4, a_5, a_6, a_7\}$。类似地可得训练集中的各个对象的邻域如下：

$\delta_{B_7}(x_1) = \{x_1, x_5, x_6, x_8\}$； $\delta_{B_7}(x_2) = \{x_2, x_4, x_7, x_{10}\}$； $\delta_{B_7}(x_3) = \{x_3, x_8\}$；

$\delta_{B_7}(x_4) = \{x_2, x_4, x_9, x_{10}\}$； $\delta_{B_7}(x_5) = \delta_{B_7}(x_6) = \{x_1, x_5, x_6\}$； $\delta_{B_7}(x_7) = \{x_2, x_7, x_{10}\}$；

$\delta_{B_7}(x_8) = \{x_1, x_3, x_8\}$； $\delta_{B_7}(x_9) = \{x_4, x_9, x_{10}\}$； $\delta_{B_7}(x_{10}) = \{x_2, x_4, x_7, x_9, x_{10}\}$。

同样地，可得决策类 X 在顶层信息粒上的正域、边界域和负域：

$\text{POS}_{B_7}^{\delta}(X) = \{x_1, x_3, x_5, x_6, x_8\}$；

$\text{BND}_{B_7}^{\delta}(X) = \varnothing$；

$\text{NEG}_{B_7}^{\delta}(X) = \{x_2, x_4, x_7, x_9, x_{10}\}$。

由上面的讨论可以发现，不同信息层上对象的邻域并不完全相同，由此得到

的正域、边界域和负域中的对象也在随着邻域的变化而发生变化。与此同时，在上面实例中也可以发现，底层信息粒获得的正域、边界域和负域与中层信息粒获取的相同，表示在这一信息粒区间中，三域并未发生变化。由此可见，恰当的信息区间对知识的获取至关重要。基于此，本节将根据上面所讨论的分类决策算法对该军事场景态势认知决策系统中的未知标签样本进行决策。

第一步：根据算法 7.1 计算态势认知系统的核属性 core。

根据式（7.14）易得态势认知系统的近似质量为 $\gamma_C^\delta(D)=1$。由算法 7.1 中的步骤 5 可得各个指标属性的重要度为 $\text{Sig}^{\text{inner}}(a_i,C,D)=[0,0,0,0,0,0.5,0.5](i=1,2,\cdots,7)$。根据步骤 6 所示的判定条件可得核属性集合为 $\text{core}=\{a_6,a_7\}$。依据核属性集合可得局部信息层下论域的划分 $\text{POS}_{\text{core}}^\delta(X)=\{x_1,x_3,x_6,x_8\}$，$\text{BND}_{\text{core}}^\delta(X)=\{x_5,x_7\}$，$\text{NEG}_{\text{core}}^\delta(X)=\{x_2,x_4,x_9,x_{10}\}$，由此可得局部信息的近似质量 $\gamma_{\text{core}}^\delta(D)=0.8$。

第二步：根据算法 7.2 计算态势认知系统的约简属性集合。

与传统计算约简算法不同，在算法 7.2 中我们将约简集合初始化为核属性集合而非空集，即令 $\text{reduct}=\{a_6,a_7\}$。由于 $\gamma_{\text{core}}^\delta(D)=0.8\neq1$，所以需要计算剩余属性 $a\in C-\text{core}$ 的外部重要度，即可得 $\text{Sig}^{\text{outer}}(a_i,\text{reduct},D)=[0.2,0.2,0,0,0](i=1,2,3,4,5)$。根据算法 7.2 的设定需要将重要度最大的属性添加到约简集合中，该实例中属性 a_1 和 a_2 的重要度相同，意味着两者在增加近似质量方面具有同等的作用，因此可任选一个作为候选属性。经过以上步骤后，约简集合 reduct 和近似质量可以更新为 $\text{reduct}=\{a_1,a_6,a_7\}$ 和 $\gamma_{\text{reduct}}^\delta(D)=1$。此时 $\gamma_{\text{reduct}}^\delta(D)=\gamma_C^\delta(D)$ 满足循环终止条件，算法结束。与此同时可得 $\text{POS}_{\text{reduct}}^\delta(X)=\{x_1,x_3,x_5,x_6,x_8\}$，$\text{BND}_{\text{reduct}}^\delta(X)=\varnothing$，$\text{NEG}_{\text{reduct}}^\delta(X)=\{x_2,x_4,x_7,x_9,x_{10}\}$。

第三步：预测测试集 $\{x_{11},x_{12},x_{13},x_{14}\}$ 的类别标签。

经过算法 7.1 与算法 7.2 可以构建出带有局部信息和全局信息的信息粒区间集 GrS，即 $\text{GrS}=\{\text{grs}_1,\text{grs}_2\}$，其中 $\text{grs}_1=\text{grs}_{\text{core}}$，$\text{grs}_2=\text{grs}_{\text{reduct}}$。局部属性子空间和全局属性子空间则分别为 $B_1=\text{core}$，$B_2=\text{reduct}$。在决策开始前我们依据局部信息对正域、边界域和负域进行初始化。

对未知标签的样本 x_{11} 而言，其与训练集中各个样本的径向基函数核距离为

$$\Delta_{B_1}^R(x_{11},x)=[0.002,0.6424,0.0691,0.7328,0.0927,0.1244,0.5578,0.0032,0.8737,0.6894]$$

式中，$x\in U_{\text{train}}$。

根据式（7.25），令 $\omega=0.05$，则邻域阈值为 $\delta'=0.002+0.05\times(0.8737-0.002)=0.0456$。由此可得测试样本 x_{11} 的邻域为 $\delta'(x_{11})=\{x_1,x_8\}$。下一步则需要根据算法 7.3 中的设定来判定测试样本的邻域归属于哪一区域。在该军事场景态势认知决策系统中易得 $\delta'(x_{11})\subseteq\text{POS}$，由此可将正标签分配给 x_{11}，即将测试样本 x_{11} 的类别标签设定为 0。

类似地，可得 $\delta'(x_{12}) = \delta'(x_{14}) = \{x_6\} \subseteq \text{POS}$，由此可将正标签分配给 x_{12} 和 x_{14}。

对未知标签的样本 x_{13} 而言，其与训练集中各个样本的 RBF 核距离为

$$\Delta_{B_1}^R(x_{13}, x) = [0.0079, 0.54, 0.0181, 0.6438, 0.0316, 0.0709, 0.4478, 0.0062, 0.8182, 0.5945]$$

式中，$x \in U_{\text{train}}$。

根据阈值计算公式易得 $\delta' = 0.0468$，$\delta'(x_{13}) = \{x_1, x_3, x_5, x_8\}$。在局部信息层中可得 $\delta'(x_{13}) \not\subset \text{POS}$ 且 $\delta'(x_{13}) \not\subset \text{NEG}$。由于样本 x_{13} 邻域中的对象既不包含于正域中也不包含于负域中，因此需延迟对样本 x_{13} 的标签认定并将其推送到细信息层 grs_2 中。此时正域、边界域和负域更新为 $\text{POS} = \{x_1, x_3, x_5, x_6, x_8\}$，$\text{BND} = \varnothing$，$\text{NEG} = \{x_2, x_4, x_7, x_9, x_{10}\}$。与此同时，样本 x_{13} 的邻域则根据如下机制进行更新：

$$\Delta_{B_1}^R(x_{13}, \delta'(x_{13})) = [0.1196, 0.1101, 0.2132, 0.0101]$$

基于此更新后的阈值为 $\delta' = 0.0202$，并得到样本 x_{13} 更新后的邻域为 $\delta'(x_{13}) = \{x_8\} \subseteq \text{POS}$。因此将正标签分配给 x_{13}。

由上面的讨论可知，并非所有的对象都需要在某一固定的信息层进行分类决策，每个对象的分类都有其相应的合理属性子空间或合理粒度。该军事场景态势认知决策系统验证了本章所提算法的有效性。

由此可见，分类决策标签在态势认知和三支决策研究领域均是热点。一方面，态势认知数据库中广泛地存在连续型数据等复杂数据，如何处理这些复杂数据并提取出有用的信息是关键。另一方面，在三支决策研究中，如何界定属性集序列及如何将其应用到分类决策中是近年研究者关注的两大问题。为了解决上述难点，本章利用合理粒度准则，提出一种新颖的多粒度分类决策算法。在模型学习阶段，本章首先从粗糙集理论的本源出发，将合理粒度拆解为二元关系和合理属性子空间，接着借助属性约简方法，构建了符合合理粒度准则的属性子空间。在标签决策阶段，本章利用三支划分策略进行决策。邻域单调性在这一过程中发挥着重要作用，利用这一单调性，不仅正域、边界域和负域单调变化，而且加速了邻域的计算过程。案例分析和公共数据集上的实验结果表明，本章所提的多粒度分类决策算法不仅有效而且高效。

参 考 文 献

[1] Li H X，Zhang L B，Huang B，et al. Sequential three-way decision and granulation for cost-sensitive face recognition[J]. Knowledge-Based Systems，2016，91：241-251.

[2] Yao Y Y. Granular computing and sequential three-way decisions[C]. Proceedings of 8th International Conference on Rough Sets and Knowledge Technology，New York，2013：16-27.

[3] Pedrycz W. The principle of justifiable granularity and an optimization of information granularity allocation as fundamentals of granular computing[J]. Journal of Information Processing Systems，2011，7（3）：397-412.

[4] Pedrycz W，Homenda W. Building the fundamentals of granular computing：A principle of justifiable granularity[J].

Applied Soft Computing，2013，13（10）：4209-4218.

[5] Lin T Y. Neighborhood systems and relational database[C]. Proceedings of the 16th ACM Annual Conference on Computer Science，New York，1998：725-726.

[6] Hu Q H，Yu D R，Liu J F，et al. Neighborhood rough set based heterogeneous feature subset selection[J]. Information Sciences，2008，178（18）：3577-3594.

[7] Hu Q H，Yu D R，Xie Z X. Neighborhood classifiers[J]. Expert Systems with Applications，2008，34（2）：866-876.

[8] Zhang S C. Cost-sensitive KNN classification[J]. Neurocomputing，2020，391：234-242.

[9] Qian W B，Huang J T，Wang Y L，et al. Label distribution feature selection for multi-label classification with rough set[J]. International Journal of Approximate Reasoning，2021，128：32-55.

[10] Zhang C C. Classification rule mining algorithm combining intuitionistic fuzzy rough sets and genetic algorithm[J]. International Journal of Fuzzy Systems，2020，22（5）：1694-1715.

[11] Bargiela A，Pedrycz W. Granular Computing：An Introduction[M]. Dordrecht：Kluwer Academic Publishers，2003.

[12] Yao J T，Vasilakos A V，Pedrycz W. Granular computing：Perspectives and challenges[J]. IEEE Transactions on Cybernetics，2013，43（6）：1977-1989.

[13] Qian Y H，Cheng H H，Wang J T，et al. Grouping granular structures in human granulation intelligence[J]. Information Sciences，2017，382/383：150-169.

[14] Fujita H，Li T R，Yao Y Y. Advances in three-way decisions and granular computing[J]. Knowledge-Based Systems，2016，91：1-3.

[15] Ju H R，Pedrycz W，Li H X，et al. Sequential three-way classifier with justifiable granularity[J]. Knowledge-Based Systems，2019，163：103-119.

[16] Qian Y H，Zhang H，Sang Y L，et al. Multigranulation decision-theoretic rough sets[J]. International Journal of Approximate Reasoning，2014，55（1）：225-237.

[17] Qian Y H，Liang X Y，Lin G P，et al. Local multigranulation decision-theoretic rough sets[J]. International Journal of Approximate Reasoning，2017，82：119-137.

[18] Yang X，Li T R，Fujita H，et al. A unified model of sequential three-way decisions and multilevel incremental processing[J]. Knowledge-Based Systems，2017，134：172-188.

[19] Qian J，Dang C Y，Yue X D，et al. Attribute reduction for sequential three-way decisions under dynamic granulation[J]. International Journal of Approximate Reasoning，2017，85：196-216.

[20] Hao C，Li J H，Fan M，et al. Optimal scale selection in dynamic multi-scale decision tables based on sequential three-way decisions[J]. Information Sciences，2017，415/416：213-232.

[21] Pawlak Z. Rough set theory and its applications to data analysis[J]. Cybernetics and Systems，1998，29（7）：661-688.

[22] Pedrycz A，Hirota K，Pedrycz W，et al. Granular representation and granular computing with fuzzy sets[J]. Fuzzy Sets and Systems，2012，203：17-32.

[23] Gao Y，Lv C W，Wu Z J. Attribute reduction of boolean matrix in neighborhood rough set model[J]. International Journal of Computational Intelligence Systems，2020，13（1）：1473-1482.

[24] Zhang Y，Cai X J，Zhu H L，et al. Application an improved swarming optimisation in attribute reduction[J]. International Journal of Bio-Inspired Computation，2020，16（4）：213-219.

[25] Zhang C C. Generalized dynamic attribute reduction based on similarity relation of intuitionistic fuzzy rough set[J].

Journal of Intelligent and Fuzzy Systems，2020，39（5）：7107-7122.

[26]　Xu S，Yang X B，Yu H L，et al. Multi-label learning with label-specific feature reduction[J]. Knowledge-Based Systems，2016，104：52-61.

[27]　Xu S P，Wang P X，Li J H，et al. Attribute reduction：An ensemble strategy[C]. International Joint Conference on Rough Sets，Olsztyn，2017：362-375.

[28]　Yang X，Li T R，Liu D，et al. A unified framework of dynamic three-way probabilistic rough sets[J]. Information Sciences，2017，420：126-147.

[29]　Li H X，Zhang L B，Zhou X Z，et al. Cost-sensitive sequential three-way decision modeling using a deep neural network[J]. International Journal of Approximate Reasoning，2017，85：68-78.

[30]　Sang B B，Chen H M，Yang L，et al. Incremental attribute reduction approaches for ordered data with time-evolving objects[J]. Knowledge-Based Systems，2021，212：106583.

[31]　Wang C Z，Huang Y，Ding W P，et al. Attribute reduction with fuzzy rough self-information measures[J]. Information Sciences，2021，549：68-86.

[32]　Qian Y H，Liang J Y，Pedrycz W，et al. Positive approximation：An accelerator for attribute reduction in rough set theory[J]. Artificial Intelligence，2010，174（9/10）：597-618.

[33]　Qian Y H，Liang J Y，Pedrycz W，et al. An efficient accelerator for attribute reduction from incomplete data in rough set framework[J]. Pattern Recognition，2011，44（8）：1658-1670.

[34]　Hu Q H，Yu D，Xie Z X，et al. EROS：Ensemble rough subspaces[J]. Pattern Recognition，2007，40（12）：3728-3739.

[35]　Jiang Z H，Liu K Y，Yang X B，et al. Accelerator for supervised neighborhood based attribute reduction[J]. International Journal of Approximate Reasoning，2020，119：122-150.

[36]　Pedrycz W，Wang X M. Designing fuzzy sets with the use of the parametric principle of justifiable granularity[J]. IEEE Transactions on Fuzzy Systems，2016，24（2）：489-496.

[37]　Min F，Liu F L，Wen L Y，et al. Tri-partition cost-sensitive active learning through KNN[J]. Soft Computing，2019，23（5）：1557-1572.

[38]　Zhang Y，Yao J T. Gini objective functions for three-way classifications[J]. International Journal of Approximate Reasoning，2017，81：103-114.

[39]　Zhang Q H，Xia D Y，Wang G Y. Three-way decision model with two types of classification errors[J]. Information Sciences，2017，420：431-453.

[40]　Wang C Z，Qi Y L，Shao M W，et al. A fitting model for feature selection with fuzzy rough sets[J]. IEEE Transactions on Fuzzy Systems，2017，25（4）：741-753.

第8章 总结与展望

8.1 本书工作总结

从粒计算的角度来说，分层递阶的多粒度知识空间为大数据复杂任务的多粒度知识发现奠定基础。从粗糙集的角度来说，求解不同的问题，需要不同粒度的知识空间对不确定性知识进行描述。粗糙模糊集是经典粗糙集模型的一个重要推广，可以描述目标概念为模糊时的情形，具有普遍性。用不同属性集对同一论域进行划分，可以形成不同的知识空间，从而实现对模糊概念多粒度粗糙近似。此外，不确定性度量在粒度空间优化、属性约简及多粒度构造中有着重要的作用。但是，一方面，由于在粗糙模糊集模型中引入了阈值，粗糙模糊集模型缺乏满足单调性的不确定性度量；另一方面，当前的不确定性度量不具有强区分能力，无法反映具有相同不确定性但粒度不同的知识空间对模糊概念的刻画能力的差异。另外，从三支决策理论和代价敏感的角度来说，如何在多粒度知识空间中选择最优空间对不确定性知识进行度量仍是值得研究的问题。本书围绕"多粒度知识空间的结构特征"、"多粒度知识空间中不确定性概念的近似描述"、"多粒度知识空间中的粒度优化模型"、"多粒度知识空间的动态更新模型"、"多粒度知识空间中决策粒层的选择模型"和"多粒度联合决策模型"六个研究问题，分别展开了以下几方面的研究内容。

（1）第2章：该章提出了基于 EMD 的知识距离度量模型，实现了知识空间之间的差异性度量。通过知识距离刻画了不同层次商空间结构之间粒度同构、分类同构和细分同构几种关系，并实现了不同层次商空间结构之间的差异性度量，从几何的角度揭示了层次商空间结构的结构特征。这些工作为分层递阶的多粒度知识空间中的问题求解奠定了基础，并且可以扩展到不同类型的多粒度知识空间中。

（2）第3章：基于第2章的知识距离度量模型提出了一种模糊知识距离 $\widetilde{EMKD}$。从模糊知识距离的角度，讨论了多粒度知识空间中模糊概念的刻画，得出以下结论：层次商空间结构中任意两个知识空间刻画模糊概念时的模糊知识距离等于它们的信息度量或粒度度量的差异。此外，讨论了模糊知识距离度量在知识空间选择、属性约简和多粒度空间结构的差异性度量中的应用。最后，通过属性约简实验结果验证了 $\widetilde{EMKD}$ 的有效性。从粒计算的角度来说，多粒度知识空间中的模糊知识距离度量为模糊概念的刻画提供了一个更加直观的分析方法，这些结果有助于丰富粗糙集和粒计算理论。

（3）第 4 章：以代价敏感角度，该章提出了多粒度知识空间中的粒度优化模型。测试代价和风险决策代价是代价敏感学习的两大重要方面。研究人员分别从这两方面开展了富有成果的研究，然而，少有研究工作综合考虑数据建模中测试代价和风险决策代价发挥的作用。该章系统研究了测试代价和风险决策代价混合的多粒度信息融合模型，提出了代价敏感的多粒度粗糙集模型。在所提模型中，信息粒对风险决策代价敏感，而下、上近似对测试代价敏感，实现了测试代价混合风险决策代价在数据模型中的有机统一。此外，本书借助兵棋推演中陆战战场态势场景对态势评估进行了讨论。研究表明，本书所提的多粒度优化模型不仅对代价敏感学习起到了推动作用，而且能够有效地处理复杂态势认知场景中的多源性、代价敏感性、粗糙性等带来的问题。

（4）第 5 章：运动和发展是大自然的基本规律之一。如何从不断增长的数据中获取有用的信息对于大数据时代显得尤为重要。传统的粒度建模方法不仅没有充分地体现多粒度分层、分步建模的优势，而且也为多粒度建模带来了较高的算法复杂度。该章以数据动态更新为背景，围绕模糊环境下的多粒化粗糙集模型，提出了近似集动态更新的朴素算法和加速算法。在粒结构选择过程中，该章同样提出了朴素算法和加速算法。研究表明该章提出的加速算法大大提高了动态更新算法的运行效率并降低了算法运行消耗的时间。

（5）第 6 章：通过建立序贯三支决策粗糙模糊集模型，系统地分析了模糊概念在多粒度知识空间中的总决策代价及三个域（正域、负域和边界域）的决策代价的变化规律，在此基础上研究了测试代价的表达形式，建立了代价敏感的渐进式最优知识空间的选择方法，实现了约束条件下选择最优问题求解空间做临时决策的机制。实验结果显示，通过本书模型和算法可以获得约束条件下的当前最优知识空间，并且具有较高的决策质量。这些结果将有助于扩展粗糙集理论和丰富三支决策模型。

（6）第 7 章：构建了"分而治之"的多粒度联合决策模型。在态势决策数据库中广泛地存在异构型数据等复杂数据，如何处理这些复杂数据并提取出有用的信息是关键。另外，在三支决策研究中，界定属性集序列及将其应用到分类预测中是近年研究者关注的两大问题。为了解决上述难点，该章利用合理的粒度准则，在三支决策的框架下，提出了一种新颖的多粒度分类预测算法。邻域单调性在这一过程中发挥着重要作用，利用这一单调性，不仅正域、边界域和负域单调变化，而且加速了邻域的计算过程。该章分别通过态势认知案例分析及公共数据集上的实验结果共同表明，该章所提的多粒度分类预测算法不仅有效而且高效。

8.2　研究展望

本书从多粒度的角度，对不确定性问题的多粒度建模与决策方法展开了一系列的研究，并取得了一些有价值的研究成果。但是，本书的研究结果仍然还有尚待完善之处，具体来说，体现在以下几方面。

（1）人机协同的序贯三支决策模型。在海量数据环境下，在给定时限约束内必须完成决策行动，否则决策结果失效。从多粒度的角度来说，在不同粒层上对同一个问题进行决策的结果可能具有相近的语义，但是这些决策结果的误分类代价与测试代价（计算耗费）不尽相同。借鉴人类"大范围优先"的认知机制，结合专家知识和经验实现对决策行动的分解及求解，研究人机协同的序贯三支决策模型，实现时限约束内对海量数据的宏观认知，随着粒度的细化，逐渐获得更精确的决策结果。

（2）基于局部信息的序贯三支决策模型。在大数据处理过程中，如果只是基于最细粒度进行问题求解，就不能从容应对用户的变粒度需求。很多情况下，用户会在不同场景下，提出属于同一问题簇（问题性质相同，但对解的粒度粗细要求不同）的变粒度问题。如果没有建立粒结构，那么每次都只能从最细粒度开始计算，在计算环境受限的情况下，也不能退到较粗粒层上转而寻求非精确解。"先视后觉"和"边视边觉"是人类的一种自然行为模式，这种机制能在时限约束条件内做出及时的行动，在一定程度上降低了决策的代价。再者，在粗糙模糊集模型中，通常需要大量的标签数据，才能建立上近似集、下近似集，对模糊目标概念进行刻画。在大数据时代，要获取全部或大多数数据的标签是一项高成本的工作，甚至在很多情况下是无法获取的。因此，在时限约束条件下，借鉴人类的"先视后觉"和"边视边觉"机制，先根据当前的局部数据信息形成较细粒度的知识空间，然后对问题进行初步求解，在获得当前知识空间对应的正域和负域基础上进行临时决策，采取相应的行动，待获取更全面的信息后再对边界域进行优化求解，进一步降低不确定性，进行更精确的决策，从而建立具有扩张机制的多粒度序贯三支决策模型。可见，带扩张机制的序贯三支决策模型在截止时间到来时可以提供当前得到的最粗粒度解，是一种"先视后觉"和"边视边觉"的高效智能决策模型。

（3）融合双向认知的多粒度动态三支决策模型。在快速爆炸式增长的数据信息中，数据是不断地动态演化的（增加、变化和老化），为了保证对数据处理的及时性和有效性，增量式学习在智能化数据挖掘与知识发现领域已经得到了广泛应用。为了在不同的层次上对同一问题进行描述，能够提供互补信息，可以实现对问题的更深入理解，有必要从多个层次角度研究如何处理大数据的及时性。再者，随着数据量的不断累积，给计算机带来的存储压力也会越来越大，如何在这种强动态变化的数据下实现对复杂问题的多粒度的决策分析也是一个值得研究的方向。双向认知是人脑记忆的一种重要方式，人类具有从相关线索出发获得事物完整信息的能力。例如，从影片中截取的一些画面能使人回忆起影片的完整情节。人脑的这种从局部到整体的联想能力一直是许多学者感兴趣的研究课题。因此，借鉴双向认知机理，利用云模型具有实现定性概念与定量数值的双向转换的特点，对多粒度层次中三个决策域（正域、负域和边界域）中的数据信息进行抽象，研究融合双向认知的多粒度动态三支决策模型的构建问题，在动态演化的大数据中及时有效地更新知识，并通过记忆数据特征保留有价值数据，从而提高大数据知识发现过程中的求解效率。

（4）数据驱动认知任务中自然智能和人工智能的融合。本书讨论的自然智能主要体现在决策过程中的风险偏好这一种不确定性方面。然而，在实际社会中还有价值观、经验等不确定性。在认知过程中考虑的知识除了从数据中挖掘出的显性知识，还有决策人员的知识结构、思想等缄默知识发挥作用。因此，建立一个"人工智能"和"自然智能"相融合的新型态势认知体系更显得迫在眉睫。人件（humanware，Hw）技术为"人工智能"和"自然智能"的融合提供了一种新颖的思路。周献中教授团队将参与决策活动的人作为系统的组件（人件），探索性地提出"人即服务"的理念，将人以服务组件的形式"浸入"到系统中，凝练出人件与人件服务的概念。人件是以专家（或决策参与者）为核心，辅以相应的软硬件接口技术形成的一个系统组件。相对于智能设备（硬件、软件）作为"人工智能"的载体，人件则是人类"自然智能"的载体，包括对问题求解过程提供知识、经验和智慧等支持的自然人。接口则是带有描述专家能力及使能力得以发挥的硬/软件协议，具有双功能性，既包含对专家的需求表示，又包含对专家不同角色能力的表示。目前，人件技术已经得到了长足的发展，形成了以基础层、核心层和应用层并包含九个技术的人件服务技术体系。然而遗憾的是，目前关于人件技术的研究还停留在系统工程层面，如何将人件技术和海量数据融合决策仍然是一个难点。

在今后的研究工作中，将围绕上述问题做进一步探讨。